科学事业单位
内部控制建设实务

董莲莲　主编

中国农业大学出版社
·北京·

内 容 简 介

随着国家科研经费投入持续加大，科研领域“放管服”改革不断深化，作为承载国家重大科研任务的主力军，科学事业单位发展所面临的内外环境发生了巨大的变化，单位运行过程中的资金风险、科研风险等日益复杂，放管矛盾与管服矛盾日益凸显，单位治理能力面临巨大挑战。本书基于财政部2012年印发的《行政事业单位内部控制规范(试行)》，结合科学事业单位业务特点，充分考虑现阶段科学事业单位面临的资金管理风险、科研诚信风险、科研成果流失风险，从单位组织架构、预算、收支、资产、合同、工程项目、薪资、科研项目、科研成果、科研诚信等层面，对科学事业单位内部控制建设进行论述，以期对科学事业单位内部控制建设实践提供参考借鉴。

图书在版编目(CIP)数据

科学事业单位内部控制建设实务/董莲莲主编. --北京：中国农业大学出版社，2024.7. --ISBN 978-7-5655-3261-0

Ⅰ. G322.2

中国国家版本馆CIP数据核字第2024X6P249号

书　　名　科学事业单位内部控制建设实务

作　　者　董莲莲　主编

策划编辑　韩元凤　　**责任编辑**　韩元凤

封面设计　李尘工作室

出版发行　中国农业大学出版社

社　　址　北京市海淀区圆明园西路2号　　**邮政编码**　100193

电　　话　发行部 010-62733489,1190　　读者服务部 010-62732336

编辑部 010-62732617,2618　　出　版　部 010-62733440

网　　址　http://www.caupress.cn　　**E-mail** cbsszs@cau.edu.cn

经　　销　新华书店

印　　刷　河北虎彩印刷有限公司

版　　次　2024年10月第1版　2024年10月第1次印刷

规　　格　170 mm×240 mm　16开本　16.5印张　313千字

定　　价　45.00元

图书如有质量问题本社发行部负责调换

编者名单

主编　董莲莲

参编　高静文　　魏潇雅　　王英楠

　　　　蒋丽丹　　马媛丽

前言

2014 年，《国务院关于改进加强中央财政科研项目和资金管理的若干意见》(国发〔2014〕11 号)(以下简称《若干意见》)颁布后，国家先后出台了《关于进一步完善中央财政科研项目资金管理等政策的若干意见》(中办发〔2016〕50 号)、《关于优化科研管理提升科研绩效若干措施的通知》(国发〔2018〕25 号)、《关于改革完善中央财政科研经费管理的若干意见》(国办发〔2021〕32 号)、《关于进一步加强财会监督工作的意见》(中办发〔2023〕4 号)等一系列文件，通过改进中央财政科研项目资金管理方式、简化经费使用流程、加大科研人员激励程度等方式，不断加大科研经费自主管理权，激发科研人员创新创造活力。科学事业单位发展所处的内外环境发生了巨大变化，对科学事业单位治理能力提出了更高的要求。科学事业单位作为我国科研领域的骨干和主力军，如何在被赋予更大自主权的同时，落实好单位法人责任制，真正做到“接得住，管得好”，平衡好放管矛盾与管服矛盾，成为亟待解决的问题。

内部控制作为科学事业单位重要的管理活动与制度安排，是单位加强治理的重要基础。科学地构建内部控制机制，是规范科学事业单位内部经济和业务活动、落实“放管服”及国家各项改革要求的重要手段，具有重要的实践意义。

本书基于财政部 2012 年印发的《行政事业单位内部控制规范(试行)》，紧密结合科学事业单位自身的特点与管理经验，设计了科学事业单位内部控制建设实施路线，并从单位层面、业务层面详细阐述了科学事业单位内部控制体系构建实务。其中业务层面内部控制建设，除涵盖预算、收支、政府采购、资产管理、建设项目、合同管理六大常规业务外，更是充分考虑现阶段科学事业单位面临的资金管理风险、科研诚信风险、科研成果流失风险，加入了科研项目管理、科技成果转化、科研诚信等内部控制流程建设，以期为科学事业单位提供参考。

全书共分 6 部分 15 章。

第一部分(第一章)，阐述了科学事业单位内部控制建设背景与意义，科学事业单位的概念及特点，并对科学事业单位内部控制的概念、内部控制目标与具体内容进行详细论述。

第二部分(第二章至第三章),主要是对科学事业单位内部控制建设实施路径、内部控制风险评估的相关内容的论述。本章结合科学事业单位自身的特点与实践经验,一是概括总结了内部控制环境建设、内部控制风险评估、内部控制体系建设、内部控制体系实施、内部控制监督评价的相关实施路线,并分别对其工作内容、工作重点和工作程序进行详细阐述,为科学事业单位的内部控制建设流程厘清方向;二是从风险识别、风险分析和风险应对三个步骤概述了科学事业单位内部控制风险评估工作的流程,并论述了针对可能出现的风险所应实施的内部控制方法。

第三部分(第四章),科学事业单位单位层面内部控制体系建设实践。单位层面涉及机构内部控制的顶层设计,良好的单位层面机制可以为业务层面的内部控制提供一个良好的构建基础,也决定了业务层面的内部控制工作能否高效率地运转和执行,对科学事业单位内部控制建设的整体成效具有重大影响和意义。本章将单位层面的科学事业单位内部控制建设概括为组织架构、工作机制、关键岗位建设、关键人设置和会计系统控制五个方面,并对每个方面的控制目标、主要风险点以及关键控制措施进行了详细论述和说明。在章节最后,本书构建了适合科学事业单位的组织架构模板,供科学事业单位参考。

第四部分(第五章至第十章),科学事业单位常规业务层面内部控制建设实践。本部分包括 6 章,分别对预算、收支、资产管理、政府采购、工程项目、合同管理管理六大业务,从内部控制体系设计、内部控制内容要素和法律依据、控制目标、关键控制流程、业务风险点及控制措施等方面进行了论述和说明。

第五部分(第十一章至第十四章),科学事业单位特有的业务层面内部控制建设实践。作为本书区别于其他行业内部控制建设书籍的重要内容和特色内容,该部分结合科学事业单位行业特点,从科研项目、薪资管理、科研成果、科研诚信入手,重点对科学事业单位特有业务开展内部控制体系建设研究,对科学事业单位的高质量发展具有重要的借鉴意义。

第六部分(第十五章),科学事业单位内部控制评价与监督的概述。内部控制的评价与监督作为科学事业单位内部控制得以有效实施的保障机制,可分为内部监督与外部监督两个方面。该章节介绍了内部监督的主体、内容、频率、方法和流程,及财政部门、审计部门、纪检监察部门、主管部门和其他相关部门进行的外部监督,并对科学事业单位内部控制监督工作提出建议。

目前国内针对科学事业单位内部控制建设书籍凤毛麟角,本书对于科学事业单位开展内部控制建设工作具有较强的实用性和指导性。值得注意的是,科学事业单位内部控制建设应该是一个不断完善的过程。在内部控制体系的构建和实践过程中,科学事业单位应当结合不同时期自身发展要求与单位实际情况不断完善。

在本书的编写过程中,许多专家与顾问都给出了宝贵的意见,在此表示感谢,还特别感谢高静文、魏潇雅作为本书编写组成员提供的重要支持与做出的重大贡献，同时也感谢蒋丽丹、马媛丽、王英楠等同人在本书编写过程中做出的贡献。由于编写时间、精力有限，同时专业知识还有待精进，本书难免存在不足与错漏之处，欢迎各位专家及广大读者批评指正。

2024 年 3 月

编者

目录

第一章
科学事业单位内部控制概述

第一节　内部控制建设实施背景

一、内部控制的产生与发展

1. 内部控制牵制阶段

史料记载，古埃及、古希腊、古罗马时期，内部牵制开始被广泛应用于国家治理，管理者通过人员配备、职责划分、业务流程和簿记系统等实现内部牵制，有效地防止了错误和舞弊，保护了组织的财产安全，从而保障了组织的有效运转。

2. 内部控制制度阶段

20 世纪 40—70 年代，随着资本主义经济的发展和会计体系的成熟，内部牵制思想与古典管理理论相融合，内部控制的管理思想和实践应用逐步制度化。1949 年，美国注册会计师协会审计程序委员会发表了特别报告《内部控制：系统协调的要素及其对管理部门和独立公共会计师的重要性》，首次正式提出内部控制定义：内部控制是企业内部为保护资产、审核会计数据的正确性和可靠性、提高经营效率、坚持既定管理方针而采用的组织计划，以及各种协调方法和措施。随后，美国国会、财务执行官协会和美国证券交易委员会等陆续在其相关规范与研究报告中对内部控制进行了更加详尽的规定。

3. 内部控制结构阶段

20 世纪 80 年代至 90 年代初，美国注册会计师协会发布了《审计准则第 5 号》，进一步提出了"内部控制结构"的概念，指出"企业内部控制结构包括提供为取得企业特定目标的合理保证而建立的各种政策和程序"。并将控制环境纳入内部控制结构的构成要素中，提出内部控制由控制环境、会计制度和控制程序三个要素构成。

4. 内部控制整合框架阶段

随着对内部控制机制研究的不断深入，1985 年，美国注册会计师协会、美国会计协会、国际内部审计协会、全美会计师协会和财务经理人协会等会计职业团体共同成立了全美反对舞弊财务报告委员会(National on Fraudulent Financial Reporting，NFFR，又称 Treadway 委员会)，呼吁所有公众公司的董事会、最高管理层、学术界、美国证券交易委员会和其他监管机构以及相关立法机构共同致力于财务报告过程的重塑。

在 Treadway 委员会倡议下，COSO 委员会(全美反舞弊性财务报告委员会发起组织)成立。1992 年，COSO 委员会发布内部控制实践的纲领性文件《内部控制整合框架》研究报告(以下简称COSO报告)。COSO 报告指出："内部控制是受机构的董事会、管理当局和其他人员影响，旨在为取得运营的效果与效率、确保财务报告的可靠性、遵循适用的法律法规等目标而提供合理保证的一个过程。"内部控制的三个目标是："经营的有效性和效率、财务报告的可靠性和法律法规的贯彻实施。"

内部控制整体框架主要由控制环境、风险评估、控制活动、信息与沟通和监控五个相互关联的组成要素构成，这些要素从管理当局运营的业务中衍生出来，并整合在管理过程中。其中控制环境是影响内部控制其他要素的基础，包括治理结构、内部组织机构设置、组织内部的权责分配、领导的管理哲学和经营作风、风险确认、风险分析和风险应对。控制活动指组织为有效开展必要的活动，对经济业务确立和执行的控制政策与程序。控制活动的具体内容包括职务相互分离、关键岗位和关键人员控制、实物资产控制、会计系统控制和信息处理控制等。信息与沟通指围绕内部控制其他构成要素而建立的信息与沟通系统，包括在经济业务发生后要进行确认和记录、采用科学的价值计量方法进行计量和在财务报告中合理反映。监控是指对整个过程的监督评价以及必要时采取的修正措施。监控包括单位的日常管理监督活动，还包括单位与外部组织和团体进行信息交流的监控。

2000 年，安然公司和世通公司会计舞弊案的发生暴露了部分公司内部控制存在重大缺陷。2002 年 7 月，美国国会通过了《萨班斯-奥克斯利法案》。2004 年 9 月，COSO 委员会发布《企业风险管理整体框架》(即 ERM 框架)。该框架将全面风险管理定义为："全面风险管理是一个由企业的董事会、管理层和其他员工共同参与的，应用于企业战略制定和企业内部各个层次和部门的，用于识别可能对企业造成潜在影响的事项，并在其风险偏好范围内管理风险，为企业目标的实现提供合理保证的过程。"

根据 ERM 框架，内部控制包括三个维度：第一个维度是企业的目标，包括战略目标、经营目标、报告目标和合规目标。第二个维度是全面风险管理要素，与COSO委员会的《内部控制——整体框架》相比较，增加了三个新的要素，分别是目标设定、事项识别和风险应对。其中，目标设定是指组织的管理者要采取恰当的程序来设定风险管理的目标，并以此为基础识别影响目标实现的潜在事项，从而采取措施来应对风险；事项识别是指组织要识别可能产生影响的潜在事项，包括给组织带来风险的事项、给组织带来机会的事项，以及给组织同时带来机会和风险的事项；风险应对是指管理当局选择一系列措施使风险与企业的风险容忍度相适应，主要包括风险回避、风险承担、风险降低和风险分担等。第三个维度是主体层次，包括集团、部门、业务单元和分支机构四个层面。

从ERM三个维度的分析来看，首先是公司层面的内部控制，即所有者要建立完善的治理结构，理顺组织内部的责权利关系，并建立科学的组织架构，通过各项规章制度，在组织内部达到权力的制衡。为实现组织目标，所有者通过多种方法对经营管理者进行激励和约束，促使经营管理者科学决策和努力工作。其次是业务层面的内部控制，即经营者通过对各项具体业务过程的管理和控制，提高组织的管理效益和效果。

二、我国内部控制实施情况

1999年10月《中华人民共和国会计法》颁布，我国首次在法律中提及内部控制。2001年，财政部颁布《内部会计控制规范》，标志我国内部控制建设实践工作启动。2006年，财政部、国资委、证监会、审计署、银监会、保监会联合发起的中国企业内部控制标准体系咨询机构成立。2008年6月，财政部会同审计署、证监会、银监会和保监会联合印发了《企业内部控制基本规范》，借鉴COSO报告内部控制五要素框架，构建了以内部环境为基础、以风险评估为环节、以控制活动为手段、以信息沟通为条件、以内部监督为保证的五要素框架，并在上市公司进行了试运行，随后逐步推广至境内大中型企业。2010年4月《企业内部控制基本规范》配套的应用指引发布实施，2017年6月《小企业内部控制规范（试行）》发布实施，企业内部控制建设工作实现全覆盖。

2011年，财政部发布《会计改革与发展“十二五”规划纲要》（财会〔2011〕19号），首次提出建设行政事业单位内部控制体系。2012年12月财政部印发《行政事业单位内部控制规范（试行）》（以下简称《单位内控规范》），标志着行政事业单位内部控制工作正式启动。2015年12月，财政部印发《关于全面推进行政事业单位内部控制建设的指导意见》（财会〔2015〕24号），对加强行政事业单位内部控制建设主体责任、实施部署、考评措施等进一步提出了明确的要求，其中内部控制制度尚未建立或制度不健全的单位须于2016年底前完成内部控制的建立和实施工作，我国行政事业单位内部控制建设进入全面实施阶段。财政部2016年颁布的《关于开展行政事业单位内部控制基础性评价的通知》（财会〔2016〕11号）和2017年颁布的《行政事业单位内部控制报告管理制度（试行）》（财会〔2017〕1号），进一步强化了对内部控制实施结果的管理，标志着行政事业单位内部控制体系基本建立。

第二节 科学事业单位内部控制建设意义

党的十八大以来，习近平总书记多次指出“科技兴则民族兴，科技强则国家强”，将科技创新置于国家发展全局的核心位置。自2006年《国家中长期科学和技术发展规划纲要（2006—2020年）》颁布以来，对科学事业单位的科研经费投入持续加大，我国研发经费总量连续4年位居世界第2位，为科技强国战略提供了强有力的支撑，同时科研资金使用效率也得到了政府与社会的广泛关注。2014年，国务院颁布了《关于改进加强中央财政科研项目和资金管理的若干意见》（国发〔2014〕11号）等文件，要求加强科研经费管理，提高经费支出质量，保证经费投入的产出效益。2016年，在全国科技创新大会上，习近平总书记强调：“要着力改革和创新科研经费使用和管理方式，让经费为人的创造性活动服务，而不能让人的创造性活动为经费服务。”同年中共中央办公厅、国务院办公厅印发了《关于进一步完善中央财政科研项目资金管理等政策的若干意见》（中办〔2016〕50号），改革和创新科研经费使用和管理方式，推进简政放权、放管结合，促进形成充满活力的科技管理和运行机制，更好地激发广大科研人员的积极性。随后，中央各级部门相继出台了《关于进一步做好中央财政科研项目资金管理等政策贯彻落实工作的通知》（财科教〔2017〕6号）、《关于优化科研管理提升科研绩效若干措施的通知》（国发〔2018〕25号）、《关于进一步优化国家重点研发计划项目和资金管理的通知》（国科发〔2019〕45号），从科研路线选择上赋予科研人员更大的自主权，从科研经费管理、人事管理、业务管理、内部分配等方面赋予承担单位更大的权利与责任，强调“鼓励、尊重、约束并行”，进一步强化承担单位的主体责任，强化科研人员的责任和诚信意识，对于严重失信行为建立联合惩戒机制。国家科研经费使用管理重心从部门管理为主向项目单位管理转移，从重立项过程管理转向以结果为导向的绩效评价为主。科学事业单位与各级管理部门在科研资金管理上的角色定位发生了较为明显的变化，科技项目（课题）承担单位从消极被动地依附于项目主管部门的管理转变为相对独立的能动实体，科学事业单位必须要强化自我约束和自我规范，完善内部风险防控机制，保证资金使用安全、规范、有效。

新中国成立以来，科学事业单位在我国科技领域一直发挥着骨干和主力军的作用，与大学、企业及其他公共科研机构共同构成国家创新体系的主体，承担国家科研项目。从科学事业单位与高校体系研究力量的比较来看，科学事业单位占了科学研究主体地位，取得了丰硕的科技成果，在我国科技强国战略实施中发挥了重要的支撑作用。但传统的科学事业单位管理模式尚未建立综合风险防控体系，风险防范能力较弱，难以满足国家现阶段对科研经费管理的要求。内部控制体系是保障资金使用效率、防范单位运营风险的重要手段，也是推进单位治理能力现代化的重要保障。相较于企业内部控制研究，现阶段事业单位内部控制研究多是围绕《单位内控规范》实施执行的研究，鲜少结合行业特色进行研究，显然不符合我国事业单位类型复杂的特点，使得多数科学事业单位内部控制建设工作多是对《单位内控规范》的照搬照抄，流于形式，未能真正结合科学事业单位业务特点，建立一套满足科学事业单位管理需要的、系统的、完整的、合理的内部控制制度体系。

为促进我国科学事业单位内部控制建设，本书在概括科学事业单位基本情况及内部控制相关理论的基础上，针对科学事业单位全面内部控制建设进行研究，提出的内部控制建设实务操作建议，希望对科学事业单位内部控制体系建设起到参考借鉴作用。

第三节 科学事业单位概念及特点

通过对发达国家、新兴国家和发展中国家科技研发体系的研究，不同国家因科技体制不同，在科研机构的具体布局与职能方面有不同的设置，并且在国家科技发展创新体系中发挥着不同的作用。我国科学事业单位与大学、企业及其他公共科研机构共同构成国家创新体系的主体，其中科学事业单位更是占了科学研究主体地位，在我国科技强国战略实施中发挥了重要的支撑作用。

一、科学事业单位概念

国家科研机构是指由国家或者中央政府设立并资助，主要从事科学技术研究等活动的社会服务组织，具体可分为国家成立的科学院、研究中心、实验室等。

科学事业单位作为我国国家科研机构的重要组织形式，是由国家出资设立的从事科学技术研究等活动的社会服务组织，按研究内容分为自然科学研究单位、社会科学研究单位、综合科学研究单位、其他科学研究单位等，按学科领域主要设立了中国科学院、中国社会科学院、中国农业科学院、中国林业科学研究院、中国医学科学研究院、地方科学院等科研机构。它们主要承担着与国家利益相关、涉及国计民生和国家安全的重大项目研究，基础科学技术研究，高技术、竞争性前沿技术和共用技术的研究，以及提高人民生活质量的社会公共、公益领域等科学研究。科学事业单位作为我国事业单位体系中的重要组成部分，也是我国社会经济高速发展的源动力提供者之一。

二、科学事业单位特点

(一)科学事业单位属性特征

一是公益性。公益性是事业单位的社会功能和市场经济体制的要求决定的。在社会主义市场经济条件下，市场对资源配置起决定性作用，但在某些产品或服务领域，如教育、卫生、基础研究、市政管理等，不能或无法由市场来提供。为了保证社会生活的正常进行，不具备营利条件的公共产品及服务就要由政府组织、管理或者委托社会公共服务机构提供，以满足社会发展和公众的需求。

科学事业单位作为承担着科研人才培养、科学研究、社会服务及文化传承四大职能的公共事业单位，大部分都集中在公益性的领域中，不以营利为目的，充分体现了科学事业单位所具备的公益性特点。因此科学事业单位内部控制建设目标不同于企业以经济利益最大化为控制目标，应立足于确保单位经济活动合法合规、资金使用安全规范、经费资源合理配置以及确保单位平稳运行。

二是服务性。事业单位主要分布在教、科、文、卫等领域，是保障国家政治、经济、文化生活正常进行的社会服务支持系统。科学事业单位，以自然界、人类社会的发展规律为研究对象，担负着科技开发、知识创新、促进生产力发展的重要使命，是服务于科技强国战略的主导力量。因此，服务性是科学事业单位最基本、最鲜明的特征。

三是知识密集性。科学技术进步离不开人的发明创造，科研人员利用科技知识服务于国家科技发展，为我国科学事业高质量发展提供重要保障，直接影响着科学事业单位科技体制改革及未来的发展。

(二)科学事业单位资金管控特点

科学事业单位由政府利用国有资产设立，资金主要来源于公共财政支持，具体包括财政拨款、科研投入、非科研投入、上级补助、附属单位上缴、经营活动及其他。为了保障国拨资金安全有效使用，传统科学事业单位资金管控目标主要以合规性为主。随着 2016 年《关于进一步完善中央财政科研项目资金管理等政策的若干意见》(中办〔2016〕50 号)、2018 年《全面预算绩效管理意见》《国务院关于优化科研管理提升科研绩效若干措施的通知》(国发〔2018〕25 号)提出改革和创新科研经费使用和管理方式，促进形成充满活力的科技管理和运行机制，强化科研项目绩效评价，推动项目管理从重数量向重质量、重过程向重结果转变，推行科研项目绩效评价并加强结果应用，科学事业单位资金管控目标逐步由合法性管控向资金使用效益管控转变，向提高科研创新能力、保障科研工作创造社会效益和经济效益最大化转变。

（三）科学事业单位组织架构特点

根据《事业单位登记管理暂行条例》《事业单位登记管理暂行条例实施细则》《中共中央办公厅、国务院办公厅关于进一步加强和完善机构编制管理严格控制机构编制的通知》（厅字〔2007〕2号）的规定，我国科学事业单位组织架构大多采用直线职能制结构。直线职能制结构是将直线制结构与职能制结构相结合的一种组织结构。直线制结构是最简单的集权式、单线式结构，职能制结构是指以职能为基础进行专业化分工的多线式组织结构。直线职能制结构以职能专业进行分工，同时保留了管理者的垂直领导权力，既保证统一指挥，也进行了专业分工，将直线制单线式结构与职能制多线式结构的特点充分融合。这种结构中，职能部门可以帮助管理者分担工作，责任分工严格，避免原职能机制中多头指挥的缺陷，同时有利于专业管理职能的充分发挥。但也容易出现各职能部门间横向缺乏沟通，工作中协调不充分的情况。

第四节　科学事业单位内部控制概念

《单位内控规范》作为现阶段事业单位内部控制遵循的最根本的规范，是各级行政事业单位开展内部控制建设工作的重要指导与规范。根据《单位内控规范》规定，行政事业单位内部控制是指“单位为实现控制目标，通过制定制度、实施措施和执行程序，对经济活动的风险进行防范和管控”。《单位内控规范》主要内容包括风险评估和控制方法、单位层面内部控制、业务层面内部控制、评价与监督。内部控制的目标主要包括合理保证单位经济活动合法合规、资产安全和使用有效、财务信息真实完整，有效防范舞弊和预防腐败，提高公共服务的效率和效果。内部控制体系建设应当遵循全面性、重要性、制衡性、适应性原则，其中全面性原则要求内部控制应当贯穿单位经济活动的决策、执行和监督全过程，实现对经济活动的全面控制；重要性原则要求在全面控制基础上，关注单位重要经济活动和经济活动的重大风险；制衡性原则作为内部控制核心概念，指内部控制应当在单位内部的部门管理、职责分工、业务流程等方面形成相互制约和相互监督；适应性原则要求内部控制建设要符合国家有关规定和单位的实际情况，并随着外部环境的变化、单位经济活动的调整和管理要求的提高，不断修订和完善。内部控制体系包括单位层面和业务层面两部分内容。其中，单位层面的内部控制主要是对内部控制组织架构和管控模式的设计，组织架构包括机构设置、合理授权与岗位职责，管控模式包括集体决策、归口管理、三权分立；业务层面的内部控制主要是对预算、收支、政府采购、资产、建设项目、合同等业务活动进行管控。

科学事业单位作为事业单位重要组成部分，内部控制建设工作应当遵照《单位内控规范》各项要求实施。鉴于科学事业单位以科研活动为主的业务特点，科学事业单位内部控制应当以促进科学事业发展为控制目标，通过制定制度、实施措施和执行程序，对科研相关经济活动的风险进行防范和管控，目标主要包括单位科研经济活动合法合规，资产安全和使用有效，财务信息真实完整，有效防范科研舞弊与预防科研腐败，提升服务于国家科技发展的效率与效果。

科学事业单位所具有的事业单位特性决定其内部控制不同于企业内部控制。

一是内部控制目标不同。企业经营管理根本目标是追求利润最大化。有效的内部控制体系是保障股东利益、提升企业价值的重要保障，与单位自身经济利益紧密关联，企业内部控制建设是企业自身发展的内在需求。事业单位作为社会服务组织，由于其公益性特征，内部控制建设主要以保障国有资产安全，提升国有资产使用效益为主要目标，单位自身开展内部控制建设动因不足。

二是组织机构不同。企业所有权与经营权分离，董事会通过内部控制可以更好地对管理层进行监督，从而决定管理层的人事任免。科学事业单位监督机构通常是建立在单位统一领导下的内设机构，决策层与监督层难以实现有效分离。

此外，科学事业单位业务活动的特殊性决定了科学事业单位与其他行政事业单位内部控制体系建设也存在差异。科学事业单位科研活动涉及领域广、专业性强、资金来源多样、需要遵守的行业法规较多，科技"放管服"改革对单位如何平衡管服关系具有更高要求。科学事业单位内部控制建设应当在合法合规前提下以达到规范科研管理和促进科技创新的有机统一、最大化激发科研机构和科研人员的创新活力为目标，有效协调"目标驱动模式"与"资金使用合规性要求"间的"矛盾"，既做到经济业务活动符合制度规定，又要避免影响科研活动效率。

第五节　科学事业单位内部控制目标

《单位内控规范》规定，我国行政事业单位的内部控制重要环节包括风险评估、单位层面内部控制、业务层面内部控制、评价与监督四个方面。借鉴美国 COSO 内部控制框架，我国科学事业单位内部控制体系架构如图 1-1 所示。

一、我国科学事业单位内部控制目标

三维框架顶部为内部控制的五大目标。内部控制目标是单位内部控制制度所要达到的目的，是建设科学事业单位内部控制体系的指引。从总体来看，单位的总体目标和内部控制的目标是一致的，单位的总体目标是建立在长远的发展和全局的利益基础之上的，属于宏观目标，内部控制目标则是保障单位总体目标实现的重

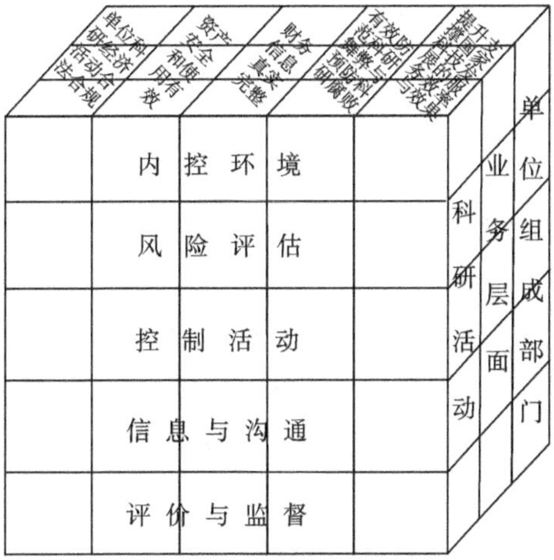

图 1-1　我国科学事业单位内部控制体系架构图

要手段。我国科学事业单位内部控制主要包括五大目标，其中实现科研经济活动合法合规是最基础的目标，实现单位科研发展战略目标是最终的目标。具体来讲五大目标分别为：

一是合理保证单位科研经济活动合法合规。科学事业单位经济活动必须在法律法规允许的范围内进行，严禁违法违规行为的发生，是单位内部控制最基础的目标，也是其他内部控制目标存在的根本，是单位有效履行科研支撑公益服务的前提。科学事业单位通过制定各项业务制度、实施措施和执行程序，合理保证经济活动在法律法规允许的范围内进行。科学事业单位经济活动合法合规性对其社会形象的影响是巨大的，对提高单位的科研能力和社会公信力具有重要的意义。

二是合理保证单位资产安全和使用有效。合理保证单位资产安全和使用效率是内部控制的重要目标。资产是科学事业单位正常运转的物质基础和财力保障，科学事业单位资产管理目标是保障单位资产的安全完整性，提高资产使用效率，保障资产账账相符、账实相符。但由于科学试验开展的要求，科学事业单位资产通常具有多样性、复杂性、共享性、经常性、技术性、专业性等特点，增加了科学事业单位资产管理难度。

三是合理保证单位财务信息真实完整。财务信息是对科学事业单位经济活动的客观反映。科学事业单位财务信息的主要载体是会计报告和相关信息，科学事业单位的利益相关者是高度分散的，单位会计报告和相关信息可以反映单位的运行管理情况、单位科研活动运行规律及支撑国家科技发展职能的履行情况。科学事业单位必须保证财务信息的真实完整，客观地反映科研资金及资产运行管理情况，为管理层和政府的决策与监管及社会公众监督提供可靠信息。

四是有效防范科研舞弊与预防科研腐败。随着国家对科研经费投入持续加大，科学事业单位占据越来越多的社会公共资源，单位需要不断优化控制流程，防范科研舞弊与预防科研腐败，保障公共资源得到安全有效使用。但由于现行体制机制下，多数科学事业单位实行统一领导、分级管理模式，决策层与监督层难以实现有效分离，不利于有效防范贪污腐败行为，因此科学事业单位应当在内部控制体系中建立有效制衡机制，保障决策权、执行权、监督权有效分离。

五是提升支撑国家科技发展的服务效率与效果。科学事业单位内部控制的最终目标是保障单位科研发展战略目标实现，在保障单位科研活动有效开展过程中，将所取得的社会资源公平、合理、高效地分配于各领域科学技术研究，为科研活动提供财力保障，为国家科技战略发展提供有力支撑。

二、我国科学事业单位内部控制要素

三维框架正面为内部控制的五大要素：内部控制环境、风险评估、控制活动、信息与沟通和评价与监督。其中内部控制环境模块主要体现为单位的价值观、管理理念、科研发展战略目标等，影响单位人员的风险意识，是其他内部控制活动要素的基础，为其他要素提供约束和框架。风险评估模块指单位对相关风险进行识别和分析的过程，是确定如何管理和控制风险的基础。控制活动模块指科学事业单位内部控制活动，分为单位层面控制活动与业务层面控制活动。其中单位层面控制活动，是科学事业单位在科研活动中整体控制环境的设计建设过程，包括组织机构、决策机制、岗位职责、人员资质、会计系统和信息系统六大方面的控制环境建设；业务层面控制活动是指科学事业单位针对科研活动制定各项规章制度和操作流程的过程，主要包括预算业务、收支业务、政府采购、资产管理、建设项目、科研项目管理、科研成果管理、科研诚信建设、合同管理等业务控制活动。在信息与沟通模块中，信息是指单位需建立良好的信息系统来识别、获得、加工、报告和整合单位内部信息与外部信息；沟通则是贯穿信息处理全过程的行为，旨在将信息提供给相关人员，它是保证内部控制体系能够顺利运行的纽带，单位应采用现代化手段进行内部控制信息传递与沟通，从技术层面加固单位内部控制建设。评价与监督模块是指对以上内部控制建设的常态化监督和评价的过程，确保内部控制体系运行的长期有效。内部控制体系的评价和监督要确保科学性、合理性和有效性，采用定期与不定期、全面与专项、内部与外部相结合的方式，全面检查内部控制系统在设计和运行过程中的薄弱点和风险点，及时反馈并加以改进。

三、我国科学事业单位内部控制层次

三维框架右侧从组织治理角度划分内部控制建设，包括三大层次：一是单位组成部门方面的内部控制，二是业务层面的内部控制，三是科研活动方面的内部控制。与COSO框架右侧的内容相似，科学事业单位在组织治理角度的重点在于：上至单位框架体系，下至单位所有业务，在进行各项经济活动的过程中，内部控制要充分适应其自身特点，并且保证单位各层级对同一类业务内部控制机制的一致性。同时科学事业单位也要兼顾其自身特点，对各控制环节进行细化。

首先，在单位层面，需充分考虑单位内部科研组织结构特点，合理划分科研业务部门，优化单位组织架构。其次，在业务层面，科学事业单位作为国家科技创新主体，科研成果转化能力是科技支撑效能的重要评价指标，科学事业单位应定期对科研行为有效性进行风险评估，防范风险。最后，为了构建充满活力的科技管理和运行机制，单位应结合科技体制改革要求，优化管理流程、适当放宽管理权限、完善监督检查机制，在防范舞弊的基础上增强科研人员的成就感和获得感。

综上，为保证科学事业单位内部控制的有效性，单位要根据自身科研发展目标，不断细化内部控制目标，完善科学合理的内部控制环境，优化单位各项科研活动的制度及流程，定期、不定期地进行风险评估并加以改进，严格按照内部控制目标对内部控制执行情况进行监督评价，确保内部控制目标实现。

第六节　科学事业单位内部控制原则

根据《单位内控规范》的规定，结合科学事业单位经济活动和业务活动特点，科学事业单位内部控制建设应当遵循全面性、重要性、制衡性、适应性、效率性原则。

（一）全面性原则

全面性原则是指内部控制应当贯穿单位经济活动的决策、执行和监督全过程，实现对经济活动的全面控制。从范围上说应当覆盖预算业务、收支业务、政府采购业务、资产管理、建设项目管理、合同管理、科研项目管理、科技成果转化等各项经济活动与业务活动；从流程上说，内部控制的思想、制衡机制和控制措施应当渗透到经济活动与业务活动的决策、执行、监督（包括评价和反馈）等各个环节。

（二）重要性原则

重要性原则是指在全面控制的基础上，单位内部控制应当关注重要经济活动和业务活动的重大风险。科学事业单位在开展经济活动与业务活动中，要全面考虑业务处理过程中的关键控制点和重要风险，并采取切实可行的控制措施，实施有效控制，确保内部控制的建立不存在重大缺陷。

（三）制衡性原则

制衡性原则是指单位对岗位设置、部门管理、职责分工、业务流程等方面形成互相制约、互相监督的设计。制衡性原则是建立和实施内部控制的关键原则，应贯穿于科学事业单位内部控制决策环节、执行环节与监督环节，形成横向部门间相互协作、相互监督、相互制约及纵向上下级间监督与牵制的局面，防止单位出现滥用职权串通舞弊的现象。

（四）适应性原则

适应性原则是指内部控制应当符合国家有关规定和单位的实际情况，并随着外部环境的变化、单位经济与业务活动的调整和管理要求的提高，不断修订和完善。具体来说，科学事业单位需要根据自身实际情况制定相应的内部控制制度及模式，既要做到符合国家政策和各项法律法规制度的要求，又要体现科学事业单位资金管理特点及业务管理水平的差异，还要能够随着外部环境的变化、单位经济活动的调整和管理要求的提高，不断修订和完善，与单位内部管理目标相适应，使内部控制更具有针对性、可操作性。

（五）效率性原则

效率性原则是任何形式的单位和组织从事活动的一项基本原则，是重要性原则的深化和补充。科学事业单位建立内部控制制度应当在有效防范舞弊的同时还要兼顾效率性。内部控制设计的环节越多、措施越复杂、严密，控制效果一般会越好，但建立及维护内部控制制度的成本也会相应增大。科学事业单位在发展建设过程中，需保证控制成本或对单位运转的影响不可超过错误或潜在风险可能造成的损失。实行内部控制就是通过完善的控制活动降低管理成本、减少人为因素，最大限度地保护单位财产，提高科研资金运转效率。如果内部控制实施成本远大于其本身带来的效益，则内部控制制度实施的意义就不大。

第二章
科学事业单位内部控制建设实施路线

按照《单位内控规范》,科学事业单位内部控制规范包括内容见图 2-1。

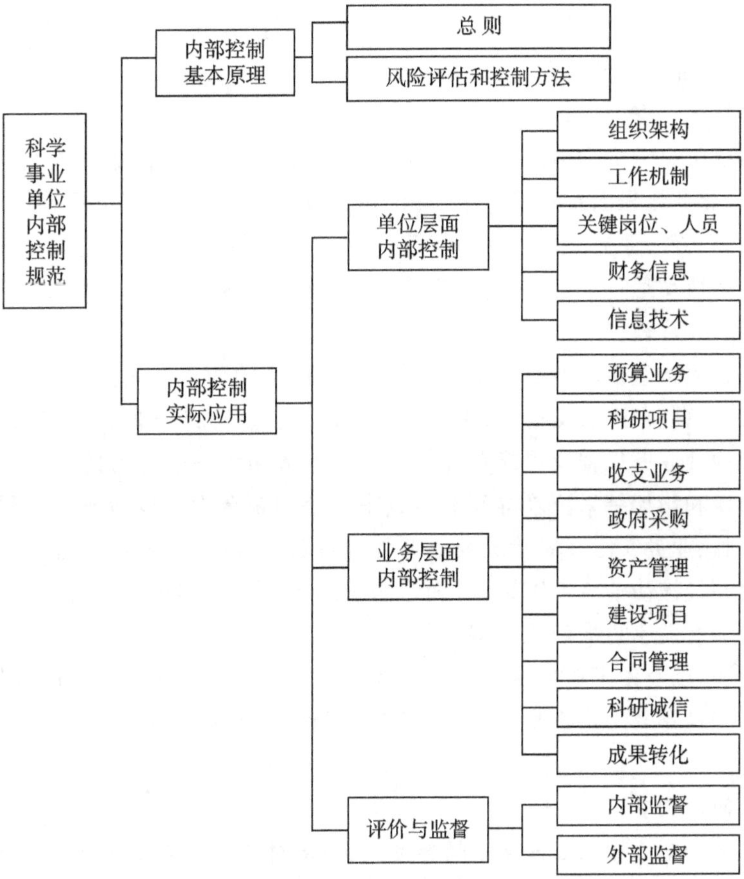

图 2-1 科学事业单位内部控制规范内容

科学事业单位应对单位内部管理现状进行评估后，有针对性地根据本单位管理需求与现有实际情况实施内部控制建设。具体实施路线包括环境建设、风险评估、内部控制体系建设、内部控制体系实施、内部控制监督评价。

第一节 单位内部控制管理现状评估

科学事业单位开展内部控制建设工作，应对单位内部管理情况进行“摸底”，梳理单位所有活动，考察已有内部管理措施、科研及财务等管理制度，了解单位科研管理现状，发现内部管理中的薄弱环节，然后有重点、有针对性地开展内部控制建设。

一、科学事业单位内部控制评估方法

评估科学事业单位管理情况的方法主要包括摸底调查、业务访谈、问卷调查、数据分析、业务流程分析等。

（一）摸底调查

梳理单位组织机构结构图、部门职责说明、部门工作手册、廉政风险报告、业务管理文件、业务流程图及相关表单、岗位职责设置，特别是通过查阅单位公开网页发布的公开文件、业务办事指南等信息，初步了解单位组织设置、决策机制、工作职责以及各类活动运行情况，掌握单位经济活动基本现状。

（二）业务访谈

业务访谈指直接对涉及单位各类经济、科研活动的负责人及关键员工开展访谈，了解如预算业务、收支业务、采购业务、合同管理、资产管理、建设项目管理、科研成果管理等业务过程及可能存在的问题。业务访谈一般分为访谈问题准备、实施业务访谈和访谈结果记录等环节。其中访谈问题至少应包括业务流程、业务关键控制措施、业务实际开展状况及业务处理难点与困惑；访谈结束后，要整理形成访谈纪要并经被访谈者签字确认，确保访谈结果记录真实可靠。与相关负责人进行业务访谈有助于更准确地了解单位科研及经济活动现状，印证文件检查过程中发现的问题，以及发现业务流程中可能存在的问题。业务访谈对象应选择直接接触业务流程且具有一定经验的职工，避免选择刚刚参加工作的人员，提高业务访谈质量。

（三）问卷调查

问卷调查指采用书面或网络问卷形式，间接对单位各类经济、科研活动开展调查，该形式适用于单位所有人员。问卷调查有助于在较短时间内，通过更大量的数据，全面了解单位管理活动开展情况。科学事业单位可根据单位实际情况设计调

查问卷,重点遵循以下原则:一是问卷设计全面性,问题应遵循《单位内控规范》规定,分别从单位层面与业务层面进行设计,并应尽可能涵盖单位的全部活动;二是问题作答结果设计应简单,便于回答,如使用"是/否"作答或者尽可能简单的语言进行描述;三是问卷发放的对象可根据需要合理选择,如针对业务执行情况的,选择对业务熟悉程度较高的、直接参与业务的相关人员进行调研;四是问卷调查结果要保证客观真实性,确保了解到单位的真实性现状。

(四)数据分析

数据分析指通过获取科学事业单位财务数据、资产台账、合同台账及各类业务指标等数据,对单位各项数据进行分析,包括单位不同年份的对比分析、资金收入支出结构分析、资产流动情况分析、政府采购管理分析等。

(五)业务流程分析

全面梳理各项经济业务流程所涉及的关键岗位职责,通过在单位内部实施询问、调查、穿行测试等进行业务流程分析,实地追踪各项科研活动的业务流程,明确内部控制关键风险点,明确标准业务流程与职责分工,并重点关注关键节点是否设置管理措施,管理措施是否科学,并有效执行。

二、我国科学事业单位内部控制建设存在的问题

(一)内部控制建设牵头部门组织实施难

由于我国科学事业单位内部控制建设时间较短,单位对内部控制建设重要性普遍认识不足,未能意识到内部控制建设是一项涵盖单位全部管理活动的系统性工程,因此大多数科研单位没有设置专门的内部控制工作部门,主要由财务部门牵头实施,导致内部控制建设推进难。主要体现:一是对"放管服"工作认识不够,造成内部控制流程设计权限未能有效下放或权限下放后风险防范措施未能及时调整;二是业务部门对内部控制建设工作认识片面,简单认为内部控制建设工作是财务部门的事,参与积极性不高;三是科学事业单位财务部门牵头内部控制工作时,受岗位职责限制,推进单位层面内部控制建设及从业务层面强制要求其他部门进行内部控制管理、内部控制专业的风险评估均存在困难。

(二)内部控制建设流于形式化

一是科学事业单位管理工作普遍存在重视制度建设,轻视制度执行与实施评价情况,导致单位在实际管理中容易出现制度交叉重复或空白现象,造成科学事业单位内部控制实施效果难以保证;二是科学事业单位各个部门进行内部控制建设更多是针对业务层面,单位层面内部控制建设举措落地难。

(三)财务与业务融合度不高

一是科研人员对经费管理制度要求不了解,致使科研活动中产生了一些不符

合管理要求或存在风险的行为，如超范围支出、不相关支出、未按照合同规定进行付款、业务活动中未取得完整的或符合合同规定的付款凭据等；二是财务人员对科研活动了解与调研不够，在经费执行过程中财务政策脱离实际，影响科研经费使用效率。

（四）信息化程度不高

随着信息技术在单位管理方面的广泛应用，行政事业单位内部控制的信息化得到有效推进。但由于我国科学事业单位信息化发展起步较晚，科学事业单位信息化程度尚难以满足日益增长的科研经费投入对科研经费精细化管理的要求，以及科研“放管服”改革的需要，提升单位信息化管理能力成为单位治理能力提升的内在需要。

第二节　构建良好的内部控制环境

科学事业单位内部控制环境分为外部环境和内部环境。科学事业单位内部控制的外部环境往往是单位个体不能决定的，是随着国家宏观政策、科技及经济发展所变化的，主要包括政策法规因素、经济因素、社会文化因素、技术因素等。其中政策法规因素决定了内部控制的标准，以及对内部控制实施监督检查的方式等，对科学事业单位内部控制的建设和运行具有指导和约束作用；经济因素决定财政资金使用范围等；社会文化因素对单位内部的干部职工价值观和道德观念产生影响；技术因素决定了单位信息处理、信息沟通的方式。科学事业单位内部控制的内部环境则包括内部控制风险管理理念和内部控制组织保障体系，是单位内部控制管理所有其他构成要素的基础。科学事业单位应着重加强内部控制环境的建设，强化单位内部控制意识，及时建立有效的内部控制组织保障体系。

一、强化科学事业单位内部控制意识

内部控制是保障单位业务稳健高效运行，确保财务记录、财务报告信息和其他管理信息及时、可靠、完整的重要手段，是单位治理的基石。随着事业单位改革的不断深化，要求事业单位行使公共权利更加公平透明，内部控制建设和实施有助于事业单位履行自身责任，将管控端口前移，防患于未然。单位内部控制建设工作应该是自上而下，应加强宣传培训，强化内部控制建设意识，使单位全体成员对内部控制有清晰的认识和预期，增强推行内部控制的意识和主动性，减少内部控制建设的工作阻力，增强各级人员对开展内部控制建设的认同感，从而形成内部控制建设实施的整体氛围。

二、成立内部控制的组织保障体系

（一）成立内部控制工作组织

根据《单位内控规范》第三章第十三条规定："单位应当单独设置内部控制职能部门或者确定内部控制牵头部门，负责组织协调内部控制工作。"为做好内部控制建设工作，科学事业单位也应及时建立内部控制领导小组、内部控制工作小组。

科学事业单位内部控制领导小组应由单位负责人、分管领导及部门负责人组成，科学事业单位法人作为领导小组组长为内部控制建设第一责任人。领导小组负责单位总体内部控制管理，负责审定单位内部控制建设方案，组织、指导、监督和检查内部控制建设工作，开展单位的风险评估工作，协调内部控制管理资源分配，保证项目顺利实施；负责选派工作小组成员及负责人，每年定期监督检查内部控制建设成果；负责根据科研管理需求协调内部控制建设的其他有关全局性、方向性工作事宜。

科学事业单位内部控制工作小组由内部控制牵头部门及相关业务部门具体实施人员组成。对于需要借助外部专家力量的，工作小组成员中也可以增加外部专家等专业人员，针对科研管理需求对单位层面的风险评估及业务层面的风险识别、风险评估、关键风险点的确定并采取适当的应对措施给予帮助。内部控制工作小组具体职责：一是制定内部控制建设规划，提出单位内部控制总体方案，确定单位内部控制建设的目标和原则；二是开展内部控制政策宣贯工作；三是梳理单位经济业务活动，组织开展单位经济活动风险评估，识别单位及业务层面风险；四是制订、修订单位和业务层面内部控制制度、措施和流程，对内部控制机制执行情况进行评价与监督；五是制定内部控制管理制度和相关程序，组织协调各部门实施内部控制；六是定期组织内部控制考核评价，识别未发现的风险，落实内部控制缺陷整改措施。

《单位内控规范》第三章第十三条规定："应当充分发挥财会、内部审计、纪检监察、政府采购、基建、资产管理等部门或岗位在内部控制中的作用。"科学事业单位各部门应根据自身业务管理范畴，开展相应内部控制工作。主要涉及部门有科研管理部门、成果转化部门、人事管理部门、财务管理部门、资产管理部门等。并授权审计和纪检监察部门负责内部控制的监督。科学事业单位内部控制建设中科研管理部门与财务管理部门作为核心管理部门，需要充分发挥在科学事业单位业务中的管理作用，落实内部控制管理职责，积极与业务部门沟通，与廉政风险防控相结合。

（二）建立内部控制工作机制

除内部控制工作小组外，单位还需要结合自身科研管理需求及管理情况完善组织机构与决策机制，设置合理的岗位并配备具有足够工作能力的职员。具体包括以下几方面。

1. 健全组织机构

单位需根据自身管理需求设置健全的组织机构，为内部控制建设提供组织保障。同时明确各职能部门的权责分配，做到充分发挥科研、财务、审计、资产等管理部门的内部控制作用。

2. 建立联席机制

单位主要负责人应主持召开专题会议讨论内部控制的建立与实施、主持制定内部控制工作方案、健全内部控制联席工作机制，包括协调联络机制、会议协调机制以及核实反馈机制。

3. 设置合理的决策机制

建立健全集体研究、专家论证和技术咨询相结合的议事决策机制。

4. 建立健全关键岗位责任制

科学事业单位经济业务运行以科研业务活动为核心。因此科研业务活动资金管理，涉及科研经费预算管理、科研项目会计管理、科研物资采购管理、资产管理、科研任务书(合同)管理等。单位应根据科研业务活动环节，明确岗位职责及任务分工，确保不相容岗位相互分离、相互制约和相互监督。此外，关键岗位工作人员还应建立定期轮岗制度，减少舞弊风险。

5. 落实相关资源配置

一是保证人员配置，确保内部控制工作组人员充足，且有足够的时间与精力参与科学事业单位内部控制建设与维护。对于个别单位存在人员能力不足问题，可借助外部专家力量开展内部控制建设。二是制定人才培养规划，为单位内部控制建设的持续推进储备人才。三是确保工作硬件配置，如内部控制工作展开的办公场所及必要的办公设施，为内部控制建设工作提供物资保障。

第三节　开展风险评估

风险评估是科学事业单位根据单位科研任务及发展目标及时识别、评估、分析影响科研活动开展和单位发展目标实现的相关风险，从而科学合理地制定风险应对策略的过程。

一、风险评估目标

科学事业单位内部控制建设核心是对“管好用好财政资金、公共资产”以及“规范单位经济活动”等过程的控制机制建设。按照《单位内控规范》，内部控制目标主要包括：一是合理保证单位科研经济活动合法合规；二是合理保证单位资产安全和使用有效；三是合理保证单位财务信息真实完整；四是有效防范科研舞弊与预防科研腐败；五是提升支撑国家科技发展的服务效率与效果。科学事业单位设定风险评估目标时，应在收集单位层面和具体业务流程层面初始信息基础上结合业务实际需要设定经济活动相关目标，明确单位各项业务的控制目标。

二、风险评估流程

风险评估工作流程可分为风险识别、风险分析与风险应对。其中风险识别与风险分析是一项长期且持续的工作，需要始终伴随单位的经济业务活动进行，不仅在内部控制管理现状评估阶段要进行风险识别与分析，而且在科学事业单位运行、项目执行整个过程中都要随时开展风险识别与分析。科学事业单位风险识别与分析实施主要分为以下三个阶段。

第一阶段，梳理与单位经济业务相关的所有业务。对单位及业务层面内部控制活动，均可通过座谈、观察、询问、穿行测试等方式全面梳理各项经济业务流程涉及的关键岗位职责，明确标准业务流程与职责分工。实地追踪各项经济活动的业务流程，考察内部控制环境、管理制度和控制措施，发现内部管理中的薄弱环节，明确内部控制关键风险点，且重点关注关键控制点，设置管控措施，优化业务流程，紧紧把控风险关口。

第二阶段，对单位内部与外部风险进行识别与评估。运用多种分析手段对风险进行定量与定性的评估。比如，从内部角度来说科学事业单位最主要的经济业务管理流程为科研项目管理流程，流程主要涉及项目申报、立项、执行、验收环节。项目申报阶段：科研项目任务经费是否科学合理，经费测算依据是否充分，经费支出内容是否与科研项目任务相关，资产配置计划是否与单位原有资产配置重复，是否充分利用单位原有资产，委托外单位服务经费是否有严格的测算依据，政府采购计划是否充分，项目申报过程项目申报人员、科研管理部门、财务部门、资产管理部门是否做到充分沟通，确保预算编制达到“业财融合”目标，项目内部评审程序是否合理等。立项执行阶段：项目立项时是否严格按照批复支出科目列支开支范围，项目执行中是否存在不经审批就列支的超预算、无预算支出，支出范围是否超出原有任务书或原有科目的内容，有无审批、超出审批权限支出的情况，项目支出过程中财务部门会计核算是否合规准确，会计原始票据是否真实合法，资产采购过程是否合理合规，固定资产是否完整、及时办理入账登记手续，政府采购执行程序是否完整，各项经济合同签订是否合理且按约执行等。验收阶段：科研成果验收、科研项目财务验收、科研项目竣工验收等是否及时完成，项目决算编报是否准确完整，项目结转结余资金及后续支出是否得到有效监管，单位是否建立相关管理办法，项目绩效评价是否科学合理等。

第三阶段，根据风险评估结果分析风险重要性。风险分析需要从内部、外部角度进行全面分析，必要时可借助外部力量进行风险分析，即委托专业机构评估单位内部控制现状。

科学事业单位风险应对指在已形成风险识别与分析结果的基础上进行分析，依据每种风险发生的可能性，对科研项目管理、单位内部控制管理影响大小进行排序，并针对不同程度的风险确定应对措施和单位整体策略。

风险根据发生后对单位的影响情况可分为“低、中、高”三级，通过分析评估风险级别，制定符合单位实际情况的风险应对策略。风险应对策略可根据具体事项采取不同的应对方式，主要包括风险规避、风险转移、风险减轻和风险接受四类。科学事业单位发展目标为立足科技高质量发展，风险多存在于开展科学研究业务时产生的低效、浪费和舞弊等，单位根据将这些风险控制在可承受范围内的原则制定风险应对策略，并实施业务流程再造，明确流程运行标准、分工与授权、风险控制方式，建立基于风险防范、全面覆盖经济业务环节的标准化流程体系，对各风险点进行控制。

第四节　建立内部控制体系

风险评估工作完成后，即可进入实质性的内部控制体系建设阶段。内部控制体系可以拆分为各项内部控制活动，内部控制活动是针对单位经济业务风险评估的结果，为执行风险应对策略而构建的控制程序或制度。科学事业单位内部控制体系建设既包括单位层面的机构和岗位设置，也包括业务层面的各项管理流程。

一、单位层面内部控制体系建设

单位层面内部控制是业务层面内部控制的基础，为业务层面内部控制提供一个良好的环境，直接决定了业务层面内部控制的有效实施和运行。科学事业单位在单位层面开展内部控制建设时，应该致力于形成一个科学高效、分工合理的组织机构，建立健全科学民主的工作机制，对关键岗位和关键岗位人员进行科学有效的管理，关键岗位设置合理，关键岗位人员德才兼备，并且能够提供真实、完整的财务信息，借助于信息系统实现内部控制体系的信息化和常态化。

单位层面内部控制主要包括组织架构、机制建设、制度建设、关键岗位设置等。其中内部控制组织实施需要组织和人员的保障，以及相关部门协同合作；内部控制机制方面，应建立健全议事决策机制、明确岗位职责、完善内部监督机制，做到决策、执行、监督有效分离；制度建设方面，在梳理控制流程的基础上，查找风险点，不断整合优化已有制度，形成以标准化流程为主线，制度约束为辅线的内部控制基础，把风险控在源头、管在事中、治在事后。总体来说，制度要设计合理、全面，通过合理分工与授权、归口管理、落实岗位责任制、流程管理，增强全体职工依法履职意识，使职工清楚应遵循的制度规定，熟知自身岗位责任，清楚工作由谁做、怎么做、如何做，明确的内部控制制度规定，将大大提高员工的工作积极性与执行力和应对风险的反应能力，增强员工自我监督与对他人监督的意识，进一步提升单位的整体运行效率和效益。

二、业务流程层面内部控制体系建设

科学事业单位要对具体业务流程层面的内部控制进行制度的梳理和流程的优化，以此来带动具体业务层面内部控制建设工作。该项工作不同于因为某个单一问题的出现制定的规章制度，而是制度和流程的梳理，让流程有效运行，形成一套系统的管理体系。

具体业务层面的内部控制建设工作是按照《单位内控规范》的要求梳理现有的制度体系、流程体系与控制措施，通过风险评估后的结果，根据应对策略建立相应制度与流程的过程。

科学事业单位在保证单位内部控制体系建设的全局性、系统性，保证各内部控制活动衔接流畅的前提下，应当依据资金来源、经济活动特点对经济事项进行分类，针对不同分类事项制定管控制度，从而达到精细化管理。制度的核心对标工作应重点关注几点：一是各经济活动内部管理制度是否满足国家法律法规及相关政策规定，制度文件之间是否存在内容重复、相互冲突的现象；二是各经济活动内部管理制度内容是否完整，经济业务各环节是否均有相应规定，是否满足《单位内控规范》的要求；三是各经济活动内部管理制度是否有相关配套制度，制度文件内容是否明确了具体执行要求且具有可操作性；四是各经济活动内部管理制度是否定期修订更新，授权审批及发布程序是否符合规定。具体到各项业务控制内容主要包括以下几点。

1. 预算控制

科学事业单位预算控制贯穿经济业务活动全过程，是内部控制业务层面的核心控制。科学事业单位应当建立健全预算编制、审批、执行、决算与评价等预算内部管理制度，并合理设置岗位，明确相关岗位的职责权限，确保预算编制、审批、执行、评价等不相容岗位相互分离。经费预算编制包括科学研究项目预算编制与单位整体机构运行编制，预算编制阶段需要单位领导、科研管理部门、财务部门、其他相关业务部门对预算编制的合理性做出判断，必要时可以聘请外单位科研领域专家，提高预算编制的科学性、准确性；预算执行阶段，执行人员根据批复安排各项收支，同时单位发挥监督机制作用，及时发现预算执行中存在的问题，提出改进措施，提高预算执行的有效性，降低事后检查的风险；预算验收评价阶段，单位需保障预算绩效评价的真实准确性，加强项目结转结余资金及验收后的支出管理及决算分析结果运用，建立健全的单位预算与决算相互反映、相互促进的机制。

2. 收支控制

科学事业单位应当建立健全收入、支出内部管理制度，制定科学的审批流程及审核要求，加强科研管理部门与财务部门相互协作，明确各级审批人员职责，确保各项收入应收尽收，各项支出规范合理，会计核算记录准确。

3. 政府采购控制

科学事业单位应当建立健全政府采购预算与计划管理、政府采购活动管理、验收管理等政府采购内部管埋制度，并明确相关岗位的职责权限，确保政府采购需求制定与内部审批、招标文件准备与复核、合同签订与验收、验收与保管等不相容岗位相互分离。其中属于政府采购目录的货物、工程或服务，应通过批量或集中采购方式执行政府采购程序；应使用公开招投标方式采购资产，应按照规定开展招投标程序，防止化整为零行为。

4. 资产控制

科学事业单位应当对资产实行分类管理，建立健全资产内部管理制度，并合理设置岗位，明确相关岗位的职责权限，确保资产安全和有效使用。其中无形资产和固定资产应当建立资产购置卡片登记、使用、保管、维修制度，明确资产共享、租借、对外投资、报废处置的程序、审批权限和责任等；建立资产管理信息平台，使用现代化手段管理资产信息，实现科研仪器的资源共享，避免重复购置，提高科研经费使用效率；不定期抽查与定期盘点相结合，及时更新资产卡片信息，确保账实、账账相符。

5. 合同控制

科学事业单位应当建立健全合同内部管理制度，并合理设置岗位，明确合同的授权审批和签署权限，妥善保管和使用合同专用章。科学事业单位应当加强对合同订立的管理，明确合同订立的范围和条件，规定审批流程及权限，对影响重大或专业性较强的合同可聘请法律及相关技术领域专家参与合同订立；建立合同管理部门与财务部门沟通协调机制，协同监控合同履行情况，实现合同管理与预算管理、收支管理相结合；建立合同补充、变更、解除、纠纷处理等管理机制，及时采取措施应对突发状况；做好合同档案管理及保密工作等，严禁违规签订担保、投资和借贷合同。

6. 科研项目控制

科研项目管理是科学事业单位内部控制的重要内容，应严格遵循国家“放管服”要求，开展科研项目管理，在科研经费“放管服”背景下，做好管理，强化服务，确保科研项目顺利完成。

7. 建设项目控制

科学事业单位应当建立健全建设项目内部管理制度，合理设置岗位，明确内部相关部门和岗位的职责权限，确保项目建议和可行性研究与项目决策、概预算编制与审核、项目实施与价款支付、竣工决算与竣工审计等不相容岗位相互分离。

8. 科技成果转化控制

科技成果转化对科学事业单位发展具有举足轻重的作用，科技成果转化控制也是单位内部控制的重要方面。单位要建立完善体系，保证科技成果在转化的各个环节活动均科学、合规。

第五节　建立监督机制

监督机制作为内部控制建设的最后一个环节，是对科学事业单位内部控制有效性的检查和监督。通过对内部控制实施情况，监督、检查和保障内部控制的实施效果。

科学事业单位监督根据实施检查主体可分为内部监督和外部监督。科学事业单位外部监督主要为国家及上级部门实施的监督、审计管理工作，如财政部门、审计机关、纪检监察部门、主管部门等实施的外部监督。内部监督则主要依赖于内部审计或者纪检监察部门，对单位立项评审、预算执行、预算绩效评价、内部审计等重要工作进行监督，是内部控制监督的主要形式。科学事业单位内部监督管理工作，由单位领导牵头负责，内部审计部门（纪检监察部门）、财务部门和业务部门共同协作完成。

第三章
科学事业单位内部控制风险评估与控制方法

第一节　科学事业单位内部控制风险评估

风险是在特定的时间内和一定的环境条件下，人们所期望的目标与实际结果之间的差异程度，具有不确定性。科学事业单位运行过程中，面临的风险既有来自单位内部的风险，也有源于外部的风险，在不同程度上可能对单位持续运营能力造成影响。风险的不确定性，决定单位未来发展与所处环境的不确定性总是存在的，且风险是无法被彻底消灭的，只能被合理控制。

风险评估则是量化测评某一事件或事物带来的影响或损失程度，是单位及时识别、分析经济活动中与实现内部控制目标相关的风险，并合理确定风险应对策略的过程，是实施内部控制的最重要环节，是采取控制活动的依据，决定了内部控制的方向。对风险的正确评估是科学事业单位顺利开展内部控制建设的起点，单位必须时刻关注、评估单位各层次和各环节可能存在的风险，制定切实有效的风险控制策略。风险评估可分为目标设定、风险识别、风险分析和风险应对四个环节。科学事业单位内部控制风险评估，应当围绕合理保证单位经济活动合法合规、资产安全和使用有效、财务信息真实完整、有效防范舞弊和预防腐败、提高公共服务效率和效果的目标，坚持主客观相结合、定性与定量相结合开展风险评估。评估工作一般性工作流程见图 3-1。

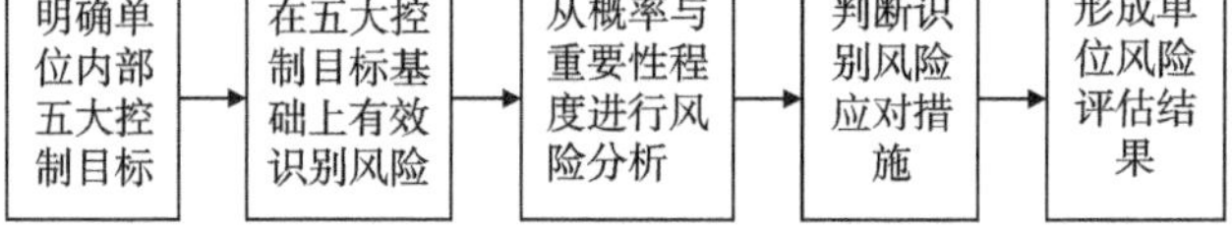

图 3-1　风险评估工作流程

一、风险识别

风险识别是根据单位的目标设立可辨认、分析和管理相关风险的机制，从而了解单位面临的各种风险。科学事业单位面临的风险包括外部风险和内部风险，外部风险主要包括宏观经济风险、政治风险、法律风险与合规风险、技术风险、自然环境风险等，内部风险根据《单位内控规范》分为单位层面风险与业务层面风险。

（一）单位层面的风险识别

(1)内部控制工作的组织情况　主要包括内部控制职能部门或牵头部门确定情况、内部控制沟通协调和联动机制建立情况。

(2)内部控制机制的建设情况　主要包括经济活动的决策、执行、监督是否实现有效分离；权责是否对等；是否建立健全议事决策机制、岗位责任制、内部监督等机制。

(3)内部管理制度的完善情况　主要包括内部管理制度是否健全；执行是否有效。

(4)内部控制关键岗位工作人员的管理情况　主要包括是否建立工作人员的培训、评价、轮岗等机制；工作人员是否具备相应的资格和能力。

(5)财务信息的编报情况　主要包括是否按照国家统一的会计制度对经济业务事项进行账务处理；是否按照国家统一的会计制度编制财务会计报告。

（二）业务层面的风险识别

(1)预算管理情况　主要包括在预算编制过程中单位内部各部门间沟通协调是否充分，预算编制与资产配置是否相结合、与具体工作是否相对应；是否按照批复的额度和开支范围执行预算，进度是否合理，是否存在无预算、超预算支出等问题；决算编报是否真实、完整、准确、及时。

(2)收支管理情况　主要包括收入是否实现归口管理，是否按照规定及时提供收入的有关凭据，是否按照规定保管和使用印章与票据等；发生支出事项时是否按照规定审核各类凭据的真实性、合法性，是否存在使用虚假票据套取资金的情形。

(3)政府采购管理情况　主要包括是否按照预算和计划组织政府采购业务；是否按照规定组织政府采购活动和执行验收程序；是否按照规定保存政府采购业务相关档案。

(4)资产管理情况　主要包括是否实现资产归口管理并明确使用责任；是否定期对资产进行清查盘点，对账实不符的情况及时进行处理；是否按照规定处置资产。

(5)建设项目管理情况　主要包括是否按照概算投资；是否严格履行审核审批程序；是否建立有效的招投标控制机制；是否存在截留、挤占、挪用、套取建设项目资金的情形；是否按照规定保存建设项目相关档案并及时办理移交手续。

（6）合同管理情况　主要包括是否实现合同归口管理；是否明确应签订合同的经济活动范围和条件；是否有效监控合同履行情况；是否建立合同纠纷协调机制。

（7）科研管理情况、信息系统建设情况、薪资管理情况等产生的风险。

识别内部控制风险必须紧密结合科学事业单位实际，识别单位管理优势与薄弱环节，做好应对精准控制。下面通过矩阵形式对影响单位目标实现的潜在事项进行系统的梳理归纳，总结出科学事业单位风险识别示例（表 3-1）。

表 3-1　风险识别示例

风险类别	风险名称		主要风险事件 （分别从科研经济活动合法合规、资产安全和有效使用、财务信息真实完整、防范科研舞弊与预防科研腐败、支撑国家科技发展的服务效率与效果五个维度来识别）
单位层面风险	外部风险		1. 外部宏观经济形势、国家政治环境、社会环境等风险； 2. 法律法规、科研项目管理政策、财政监管要求等风险； 3. 科学技术进步、装备改进等带来的科技因素风险； 4. 自然灾害、外部环境状况等自然因素风险； 5. 社会舆论与外部监督； ……
	内部风险	组织机构风险	1. 单位机构设置不符合机构编制管理法律法规； 2. 会计机构职责和岗位不够清晰； 3. 不相容职位未有效分离； 4. 单位内部控制管理机制不健全； ……
		议事决策风险	1. 单位决策程序不规范，决策方式和原则与国家政策相悖，未形成科学、有效的集体决策机制、决策过程不民主，未建立良好的沟通反馈渠道； 2. 单位决策不科学、缺乏依据、盲目进行决策，导致单位经济活动受阻； 3. 未执行单位决策议事机制； ……
		关键岗位风险	1. 未识别单位经济活动中的关键岗位，关键岗位设置及职责权限分配不合理； 2. 单位关键岗位管理不规范，未建立关键岗位轮岗机制和强制休假机制，增加道德风险； 3. 关键岗位考核机制不健全，未对关键岗位进行有效监督，出现舞弊和腐败现象； ……

续表 3-1

风险类别	风险名称		主要风险事件 （分别从科研经济活动合法合规、资产安全和有效使用、财务信息真实完整、防范科研舞弊与预防科研腐败、支撑国家科技发展的服务效率与效果五个维度来识别）
单位层面风险	内部风险	关键人员风险	1. 关键人员准入把关不严，关键人员不具有岗位胜任能力，无法胜任相应业务工作； 2. 关键人员职业操守较低，缺乏相关的诚信与职业道德； 3. 单位对关键人员教育培训不足、评价不全面，缺乏有效的激励机制，无法激励关键人员积极性； 4. 关键人员退出及晋升机制不健全，缺乏有效评价机制，不利于关键人员更新； ……
		会计系统风险	1. 单位会计制度不健全，会计核算不规范，会计科目设置不当，影响财务信息的准确性和真实性； 2. 单位会计机构不健全，会计人员专业技能和素质不高，影响会计业务开展； ……
		信息技术风险	1. 信息技术手段落后、单位信息化水平不高，单位员工对信息系统掌握不到位，导致经济活动效率不高； 2. 信息系统安全管理不健全，容易造成相关信息的泄露； ……
业务层面风险	预算管理风险		1. 单位预算编制流程不清晰、预算编制依据不合理、方法不科学、内容不全面、审核程序不规范，导致单位形成账外资产或小金库； 2. 预算执行缺乏严肃性和约束力，支出控制不严、超支浪费严重或财政资金执行进度缓慢，期末突击花钱； 3. 预算绩效考核、评价及监督流于形式，无法有效发挥预算对资金的管控作用，对科研项目评价无法发挥应有的作用； ……
	收支管理风险		1. 单位违规发放奖金福利或请客送礼等其他费用支出，导致腐败产生； 2. 单位截留未纳入预算的其他收入，如利息收入、房租收入，形成小金库； 3. 单位虚列支出，项目支出和基本支出厘定不清，未实现专款专用，导致单位支出管理混乱； 4. 单位未实行收支两条线，出现坐收坐支现象； ……

续表 3-1

风险类别	风险名称	主要风险事件 （分别从科研经济活动合法合规、资产安全和有效使用、财务信息真实完整、防范科研舞弊与预防科研腐败、支撑国家科技发展的服务效率与效果五个维度来识别）
业务层面风险	政府采购管理风险	1.采购前期工作准备不充分，导致应当政府采购的没有执行政府采购，或未按法律法规规定方式进行政府采购； 2.采购代理商遴选未进行充分资质审查，导致政府采购无法满足单位需要； 3.招标评审小组专家未能充分履职、采购供应商暗中操纵竞标，采用不正当手段低价夺标、单位标底泄露，导致采购物品质量低、服务差、延期交货、无法满足使用要求或存在浪费、寻租腐败； ……
	资产管理风险	1.资产购置无计划，购置不符合法律法规要求，单位资产未统筹规划，导致重复购置、资产闲置等情况存在；资金支付不合规； 2.资产验收流于形式，导致所购置资产不符合需求； 3.资产管理不规范，未定期盘点、资产登记不准确、长期转移未及时更新信息；资产报废不符合程序、未达到要求即进行报废；单位大型科研仪器设备未共享； ……
	建设工程项目风险	1.单位未对建设项目进行可行性研究，项目立项缺乏专业性、科学性，第三方合作单位未审慎选择； 2.概预算与工程项目内容不符，概预算未审核、概预算随意变更； 3.工程招标存在程序风险，单位拆包、分包规避招标； 4.工程变更不合规，变更未经相关审批； 5.竣工验收条件不明晰；竣工决算未经审计、决算真实性不足；竣工结算资金偏差大导致工程造价不准确，资金结算不符合项目管理规定； ……
	合同管理风险	1.合同签订未进行充分审查，条款不明晰，产生纠纷； 2.合同未按约定履约，违反合同条款，造成单位合法权益被侵害； 3.未按合同约定进行结算； 4.合同未进行归档等后续管理； ……

续表 3-1

风险类别	风险名称	主要风险事件 (分别从科研经济活动合法合规、资产安全和有效使用、财务信息真实完整、防范科研舞弊与预防科研腐败、支撑国家科技发展的服务效率与效果五个维度来识别)
业务层面风险	科研项目管理风险	1.单位对项目申报信息获取及传递不及时,项目申报人不能及时掌握申报信息,对申报事项的要求不清楚,理解和掌握得不准确,导致未能及时准确提交项目申报材料; 2.科研经费的申请额度大于实际需求,存在科研经费浪费和低效转化的风险; 3.项目收款信息未能及时发布,信息传递时间滞后,导致项目经费入账不及时; 4.单位未建立科研档案统一管理系统,档案信息与相关部门未建立连接,信息传递不畅通; ……
	成果转化风险	1.科研人员违反国家有关法规和科学事业单位规定,侵犯单位知识产权,未经单位允许,泄露本单位的技术秘密; 2.科研人员将职务科技成果擅自转让或变相转让,私自与协作方交易; 3.除单位科技成果转化合同约定条款外,科研人员私自向受让方索取财物; ……
	科研诚信风险	1.科研从业人员通过不正当手段影响评审结果、虚构同行评议及专家评审意见; 2.在项目执行阶段存在编造研究过程、伪造试验数据,研究过程中根据主观意向先下结论再倒推数据,取得"人为成果"; 3.科研成果以不正当手段违规署名; 4.将尚不成熟、可靠程度不高的科研成果提前发布,忽视科学的准确性;产出的论文一稿多投等; ……

二、风险分析

风险分析阶段,单位应对经济活动风险事件发生的可能性和影响程度进行分析,确定单位经济活动风险管理的优先顺序。

通常风险分析的核心是围绕着风险发生的可能性(即风险发生的概率及频率)与该风险对科研单位影响程度展开。科研单位应从自身经济活动情况出发,运用适当的风险分析方法进行分析,为应对后续风险提供依据。

(一)风险发生的可能性分析

风险发生的可能性分析可以运用定性与定量相结合的评估方法。定性评估法主要为将单位可能发生的风险分为日常管理存在的潜在风险及重大突发灾难事故风险两层面进行分析,以确定不同性质的风险发生的可能性;定量评估法主要为衡量历史数据中风险发生的概率,并将其作为标准进行评估。按照定性与定量分析方法将风险发生的可能性分为极低、低、中等、高、极高五个级别,具体示例见表 3-2。

表 3-2　风险发生的可能性评估标准

评估方法	评估标准	极低	低	中等	高	极高
定性方法	针对日常运营中可能发生的潜在风险	一般情况下不会发生	极少情况下才发生	某些情况下发生	较多情况下发生	常常会发生
	重大突发事件风险	今后 10 年内发生的可能小于 1 次	今后 5～10 年内可能发生 1 次	今后 2～5 年内可能发生 1 次	今后 1 年内可能发生 1 次	今后 1 年内至少发生 1 次
定量方法	适用于可以通过历史数据统计出一定时期内风险发生概率的情况	发生概率 5%以下	发生概率为 5%～30%	发生概率为 30%～70%	发生概率为 70%～95%	发生概率为 95%以上

(二)风险影响程度分析

风险影响程度是指某一风险事件发生对科研单位内部控制目标实现造成的影响程度。风险造成的影响程度在定性定量相结合的评估基础上可以划分为财务损失、业务控制、合法合规三个维度。财务损失为定量评估法下的评估标准,以损失金额的大小来衡量风险影响程度;业务控制及合法合规性为定性评估法下的评估标准,以事件性质的严重程度衡量风险影响程度。对于风险影响程度的强弱也可以分为五个等级:不重要、次要、中等、主要、重大,具体示例见表 3-3。

一般来说科学事业单位风险分析包括两大核心内容:①风险事项发生的可能性(频率、概率);②风险事项产生的影响。科学事业单位在具体开展风险分析时,应从单位经济活动的具体情况出发,运用适当的风险分析技术,定量或定性地评估相关事项,为风险应对提供依据。

表 3-3 风险影响程度评估

评估方法	评估标准	不重要	次要	中等	主要	重大
定量方法	财务损失金额（结合单位实际情况确定）	轻微的财务损失	较低的财务损失	中等的财务损失	重大的财务损失	极大的财务损失
定性方法	业务控制	对本单位的控制目标有轻微影响，情况立刻受到控制。	对本单位的控制目标有轻度影响，情况经过内部管理后受到控制。	对本单位的控制目标有中度影响，情况需要外部支持才能得到控制。	对本单位的控制目标有严重影响，情况失控，但对单位无致命影响。	对本单位的控制目标有重大影响，情况失控，给单位带来致命影响。
	合法合规性	可能存在轻微地违反法规的问题。	违反法规，伴随着少量的罚款或诉讼的损失。	严重违反法规，导致监管部门、司法机构的调查或诉讼，伴随着一定的罚款或诉讼的损失。	严重违反法规，导致监管部门、司法机构的调查和重大诉讼，伴随着较大的罚款或诉讼的损失。	严重违反法规，导致监管部门、司法机构的调查和重大诉讼，行政、经济处罚，或非常严重的集体诉讼。

三、风险应对

风险应对是指在风险分析的基础上，针对科学事业单位运行存在的风险，提出各种风险解决方案，经过分析论证，结合科学研究活动规律及单位不同阶段发展目标，从中选择最优方案并予以实施的过程。风险应对的策略一般有四种：风险规避、风险分担、风险降低和风险承受。选定应对策略后，再有针对性地选择控制方法。科学事业单位应持续收集与风险变化相关的信息，进行风险识别和风险分析，及时调整风险应对策略。

（一）风险规避

风险规避是指科学事业单位对超出单位承受度的风险，通过主动选择停止、退出或拒绝相关科研、经济业务活动，以避免和减轻损失的策略。该项应对措施是最彻底、最有力地控制风险的办法，但是风险规避也属于最消极的风险应对措施。风险规避不但可以规避风险，而且同时有可能会错失好的机会。

采取风险规避，首先需要考虑某种特定风险所致的损失概率和损失程度，如风险一旦发生，单位是无力承担的；然后要考虑风险规避，防范风险带来的其他副作用的发生；最后需要考虑风险规避带来的结果，在未来给单位科研活动开展及单位高质量发展带来的益处要大于其他风险应对措施。例如，某科学事业单位对外部环境进行分析后，发现创办下属企业投资业务风险很高，而且没有足够的人员和专业能力对投资业务进行管理，在综合分析风险后，该单位应当放弃该项投资。

（二）风险分担

风险分担也可称为风险转移，是一种积极应对风险的手段。具体指科学事业单位通过合同、契约、经济、金融等工具将自身的风险分摊或转嫁给他人的方式。风险转移主要分为两种类型，一种是非保险转移，一种是保险转移。非保险转移是通过外包、租赁、出售、售后回租、签订保证合同、签订免责条款等方式。保险转移则是通过投保的方式对风险进行转移，当发生保险责任范围内的损失，保险人就需要补偿被保险人的损失。科学事业单位可以通过借助外部力量，采取业务外包、购买保险等方式，将风险控制在可承受范围之内。如科学事业单位应当为野外作业的学生或外聘人员购买人身保险，降低作业中发生意外事件对单位运转的影响。

（三）风险降低

风险降低是通过降低风险发生的可能性或者是缩小风险损失程度来达到对风险的控制，即在科学事业单位权衡成本效益之后，采取适当的控制措施降低风险或者减轻损失，将风险控制在可承受范围之内的策略。风险降低可分为风险预防和风险抑制，其中风险预防属于事先控制，风险抑制则属于事后控制。两种降低风险的内涵分别为：一是控制可能导致风险的因素，减少风险的发生；二是设置应急机制，一旦发生风险，降低风险损害程度。例如，科学事业单位在进行基建项目工程中，应在合同中加强设计控制和投资控制，确保施工图设计合理，施工预算在概算范围之内，降低概算风险。工程需要变更时，要求建设项目管理人员严格审核同时聘请外部专家对变更事项进行审核。又比如科学事业单位应建立健全科研危化品管理制度及危化品泄漏应急预案，规范实验室危化品管理风险，一旦危化品泄漏或发生其他危化品使用事故，可迅速得到应急反应，将泄漏造成的影响降到最低，将危化品管理风险降到最低。

风险降低也属于一种积极的风险应对措施，但是从控制力度上看，风险降低在于发挥单位内部力量，风险转移则偏重于借助单位的外部力量；从控制关系看，风险降低属于对风险直接进行控制的手段，风险转移属于对风险间接控制的手段。

（四）风险承受

风险承受又叫风险承担，指的是对风险的接受，是处理风险的最普遍的方法。科学事业单位在权衡成本效益之后，对可承受范围之内的风险，不采取控制措施降低风险或者减轻损失的策略。风险承担具有两种情况，一种是主动对风险进行承担，一种是被动接受。一般来说要尽力避免被动接受风险，因为被动接受风险，往往是对风险认识不到位，所以对风险结果或造成的影响未做到预估，风险影响程度在这种情况下往往是不可控的，可能会影响科学事业单位的平稳运行。主动的风险承担则指的是在已经识别到风险的可能性后，进行预估和预判断。首先是接受风险的费用比采取其他方式规避风险发生的费用低；其次是预测风险带来的损失是科学事业单位运行中可以承受的；最后是风险产生后，科学事业单位对风险产生的后果是可以控制的。

第二节 科学事业单位内部控制方法

《单位内控规范》规定，行政事业单位内部控制方法一般包括不相容岗位相互分离、内部授权审批控制、归口管理、预算控制、财产保护控制、会计控制、单据控制、信息内部公开。结合科学事业单位特点，在行政事业单位通用的控制方法基础上，科学事业单位常用的内部控制方法可以进一步细化为环境氛围控制、组织机构控制、职务分离控制、授权批准控制、人员素质控制、信息质量控制、财产保护控制、业务程序控制、目标考核控制、内部审计控制、归口管理控制、预算控制、会计控制、单据控制、信息内部公开控制、信息系统控制。

一、环境氛围控制

环境氛围指科学事业单位的治理结构、机构设置、权责分配、人力资源政策、内部审计机制和单位文化等多项因素汇集在一起对内部控制所带来的影响。环境氛围控制反映组织的各个利益关系主体对内部控制的态度、看法和行为，是科学事业单位建立和实施内部控制的基础。

科学事业单位环境氛围是单位建立和实施内部控制的基础，单位领导必须高度重视本单位环境氛围控制的建设工作。在实施组织机构控制、职务分离控制等控制办法时，应当考虑到环境氛围的基础配套改造问题。环境氛围是长久积淀形成的，无论是改变旧的环境氛围还是形成新的环境氛围都需要较长的时间，单位领导不能因为收效慢而放弃改造旧环境氛围和建设新环境氛围的努力。环境氛围控制是一项“功在当代，利在千秋”的工程。环境氛围控制的具体方法见表 3-4。

表 3-4　环境氛围控制具体方法

具体方法	解释说明
治理结构	根据国家法律法规，建立科学事业单位章程，规范科学事业单位治理结构和议事规则，明确决策层、执行层、监督层三方权限，形成科学有效的职责分工和制衡机制。
机构设置及权责分配	根据科研工作特点和内部控制要求设置内部机构，明确职责权力，将权力和责任落实到各责任单位，保证信息畅通、管理高效。
人力资源政策	制订员工聘用、培训、辞退、辞职、薪酬、考核、晋升与奖罚系列制度，不断提升员工业务能力与道德操守。
内部审计机制	保证内部审计机构设置、人员和工作的独立性。
科学事业单位文化	加强文化建设，培育积极向上的价值观和社会责任感，倡导诚实守信、爱岗敬业、开拓创新和团队协作精神，树立现代管理理念，强化风险意识和法制观念。

二、组织机构控制

组织机构控制是指通过合理设置并有效发挥科学事业单位内部机构之间相互配合又相互监督的作用所达到的控制。科学事业单位在实施组织机构控制时，一定要明确部门之间的横向协作关系，消灭管理盲区和责任盲区，避免扯皮推诿现象发生。

组织机构控制分为组织方案控制、组织结构控制和组织系统控制三个方面，具体方法见表 3-5。

表 3-5　组织机构控制具体方法

具体方法	解释说明
组织方案控制	通过文件明确各个部门的权力和责任及权责边界。
组织结构控制	明确各部门的相互关系，满足集中领导、分级管理的要求。
组织系统控制	明确部门之间的直接领导关系（人）和横向协作关系，考虑组织功能的健全性和合理性。

三、职务分离控制

职务分离控制是指不相容岗位相互分离控制。在一个组织内，如果某几种相互关联的岗位由同一个人来担任，就会增加发生差错和舞弊的可能性，或者增加发生差错和舞弊以后进行掩饰的可能性，这些职务称为不相容岗位。根据不相容岗位相互分离的控制要求，一项经济业务不能由一个人单独处理。不相容岗位分别由不同的部门或不同的人员经办，使有关人员在处理业务时相互制约、相互监督，严防错误和舞弊行为发生。

科学事业单位在设计内部控制系统时，首先，必须对单位的经济活动进行全面梳理，明确各个机构和岗位的职责权限；其次，确定哪些岗位是不相容的，让不相容岗位和职务之间能够相互支持、相互制约，形成有效的制衡机制。

不相容职务分离的核心是"内部牵制"。科学事业单位普遍实行了钱、账、物分管制度。但是仅仅停留在钱、账、物分管上是远远不够的，现代组织内部的岗位分离控制比钱、账、物分管制度要广泛和深刻得多。如招聘工作中的分数统计和复核分离、劳资部门的工资调整计算和复核分离等。因此，科学事业单位领导应该定期对单位的岗位分离进行合理的扩充，做到哪里有舞弊，哪里就有不相容岗位相互分离。

在组织内部，需要实施职务分离控制的事项具体方法见表 3-6。

表 3-6　职务分离控制具体方法

具体方法	解释说明
授权与业务经办分离	采购批准职务与经办执行职务分离。
业务经办与会计记录分离	采购执行职务与会计记录职务分离。
会计记录与财产保管分离	会计记录职务与财产保管职务分离。
业务经办与稽核检查分离	业务经办职务与事后检查职务分离。
授权批准与监督检查分离	采购的批准职务与监督检查职务分离。
保管与清查控制分离	保管某项财物职务与这项财物清查职务分离。
总账与明细账控制分离	记录总账与记录明细账、日记账的人员分离。

四、授权批准控制

授权批准控制也称为内部授权审批控制，是指组织内各级工作人员必须经过授权和批准才能对有关的经济业务进行处理，未经授权和批准的人员不允许接触和处理这类业务。

科学事业单位在实施授权批准控制时，必须明确常规授权和特别授权的内涵要求。常规授权（又称一般授权）是指科学事业单位在日常管理活动中按照既定的职责和程序进行的授权，用以规范经济业务的权力、条件和有关责任者，其时效性一般较长。管理人员在其职责范围和业务处理权限以内，不需经过请示批准便可处理业务以便尽快进行业务处理，防止推诿现象发生。特别授权是在特殊情况、特定条件下对办理例外的非常规性交易事项的权力、条件和责任的应急性授权。当业务超出了他们的职责范围或权限时，他们必须经过批准方可处理这些业务。

科学事业单位必须建立授权审批体系，编制常规授权的权限指引，规范特别授权的范围、权限、程序和责任，严格控制特别授权。对于重大的业务和事项，科学事业单位应当实行集体决策审批或者审签制度，任何个人不得单独进行决策或擅自改变集体决策。在授权批准的同时必须明确各级人员所承担的责任，权力下放意味着责任下放，但并不会由于权力下放就能够免除授权人的责任担当，授权人授权之后还要继续对接受授权的单位和个人进行指导和检查，促使接受授权的部门和个人加强工作责任心，切实承担履职责任。

在进行授权控制时，常规授权的范围不宜太大，但也不可过小。如果常规授权的范围太大，会使单位或部门的领导失去对重要业务的控制，削弱内部控制的严肃性，从而带来较大的管理风险。如果常规授权范围过小，凡事均需请示、批准，也势必会削弱管理人员的积极性和责任感，不利于提高管理水平。

授权批准控制的具体方法见表3-7。

表3-7 授权批准控制具体方法

具体方法	解释说明
常规授权控制	授予有关人员处理正常范围内经济业务的权限。
特殊授权控制	授予有关人员处理超出一般授权范围的特殊业务的权限。

五、人员素质控制

人员素质控制，就是根据“人岗匹配”的原则，将合适的人安排到合适的岗位并加以培养和考核，使人的作用发挥到极致的控制。科学事业单位内部控制的契合度以及内部控制的执行效度，同人员素质密不可分。科学事业单位应该采用一定的方法和手段对职工的思想品德、业务技能和工作能力进行控制，保证各类人员素质与负责的工作岗位要求相适应，保证人人都胜任岗位工作，高质量完成工作任务。

人员素质控制的具体方法见表3-8。

六、信息质量控制

信息质量控制是指单位发生的经济业务不仅要形成信息，而且相关信息要准确、完整、可靠、及时并能够共享，对单位的管理和监督工作带来正面的影响。

表 3-8　人员素质控制具体方法

具体方法	解释说明
建立人事任免制度	根据员工的德能表现委派工作，使他们能够胜任各自的工作。
建立岗前培训制度	明确职工必须通过业务考核才能上岗工作，人事部门对新入职员工进行集体培训，让员工了解相关制度和纪律要求。
建立继续教育制度	按照行业规定，建立继续教育制度，定期组织各类人员进行职业道德和技能培训，提高员工的职业道德素质和技术业务素质。
建立奖励惩罚制度	对于爱岗敬业、业绩优良的员工给予肯定、表彰或者提职加薪奖励，对于纪律懒散、给单位带来负面影响的员工进行批评教育，提高职工的工作责任感和荣誉感。
建立职务轮换制度	定期调换职工的工作并对职工的工作能力和工作情况进行全面检查，帮助培养职工胜任工作的能力。

信息质量控制最重要的方面就是会计控制系统的建立。科学事业单位应当重视网络的安全保障建设工作及电子档案要备份，同时要按照档案管理要求定期整理归档纸质资料。根据会计凭证保管期限由 15 年调整为 30 年的规定，及时做好会计档案室的建设工作，保证会计档案得到完整存放。

信息质量控制的具体方法见表 3-9。

表 3-9　信息质量控制具体方法

具体方法	解释说明
审核控制	记账凭证必须根据经专人审核后的原始凭证进行记录。
内容控制	记账凭证的内容必须保持同原始凭证一致。
编号控制	凭证必须连续编号，凭证的使用必须按编号次序依次使用。
复核控制	建立定期复核制度，定期对凭证的填制、记账、过账和编制报表工作进行复核。
核对控制	建立总分类账与明细分类账、日记账的核对制度。
签名控制	业务经办人员在处理有关业务后必须签名盖章，以备今后追溯责任。
传递控制	建立完善的凭证传递程序。
分析控制	建立会计信息的定期分析制度，及时发现和纠正信息谬误。
清查控制	定期或不定期地对库存现金、银行存款、各项金融性资产以及各项财产物资进行清查，查明盘盈、盘亏原因，确保账实相符。

七、财产保护控制

财产保护控制是指科学事业单位应建立资产日常管理制度和定期清查机制，采取资产记录、实物保管、定期盘点、账实核对等措施，确保资产安全完整。保障财产安全特别是资产安全，是内部控制的重要目标之一。部门之间定期清查盘点并相互核对是预防财产流失的有效手段。财产安全既要依靠使用部门的悉心保管，同时也离不开财务和设备归口管理部门的账目控制和日常监督，科学事业单位既要建立起“谁用谁管谁负责”的财产管理机制，又要建立起财产部门、设备管理部门和设备使用部门信息互通并“同抓共管”的财产管理平台。

财产保护控制的具体方法见表3-10。

表3-10　财产保护控制具体方法

具体方法	解释说明
账务控制	发生经济业务要立即记账，特别是库存现金、银行存款等业务，更加需要重视账务控制，以防现金被贪污挪用。
盘存控制	定期对实物资产进行盘点并将盘点结果与会计记录进行比较，采用永续盘存的方法反映财产物资的增减变动情况，随时反映财产物资的进、出、存情况。
接触控制	严格限制未经授权的人员接触资产，对货币资金、有价证券、贵重物品、存货等变现能力强又便于携带的资产必须限制无关人员的直接接触。
档案控制	建立财务档案保管制度，编制档案清册并妥善保管，防止抽换和篡改档案资料，对财产物资进行科学编号，便于清点。

八、业务程序控制

业务程序控制是指对重复发生的业务采用规范化、标准化的手段对业务处理过程进行控制。科学事业单位应立足于“简化流程，保证质量”，对各级人员的业务范围、权责以及业务处理的基本程序建立起标准化的工作流程，确保工作有条不紊，防止杂乱无章。

业务程序控制的具体方法见表3-11。

表3-11　业务程序控制具体方法

具体方法	解释说明
凭证传递标准化	明晰凭证取得、粘贴、签批到归档的标准化流程。
记账程序标准化	明晰报账审核、复核、付款和记账的标准化流程。
收支程序标准化	明晰资金从收入取得到支出经办系列标准化流程。

九、目标考核控制

科学事业单位目标考核是按照一定的指标或标准去评判部门和人员工作业绩,并根据衡量结果给予相应奖惩的管理活动。量化指标是最易于考核的指标,但是,并不是所有的科研和管理工作都可以量化考核,实施目标考核控制的时候,需要考虑目标设定的科学性问题。同时目标考核的目的是通过考核达到鼓励先进、鞭策后进,以点带面推动整体达标。目标考核公平才能得到被考核者的信任和尊重。因此,科学事业单位应结合被考核者的自我考核、群众测评和专家考核的方式进行目标考核,考核专家的人选既要具备专业能力又要处事公道,作风正派,实事求是,保持考核评价的公平性。

目标考核控制的具体方法见表 3-12。

表 3-12　目标考核控制具体方法

具体方法	解释说明
目标定量考核控制	建立系列定量考核指标(包括绝对值指标和相对值指标),将被考核者实际完成量与设定的目标完成量进行对比。
目标定性考核控制	建立系列定性考核指标(优、良、中、差),将被考核者实际工作表现与设定的目标进行对比。

十、内部审计控制

内部审计控制是指科学事业单位的内部审计机构对单位及所属单位的内部控制设计与运行的健全性、有效性进行评价的一种手段。

科学事业单位内部审计机构具有独立性、客观性和权威性的特点,由内部审计机构对科学事业单位经济活动可能存在的风险进行排查,对关键控制点及控制措施进行分析,对规章制度的实施情况进行评价,有利于促进科学事业单位及所属单位加强和完善内部控制建设。

科学事业单位内部审计机构要加强对审计人员的业务培训,保证内部审计人员能够准确掌握内部审计的各种方法,善于利用审计方法获取审计证据,准确做出审计结论,保证审计结论的权威性。内部审计机构对监督检查发现的内部控制缺陷,应当按照科学事业单位内部审计工作程序进行报告,责令整改,借以增强内部审计监督防范功能。

内部审计控制的具体方法见表 3-13。

表 3-13 内部审计控制具体方法

具体方法	解释说明
审核法	对会计记录和其他书面材料进行审阅与核对，如查阅会计资料、预算、计划、会议记录及各种规章制度等资料使用情况。
监盘法	内部审计人员在现场观察被审计单位存货等的盘点，对已盘点的存货进行适当检查。有形资产、现金、有价证券的审计一般采用本方法。
观察法	内部审计人员实地察看被审计单位的工作场所、实物资产和有关业务活动及其内部控制的执行情况，以获取审计证据。
询问法	审计人员与被审计部门或有关人员进行面对面交谈了解有关情况、收集审计证据。
函证法	为证明被审计单位会计资料所载事项而向有关单位或个人发函询证，要求第三方就业务和相关金额予以回复确认。
复核法	通过对会计记录中的期末余额、小计、合计、差数、积数、商数等进行复算，检查计算技术上有无错误、数字是否正确。
专题调查法	为了证实某一特定事项，回答某一特定问题而对某审计事项进行的一项专门的调查。
分析性复核法	审计人员通过分析被审计单位重要的比率或趋势，包括调查这些比率或趋势的异常变动及其与预期数额和相关信息的差异而获取初步审计线索。

十一、归口管理控制

归口管理控制是指科学事业单位根据本单位实际情况，按照权责对等的原则，采取成立联合工作小组并确定牵头部门或牵头人员等方式，对有关经济活动实行统一管理。科学事业单位的有些经济活动分散在各个业务部门具体开展，如果没有统一的管理和监控，就容易导致经济资源流失的风险和财务信息失真的风险。还有一些经济活动涉及的内部部门较多，需要各部门协调完成，如果不进行统一管理，明确权力和相应的责任，一旦发生问题，各部门就可能互相推诿，影响经济活动的顺利开展。

归口管理控制的具体方法见表 3-14。

十二、预算控制

预算控制是指科学事业单位强化对经济活动的预算约束，使预算管理贯穿于单位经济活动的全过程。预算控制本身是一种方法，在科学事业单位的经济活动中发挥着事前计划、事中控制、事后反馈的作用。

预算控制的具体方法见表 3-15。

表 3-14　归口管理控制具体方法

具体方法	解释说明
收入归口管理	财务部门是负责收入的统一归口管理部门；业务部门中成果转化部门负责科技成果转化收入、技术服务等涉税收入业务管理，科研部门负责科研项目管理。
资产归口管理	资产管理部门作为资产归口管理部门，负责建立健全资产管理制度，明确资产的使用和保管责任；明确资产的配置、使用、处置的工作流程；明确对外投资的管理要求；明确对资产动态管理的要求；明确与资产管理相关的检查责任。
合同归口管理	科技部门负责科技项目相关收支合同管理，成果转化部门负责科技成果转化、技术服务等横向项目收支合同管理，政府采购部门负责物资和服务的采购合同，基建部门负责建设项目勘察、设计、施工等合同，财务部门按照合同规定及时进行价款结算、监控资金收支等。

表 3-15　预算控制具体方法

具体方法	解释说明
预算编制控制	制定预算计划的过程中，结合实际编制计划，确保预算的合理性和可行性。
预算审批控制	预算方案制定完成后，进行严格的审查和控制，确保预算方案的合理性和可行性，避免预算方案存在漏洞或不合理。
预算执行控制	预算方案得到批准后，对预算的执行过程进行严格的监控和管理，确保预算的有效执行。

十三、会计控制

会计控制是指建立健全科学事业单位财会管理制度，即加强会计机构建设，提高会计人员业务水平，强化会计人员岗位责任制，规范会计基础工作，加强会计档案管理，明确会计凭证、会计账簿和财务会计报告处理程序。会计控制是合理保证信息真实完整的重要方法，为科学事业单位预算管理和财务管理工作提供基础保障。

会计控制的具体方法见表 3-16。

表 3-16 会计控制具体方法

具体方法	解释说明
会计凭证控制	填制或取得会计凭证时实施的相应控制措施,包括原始凭证与记账凭证的控制。
会计账簿控制	设置、启用及登记会计账簿时实施的相应控制措施。
财务报告控制	编报财务报告时实施的相应控制措施。
会计复核控制	对各项经济业务记录采用复查核对的方法进行控制。

十四、单据控制

单据控制是指对单位经济活动中获取的报销凭证和单位内部形成的表单予以控制的方法。单据控制要求科学事业单位根据国家有关规定和单位的经济活动业务流程,在内部管理制度中明确界定各项经济活动所涉及的表单和票据,要求相关工作人员按照规定填制、审核、归档、保管单据。

单据控制的具体方法见表 3-17。

表 3-17 单据控制具体方法

具体方法	解释说明
制度表单化	行政事业单位应当根据国家有关规定和单位的经济活动业务流程,将内部管理制度中各流程环节工作程序表单化、单据化,以便后期嵌入信息系统。
使用和管理单据规范化	相关工作人员必须按照规定管理使用表单和票据,具体包括填制、审核、归档、保管单据的全环节和全过程。

十五、信息内部公开控制

信息内部公开是指对某些与经济活动相关的信息,在单位内部的一定范围内,按照既定的方法和程序进行公开,从而达到加强内部监督,促进部门间沟通协调以及督促相关部门自觉提升工作效率的有效方法。科学事业单位必须建立健全经济活动相关信息内部公开制度,并根据国家有关规定和单位的实际情况,确定信息内部公开的内容、范围、方式和程序。

信息内部公开控制的具体方法见表 3-18。

表 3-18　信息内部公开控制具体方法

具体方法	解释说明
搭建信息公开平台	明确平台的建设目标,优化完善平台的功能和内容。
建立健全工作机制	建立清晰的信息公开工作机制。明确各个部门在信息公开中的角色和责任,以确保信息及时准确地公开。
规范信息公开流程	通过规范流程,确保信息的完整性和一致性,提高工作效率。
强化信息公开内容	信息公开的内容是有效发挥公众监督的保障,根据业务控制内容,结合科学事业单位业务特点,对科研成果、科研经费使用情况等信息进行公开。
完善信息公开基础	建立稳定的信息存储和传输系统,加强信息安全保障工作,确保信息不被非法获取或滥用。

十六、信息系统控制

信息系统控制是指科学事业单位运用计算机和通信技术。将内部控制制度及其业务流程等关键环节进行集成、转化和形成信息一体化管理平台，开展内部控制工作。

信息一体化平台应具有以下特点:一是流程化运作特点,信息一体化平台是以流程化运作为主要管理模式的平台,业务要做到流程化;二是同质化业务归并,信息化平台需要对同一性质的业务进行归集,保障各类业务的统一性;三是高效协作性,信息化平台应当在单位整个内部组织之间提供协作和支持,并且能够长效保持这种协作关系的顺畅运行;四是管理跨度合理,即信息一体化平台,应做到保持合理的管理跨度,使得内部组织间能够在保持工作边界的同时产生有效的沟通,从而更好地协同管理。良好的信息一体化控制应以业务流程为起点,管控前移,降低财务风险,最终实现建立共享中心的目标,实现财务、科研、人力资源、单位文化等多方面共享。

构建服务于科学事业单位的信息化平台,其服务内容为,服务于科研,提升科研资金监管效率;业务内容为,规范单位资金使用流程,优化资源配置,提高资金使用效率;工作方式为,将制度固化于系统内部,全流程对财务资金进行监督管理,提升单位整体风险防范水平;建设目标为,构建业财融合一体化系统,提升科研单位资金使用效率,为单位运行、决策,科研人员创新研究科研提供有力保障。科学事业单位信息系统控制方案示意图如图 3-2 所示。

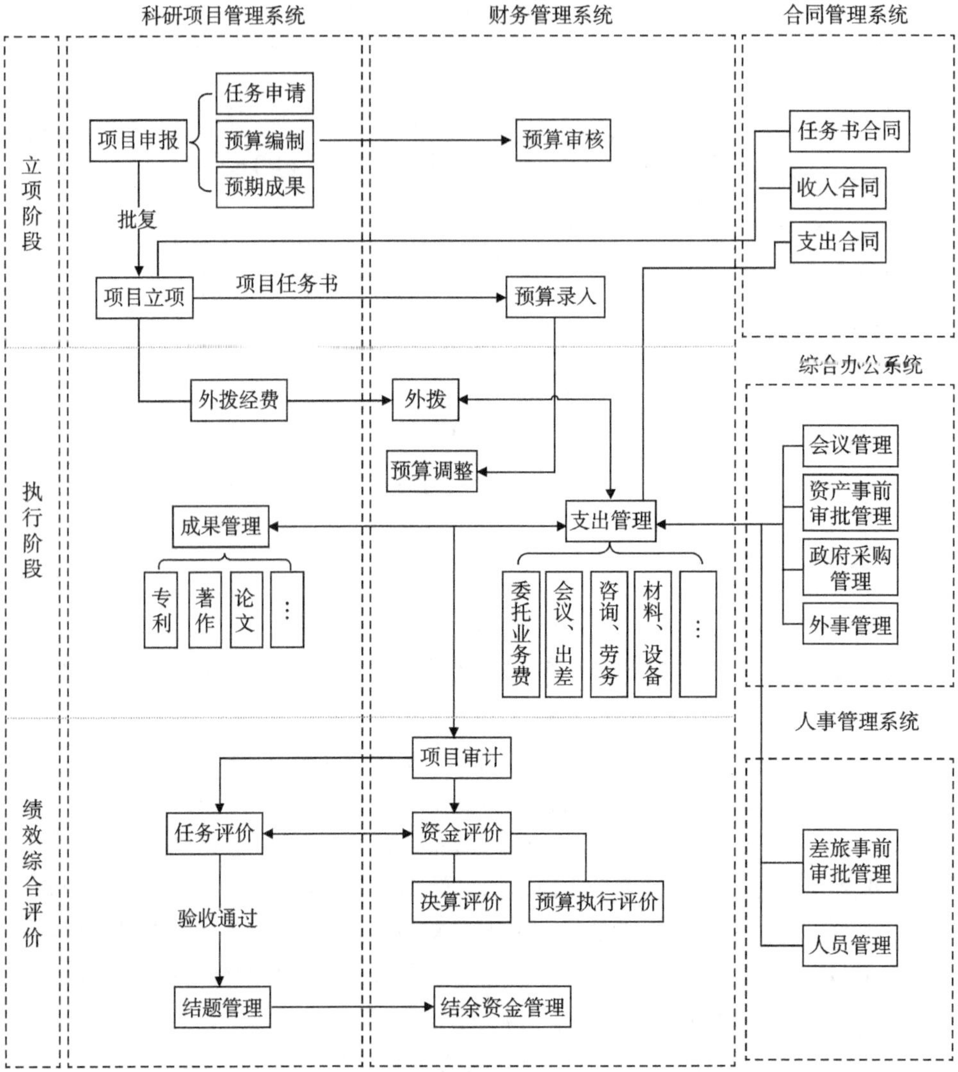

图 3-2 科学事业单位信息系统控制方案示意图

现阶段我国科学事业单位在建设信息一体化的处理上过于保守，过多地停留在财务内部优化层面，虽然达到了资源与分工的一体化，但整体的一体化共享仍存在许多不足，能做的还有很多，如单位内部各个部门信息化应用程度差异明显，全部信息化平台并不能覆盖所有业务模块；技术平台不完善，信息共享程度低，无法做到业财融合与平台间信息的有效传递；多套信息系统并行，部分功能重合，出现重复性工作等。

为更好地建设科学事业单位信息化系统，我们对信息系统一体化建设提出以下意见：

（1）整体提升单位信息化水平，将信息化建设延伸至单位的各个部门，争取做到信息化建设业务、部门全覆盖。

（2）单位要充分借助信息化技术手段，固化经济业务规则，重新梳理经费管理流程，进一步简化管理流程，避免同一业务重复处理。

（3）构建信息传递渠道，在单位内部做到信息共享和高效协调。解决以往管理中信息传递不及时产生的问题（如项目结题不结账），降低单位内部控制管理中的各项风险。

第四章
单位层面内部控制

第一节　单位层面内部控制概述

科学事业单位单位层面内部控制是业务层面控制的基础，是内部控制执行的保障机制和协同机制，是业务层面内部控制有效实施和运行的关键。单位层面内部控制一般由组织架构设计和管控模式设计构成。具体可细化为以下几个方面：

(1)内部控制组织机构　一是建立内部控制组织，设立内部控制领导小组和内部控制办公室，并由“一把手”挂帅，担任领导小组组长；二是建立工作组，设置内部控制职能部门或内部控制牵头部门，负责内部控制工作的组织协调，工作组成员由财务、审计、资产、建设等部门相关人员参加，充分发挥财会、内部审计、纪检监察、政府采购、基建、资产管理等部门或岗位在内部控制中的作用。

(2)单位组织架构　组织架构是内部控制的顶层设计，科学事业单位应明确单位内部各层级机构设置、职责权限、人员编制、工作程序和相关要求。

(3)单位工作机制建设　单位应当建立科学的执行程序和完善的制度规范，建立健全“决策、执行和监督相互分离的机制”“风险评估机制”“议事决策机制”“沟通协调机制”，并通过监督和评价来激励程序和规范的有效执行，以此实现工作中的相互制衡与协调。

(4)关键岗位建设　根据《单位内控规范》规定，结合科学事业单位业务特点，科学事业单位内部控制关键岗位主要涉及预算业务管理、收支业务管理、政府采购业务管理、资产管理、建设项目管理、合同管理、科技项目管理、科技成果管理、科研诚信管理以及内部监督审计等。科学事业单位应当明确各关键岗位职责分工，确保不相容岗位相互分离、相互制约和相互监督，并建立关键岗位轮岗制度，对于不具备轮岗条件的单位可采取专项审计等替代措施。

(5)关键岗位人员管理机制 科学事业单位应当制定关键岗位工作人员配置要求,明确相关人员应当具备的资格和能力,并为其提供业务培训,加强职业道德建设机制。

(6)会计系统建设 为确保各项经济业务得到及时准确记录,保障财务信息真实、完整。根据《中华人民共和国会计法》的规定,单位应当建立会计机构,并配备具有相应资格和能力的会计人员。

(7)信息系统建设 对信息系统建设实施归口管理,将经济活动及其内部控制流程嵌入单位信息系统中,加强自动控制,减少人为控制对内部控制的干预导致的内部控制失效。

第二节 内部控制组织机构

内部控制体系就如同一张“网”,经济业务是网上的“结”,任何部门或个人都不应游离于单位内部控制体系之外。单位内部控制要达到预期管理效果,就必须建设独立的内部控制组织机构,从单位这张“网”的全局角度,组织协调网上各个“结”的内部控制建立与实施。内部控制组织机构运行最大的风险点,就是内部控制建设工作由牵头部门自行组织实施,内部控制建设工作推进缓慢,因此科学事业单位应当同时设立内部控制领导小组和内部控制办公室(工作组),二者共同构建完整的单位内部控制组织机构。

1.内部控制领导小组

内部控制领导小组应由单位负责人担任领导小组组长,成员由单位领导班子成员组成。其中单位负责人对内部控制建立健全和有效实施内部控制负责,是单位内部控制建设的第一责任人。科学事业单位负责人须充分重视内部控制建设,切实履行领导职责,统一协调、组织开展本单位内部控制的实施工作,在单位内部营造良好的内部控制氛围,有效保障内部工作顺利推进。

2.内部控制办公室(工作组)

内部控制办公室(工作组)由独立的内部控制职能部门或内部控制牵头部门负责人担任办公室主任(工作组长),工作组成员则由财务、审计、资产、建设、纪检监察、政府采购、科研管理、成果转化等部门负责人员参加。内部控制办公室(工作组)负责组织协调内部控制工作,具体来说主要包括组织协调单位内部控制日常工作;研究提出单位内部控制体系建设方案或规划;研究提出单位内部跨部门的重大决策、重大风险、重大事件和重要业务流程的内部控制工作;组织协调单位内部跨部门的重大风险评估工作;研究提出风险管理策略和跨部门的重大风险管理解决方案,并负责方案的组织实施和对风险的日常监控;组织协调相关部门或岗位落实内部控制的整改计划和措施;组织协调单位内部控制的其他有关工作。办公室(工作组)应当构建相关部门或岗位之间沟通协调机制、相互核查机制,充分发挥财会、内部审计、纪检监察、政府采购、基建、资产管理等部门或岗位在内部控制中的作用,形成控制力,保证内部控制活动有效执行。

单位内部各有关部门负责内部控制的具体实施,应当在单位内部控制领导小组的带领下,积极配合内部控制办公室(工作组),做好以下工作:配合内部控制办公室(工作组)对本部门相关的经济活动进行流程梳理和风险评估;对本部门的内部控制建设提出意见和建议,积极参与单位经济活动内部管理制度体系的建设;认真执行单位内部控制管理制度,落实内部控制的相关要求;加强对本部门实施内部控制的日常监控;做好内部控制执行的其他有关工作。

恰当的内部监督有利于及时发现内部控制建立和实施中的问题和薄弱环节,并及时加以改进,确保内部控制体系得以有效运行,所以科学事业单位内部控制的建立和实施也离不开单位内部审计部门和纪检监察部门的参与和支持。上述部门在内部控制中应当主要做好以下工作:研究制定监督内部管理制度;组织实施对内部控制的建立和执行情况有效性的监督检查和自我评价,并提出改进意见建议;督促相关部门落实内部控制的整改计划和措施;做好内部控制监督检查和自我评价的其他有关工作。

第三节　单位组织架构控制

一、组织架构控制概述

组织架构是单位内部各层级机构设置、职责权限、人员编制、工作程序和相关要求的系统性安排,它是单位层面内部控制设计的重中之重,也是内部控制的顶层设计因素。

组织架构决定了单位决策机构、执行机构、监督机构的设置以及这三者之间的权责分配。一般来说,决策机构是单位的权力中心,设计是否合理直接决定内部控制的运行效果;执行机构是决策的具体承办部门,设计是否合理直接影响内部控制的执行情况;监督机构是约束决策机构和执行机构的关键,是单位内部控制得以有效实施的重要保障。在单位内部,三种机构设置缺一不可,三者之间的权责分配要合理,并且保证监督机构的相对独立性。

科学事业单位组织架构可以从机构设置和权责配置分析构建。其中,从机构设置角度,在符合事业单位"三定"(定职能、定机构、定编制)规定的前提下,单位内部机构设置要充分体现决策、执行、监督三权分立原则,构建科学分工和相互制衡的组织架构。

从权责配置角度,对于单位内部各机构应合理配置权限,明确其管理范围。财会、科技管理、政府采购、基建、资产管理、合同管理、成果转化等部门或岗位之间应建立合理的沟通协调机制,充分发挥各部门岗位作用。

二、组织架构控制目标

建立合理的组织框架,优化内部控制环境;保证单位岗位权责一致,不相容岗位相分离。

三、组织架构控制主要风险点

第一,单位组织架构未做到"决策、执行、监督"三权相互分离。

第二,单位部门职责划分不清晰,存在交叉与空白区域,缺少相互制约机制,业务流程缺乏有效性及相互监督作用。

第三,单位部门人员岗位职责设置不合理,出现不相容岗位兼职,一人多职现象,导致权责分离不清,管理混乱。

四、组织架构控制建设

第一,组织机构设置。科学事业单位应构建事业单位组织架构模型,通常将组织机构按职能划分为决策机构、执行机构和监督机构,其中决策机构负责单位各项事务的决策,执行机构负责各项事务承办,监督机构负责约束决策机构和执行机构。事业单位应根据职能目标,结合单位各项具体工作的内容、性质及其之间的关系,在横向上设置机构部门,在纵向上划分管理层次,确定各部门间的分工协作关系,从而构建一套完整合理的组织架构。

第二,权利责任配置。单位部门需要按照单位机构和编制要求,设置单位机构部门。按照不同职能,单位可设置不同业务部门,提供相应的专业服务。事业单位应注意明确各部门权力与责任的分配方法,增强组织的控制意识,明确划分各岗位、各环节的权利和责任,确保各职责权限在严格控制下履行。

第四节　工作机制控制

一、工作机制控制概述

所谓工作机制,是指以单位机构为载体,建立科学的执行程序和完善的制度规范,并通过监督和评价来激励程序和规范的有效执行,实现工作中的相互制衡。内部控制的核心在于制衡，因此从单位整体层面来看，科学事业单位应当设置议事决策机制、岗位责任制、关键岗位轮岗机制等制衡机构，并确保经济活动的决策、执行和监督相互分离。

二、工作机制控制目标

第一，建立三权分立机制。科研单位应根据决策、执行、监督三权相互分离的原则进行组织架构和关键岗位设置，设置要符合单位实际情况。

第二，建立定期风险评估机制。为及时发现经济活动中存在的风险，及时调整单位内部控制体系，应当定期对经济活动存在的风险进行全面、系统和客观的评估。

第三，建立健全决策议事机制。建立集体研究、专家论证和技术咨询相结合的议事决策机制，提高议事过程的科学性，确保重大经济活动经过集体决策后才可执行。

第四，建立完善的单位内部控制制度体系，保障内部控制制度贯彻单位整个经济活动。

三、工作机制控制主要风险点

第一，三权分立机制未得到有效执行。单位在办理经济活动的业务和事项前未经过适当的授权审批，决策和监督角色缺失。

第二，风险评估机制未得到有效落实。风险评估未落实或落实不到位，开展风险评估时没有明确的经济活动目标以及工作计划，无法通过管理控制措施保证单位内部控制目标的实现；未建立风险评估机制，无法准确识别风险因素，影响单位工作机制的管控效果。

第三，决策议事机制设置缺乏科学性。单位出现“一言堂”现象，重大经济活动缺乏集体决策；议事决策事项范围划分不清，没有根据实际情况明确划分“三重一大”业务，导致管理出现混乱，影响经济活动决策的效果。

第四，内部控制制度体系缺乏科学性、完备性，影响内部控制有效性。

四、工作机制控制建设

第一，“三权”分立制。三权分立工作机制即单位的决策权、监督权、执行权相互分离，决策、监督、执行的过程和岗位分离，在单位内部形成横向上工作由两个独立部门或人员协调运作、互相监督，纵向上形成下级受上级监督、上级受下级牵制，减少管理层凌驾于内部控制之上的可能性。“三权”分立制既要服从本单位“三定”规定的要求，在现有编制内按照内部控制的要求设计工作机制，又要从单位经济活动的特点出发，建立联合工作机制。

第二，风险评估机制。风险评估机制是识别及分析影响单位内部控制目标实现的因素的过程，是风险管理的基础，针对风险评估部分详见风险评估章节。

第三，议事决策机制。议事决策机制指单位要设定议事决策工作流程，针对不同级别决策事项明确审批权限，规定具体决策原则。议事决策的方式方法、决策权的集中度以及决策是否具有可操作性是影响单位内部控制效果的关键环节。根据《单位内控规范》的规定："单位经济活动的决策、执行和监督应当相互分离。单位应当建立健全集体研究、专家论证和技术咨询相结合的议事决策机制。重大经济事项的内部决策，应当由单位领导班子集体研究决定。重大经济事项的认定标准应当根据有关规定和本单位实际情况确定，一经确定，不得随意变更。"因此，单位应当建立健全集体研究、专家论证和技术咨询相结合的议事决策机制，提高决策的科学性、降低决策风险。

第四，问责机制。问责机制是指单位议事决策的问责机制，体现为决策过程的科学性和严谨性，决策议事过程中要详细记录参与人员的相关意见并及时签字归档。为保证决策效果，在决策后要实行追踪，建立相关问责追责机制，让决策效果与相关人奖惩挂钩，促进决策严格实行。

第五，沟通协调机制。科学事业单位发展运行过程中，各项事务处理过程需要单位各部门间频繁的沟通协调，因此单位应当建立各部门或岗位之间良好的沟通和协调机制。首先，需要强化单位负责人在内部控制建设体系中的第一责任人意识，只有高层领导充分认识到内部控制的重要性才能充分调动全员参与内部控制建设的积极性。其次，各部门要积极参与配合内部控制职能部门对单位业务活动进行的风险评估和流程梳理，主动开展本部门内部控制建设，对于发现的问题及时上报反馈，确保所反馈的各个部门的内部控制建设信息真实合理准确，促进内部控制建设工作开展的效率和效果。

第六，岗位责任制。岗位责任制指单位应对职工岗位权限、职责及岗位轮换等进行明确规定，防止关键岗位舞弊行为，定期对关键岗位职工进行轮换。

第七，内部控制制度建设。内部控制制度应贯穿单位经济活动始终，即决策、执行和监督全过程，实现对经济活动的全面控制。完善单位内部控制制度，使得单位活动能够在制度框架内运行。内部控制建设是一个动态的过程，其运行还需建立反馈渠道。各层级均应及时反馈内部控制在运行中存在的缺陷和出现的问题并修正，相应调整内部控制制度与国家相关规定和单位实际经济活动相适应。单位内部控制制度是否得到有效运行，还需接受监督评价。单位需充分发挥内部审计和纪检监察部门的作用，定期对单位各项经济活动进行审计监督，对内部控制运行有效性进行评价并及时发现问题，对内部控制制度建设提出建议。当遇到内部控制制度得不到有效执行的情况时，及时进行分析汇报，从而推进单位内部控制制度更加符合单位经济活动运行并在单位有效执行。

第五节　关键岗位控制

一、关键岗位控制概述

关键岗位是指在科学事业单位经济业务活动中起到重要作用，与单位目标的实现密切相关，承担起重要工作责任的重要岗位集合。从经济活动分类角度来看，单位内部控制关键岗位主要包括预算业务管理、收支业务管理、政府采购业务管理、资产管理、建设项目管理、合同管理以及内部监督等经济活动的关键岗位。

二、关键岗位控制目标

第一，根据单位自身业务特点及实际情况，确定本单位关键岗位，明确岗位职责权限。

第二，按照权责对等原则科学设置关键岗位，制定相关制度文件，明晰关键岗位职责，并根据岗位职责配备恰当的工作人员。

第三，确保不相容岗位相分离，保证岗位之间相互制约、相互监督。

第四，建立健全关键岗位轮岗制度，防止内部管理中存在的隐患与舞弊现象，克服人员管理中的“疲劳效应”，保持关键岗位人员工作干劲。

三、关键岗位控制主要风险点

第一，关键岗位未明确划分，或者岗位职责权限划分不清，未严格实现不相容岗位相分离，导致岗位间制衡作用失效。

第二，关键岗位未建立轮岗制度，一人长期在同一关键岗位任职，导致岗位人员职业倦怠，或导致其他管理方面的隐患，影响工作效果。

第三，关键岗位缺乏有效考核，单位各个部门不明确各自的工作任务，绩效考核松散，容易造成绩效考核人员缺乏专业性，管理松散，无法起到监督、激励和约束的作用。

四、关键岗位控制建设

内部控制关键岗位建设主要涉及三部分内容：确定内部控制关键岗位，设置内部控制关键岗位，管理内部控制关键岗位。其中设置内部控制关键岗位时，要尤其注意岗位权限与职责的统一，同时要做到职工才能与岗位相统一，才能达到关键岗位控制的应有效果。在管理内部控制关键岗位时，建立定期轮岗制度，明确轮岗周期，此外还应加入岗位绩效考评环节，加大对关键岗位的管理与监督力度。

五、案例分析

A科学事业单位财务助理岗位建设案例分析

中共中央办公厅、国务院办公厅印发的《关于进一步完善中央财政科研项目资金管理等政策的若干意见》明确指出："项目承担单位要建立健全科研财务助理制度，为科研人员在项目预算编制和调剂、经费支出、财务决算和验收等方面提供专业化服务。"财务助理制度的建立，创新了传统助理服务机制，将助理工作由传统分散式服务转变为统一专业化服务，增强了科研部门财务服务工作的专业性，更好地保证了会计系统控制监督的有效性。财务助理岗位成为科学事业单位会计系统控制的有力辅助军。

A科学事业单位落实文件精神，设立财务助理岗位以服务科研人员财务工作。该单位针对由项目组自行选聘科研财务助理的分散式管理方式中存在的人员专业技能低、队伍不稳定的问题，及时制定了《科研财务助理实施细则》，并按照细则要求集中从优秀高等财经院校选聘了与科研团队数量相匹配的五名年轻、专业素质较高的毕业生，组建成专业化财务助理队伍。财务助理队伍作为财务部门的分支，由财务部门统一管理，财务部门负责集中组织培训，做好专业能力建设工作，将财务助理队伍打造成一支专业胜任能力较强的队伍。保障财务助理人员从传统报账员身份转变为从事科研经费预决算管理、费用结算与报销、资产与科研材料管理等复合型服务人员，真正将科研人员从烦琐的财务事务性工作中解脱出来，在服务科研、推进经费管理和预算执行、防范财务风险等方面发挥积极作用。为保障财务助理工作效果，财务助理工作采取分步分阶段推进，根据工作方案，明晰财务助理岗位职责：

一是协助团队完成项目（课题）预算调整、财务决算报告编制，推动科研经费预算执行进度；

二是协助团队成员接受各级审计、财政、科技部门或第三方机构组织的科研经费检查、审计、验收等监督管理工作；

三是妥善保管财务管理信息系统账号，通过财务部门统一分发的账号，及时准确完成所在团队支出报销事宜，提高经费使用效率；

四是认真贯彻执行国家财经法律法规、院所财务制度，协助财务部门完成经费支出的合法性、合理性和规范性前审核，规范科研经费使用；

五是按月协助团队完成合同工与学生津贴发放申报工作；

六是完成财务部门交办的其他与团队工作相关的工作任务。

第六节　关键人员控制

一、关键人员控制概述

关键人员指关键岗位中承担工作的员工。与关键岗位相对应，关键人员包括预算业务管理、收支业务管理、政府采购业务管理、资产管理、建设项目管理、合同管理及内部监督等关键岗位人员。内部控制体系有效性是与关键人员的胜任能力和职业道德水平相挂钩的。

二、关键人员控制目标

第一，确保选拔任用的关键岗位人员与工作岗位相匹配。

第二，确保在法律法规环境多变情况下，关键岗位人员不断更新和提升自身业务水平，确保单位经济活动合法合规。

第三，对关键人员公平奖惩，有效发挥关键人员监督及约束作用。

三、关键人员设置主要风险点

第一，未根据关键岗位任职要求选择关键人员，导致岗位人员不具备胜任能力，岗位职责无法有效运行，耽误单位正常工作，甚至出现由于人员能力不足产生违法违规行为。

第二，未及时对关键人员开展培训，导致关键人员不能及时掌握相关业务法律法规，导致单位经济活动不合法不合规，资产不安全，甚至出现舞弊及腐败现象。

第三，忽略关键岗位人员职业道德教育，较容易发生违法违规行为，甚至可能存在屡教不改的情况。

第四，关键人员奖惩标准不合理，落实不到位，导致人员工作积极性受损，纪律性下降，无法有效发挥监督、激励和约束作用。

四、关键人员控制建设

对关键岗位工作人员实施有效管理，应把握以下几点：

第一，把好人员入口关。预算、收支、科研、政府采购、资产管理、建设项目管理和合同管理业务、成果转化业务以及内部审计都需要专业人才，所以职业道德修养和专业胜任能力应当作为选拔任用关键岗位工作人员的重要标准。因此，要把好人员入口关，确保相关人员具备与其工作岗位相适应的资格和能力。

第二，加强业务培训。关键岗位工作人员应进行定期业务培训。科学事业单位经济活动相关法律法规政策包括预算管理、政府采购、基建管理、国库集中支付、财务管理和会计管理等多方面的法律法规政策，具有规定多、更新快、要求高的特点。关键岗位工作人员若不能及时、全面、准确地掌握国家有关法律法规政策，就可能导致单位经济活动不合法不合规、资产不安全、财务信息不真实不完整，甚至出现舞弊和腐败现象。

第三，强化职业道德教育。单位可以制定单位内部控制关键岗位职业道德准则，明确职工哪些行为可以接受，哪些行为不可以接受，减少不当行为的发生或提供相关措施。单位应加强关键岗位人员职业道德教育，定期检查工作人员对道德要求的遵循情况，对有违反的情况要及时加以制止与惩戒。

第七节　会计系统控制

一、会计系统控制概述

会计系统控制是指科学事业单位财务部门对会计系统实施的以确保财务报告的真实性和可靠性为主要目标的控制活动。会计系统控制在科学事业单位内部控制中居于核心地位。从内部控制工作机制来说，多数单位会指定财务部门牵头内部控制建设并负责日常管理；从内部控制范围来说，控制的客体为单位经济活动，“以预算为主线、以资金为核心”，会计系统在内部控制建设中必然起到中心与枢纽的作用。科学事业单位预算业务与收支业务均以财务部门为主导，政府采购业务与基本建设的预算编制和资金结算等单位经济活动也与财务部门紧密相关。健全的会计系统能够为单位管理提供真实、完整的财务信息，并对单位经济活动的合法合规、资产的安全进行有效监督。

《单位内控规范》明确提出：“单位应当根据《中华人民共和国会计法》的规定建立会计机构，配备具有相应资格和能力的会计人员。单位应当根据实际发生的经济业务事项按照国家统一的会计制度及时进行账务处理、编制财务会计报告，确保财务信息真实、完整。”

二、会计系统控制目标

会计系统内部控制的总目标是提高会计信息质量，保护财产安全完整，保证国家法律法规及规章制度贯彻执行等。具体来说会计系统内部控制目标包括：

第一，严格按照法律规定建立会计机构和配备人员，为会计管理工作有序运转提供组织和人员保障。

第二，单位依法合理设置会计工作岗位，落实财务部门岗位责任制，确保不相容岗位相互分离，形成相互分离、相互制约的工作机制。同时应当实行关键岗位定期轮岗制度或采用替代控制措施，防止财务舞弊的发生。

第三，加强会计基础工作建设，单位会计人员需要熟练掌握最新财务会计准则制度，并按照国家统一会计制度，对实际发生的经济业务事项进行账务处理、编制财务报告，确保财务信息真实、完整，发挥财务报告内部控制效果。

第四，单位各项经济活动均与会计工作密切相关，财会部门应当与其他业务部门之间加强信息沟通，定期开展必要信息核对，实现重要经济活动信息共享。只有形成良好的沟通协调机制，使单位各部门形成内部控制合力，发挥会计对单位经济活动的反映和监督作用，才能提升内部控制效能。

三、会计系统控制风险点

科学事业单位业务相较企业比较单一，且会计控制力度与单位领导关注程度息息相关。因此相比企业中会计系统控制，科学事业单位会计系统控制力量较弱。主要风险点包括：

第一，财务部门地位不高。科学事业单位财务部门属于辅助型部门，部门和人员地位不高、会计工作不受重视问题普遍存在。很多单位财务部门并不是一级组成部门，经常与其他部门合并为一个部门，财务部门缺少足够的影响力将很难胜任这个角色，造成财务部门话语权不高，业务工作参与度不高，会计控制力减弱。

第二，财务部门人手不足。由于科学事业单位定员定编要求，财务部门普遍有人手不足问题，这样的人员情况往往会造成部分不相容岗位无法分离，更无法进行轮岗；同时由于日常工作繁忙，无法额外承担单位内部控制建设的任务。

第三，会计人员业务素质不高。与企业相比，科学事业单位会计业务核算相对单一，因此对会计人员业务素养要求普遍不高，更容易存在会计人员学历偏低，年龄偏大，专业素养不足的情况。这些问题会导致财务部门难以胜任推动内部控制建设的使命。

第四，会计信息质量不佳。内部会计管理制度不明晰，填制会计凭证未按规定取得有效的原始凭证，登记会计账簿随意性大，编制财务报告不合法、不真实等，会计工作的交接不规范，会计工作信息化程度低等原因，都会造成科学事业单位会计信息不能如实反映单位的经济活动。

第五，财务部门与其他业务部门缺乏沟通协调。一方面，业务部门普遍认为内部控制是财务部门的职责，与自身没有关系；另一方面财务部门不甚注意与其他业务部门的沟通，缺乏对其他部门业务流程的了解，内部控制建设会难以把握关键点。

第六，单位未按照政府信息公开规定向社会公开单位财务信息，或者单位财务信息公开不及时甚至不真实，可能遭受监察机关、上级单位责令整改；情节严重的，科学事业单位主要负责人与其他直接责任人员可能被依法处分；构成犯罪的，还将被依法追究刑事责任。

四、会计系统控制建设

（一）会计机构设置

科学事业单位应当单独设置财务机构，配备专业素养匹配的财务会计人员，统一管理单位财务活动。对于人员编制少、财务工作量小等不具备独立核算条件的科学事业单位，可以实行单独报账制度。

在会计机构设置方面，具体应关注以下几点：

第一，科学事业单位设置会计机构，需首先明确会计机构职责，管理和监督单位财务活动，规范单位的财务行为。

第二，科学事业单位应根据会计业务需要设置会计工作岗位，进行岗位职责分工。会计工作岗位根据单位需要一般可包括会计机构负责人（会计主管人员）、出纳、财产物资核算、工资核算、费用核算、资金核算、往来结算、总账报表、稽核、会计信息系统管理、档案管理等。同时单位应当按照不相容岗位相互分离的原则，实现会计记录与业务经办相分离、财产保管与会计记录相分离，形成有效的内部牵制。具体为：出纳人员不得兼管稽核、会计档案保管和账簿的登记工作；出纳人员以外的会计人员不得兼管现金、有价证券和票据；会计人员不得兼任内部审计工作；记账人员不得兼任采购员和保管员工作。

第三，科学事业单位应根据会计工作业务需要编制会计岗位授权说明书，明确各会计工作岗位的职责权限。岗位授权是指将职权和职责授权给某位人员负担，并负责管理性或事务性工作。财务管理职责和权限都是以会计岗位为载体的，不管谁承担会计岗位工作，都将赋予相应财务管理工作的职责和权限，而一旦离开该工作岗位，也将会失去行使会计岗位职责的权力。

第四，建立会计工作队伍，配备能力匹配的会计岗位人员。在日常业务中科学事业单位应加强会计人员专业技能的培训，强化会计人员的岗位意识，确保单位会计人员具备相应的岗位胜任能力，真正建设一支思想素质高、业务水平过硬的财务会计工作队伍。

（二）会计制度建设

科学事业单位应当根据国家关于科学事业单位会计管理的相关政策法规，结合单位业务实际情况制定财务会计管理制度，建立单位会计工作规范，确保单位会计工作有章可循、有法可依。

第一，制定单位会计管理制度，明确会计工作的基本规范。科学事业单位应依据《中华人民共和国会计法》《会计基础工作规范》《政府会计制度》等法律、法规、文件，结合单位实际情况制定单位会计管理制度，明确单位会计机构的职责权限，会计工作的目标、原则、程序和基本要求，以及会计人员的工作规范。

第二，合理设置单位会计科目，规范会计报表格式。科学事业单位会计科目设置主要分为资产类、负债类、净资产类、收入类、支出类、预算收入类、预算支出类和预算结余类。单位应根据《政府会计制度》所规定的会计科目，并结合单位业务实际情况设置具体的明细科目。此外，科学事业单位须定期编制部门预算、部门决算、政府财务报告等会计报表，并按照规范的程序进行审核，确保会计信息真实准确。

第三，制定单位会计核算原则，确保单位会计信息质量。单位应根据相关法规建立单位会计核算原则，确保单位核算内容以实际发生的经济业务或事项为依据进行，核算可如实反映各项会计要素的情况和结果，确保会计信息真实可靠；做到单位提供的会计信息清晰明了，便于会计信息使用者理解和使用；对于已经发生的经济业务或事项，可以及时进行会计核算。

（三）会计业务处理

科学事业单位应当建立会计业务处理程序，贯彻落实制度要求，确保会计信息真实有效。具体来说，科学事业单位会计业务处理应重点关注以下方面：

第一，明确原始凭证填制要求，规范原始凭证传递和审核程序。

原始凭证填制和审核是单位会计业务开展的基本内容，原始凭证是否客观真实、合理合法，直接关系到单位会计信息是否真实、可靠，也关系到单位会计工作的质量，影响到正确计量和分析业务状况。为确保原始凭证能够真实、准确并及时反映经济业务，明确经济责任，科学事业单位应根据相关规定，建立并实施相应内部控制制度，确保原始凭证真实、准确、完整、清晰，并做到及时填制，同时必须有经办人和相关责任人员签字或签章。

第二，明确记账凭证编制要求，规范记账凭证审核程序。单位应根据相关法律法规，严格记账凭证管理的基础会计工作。

第三，建立会计账簿，登记会计账目。科学事业单位应按照国家统一会计制度的规定和会计业务的需要设置会计账簿，包括总账、明细账、日记账和其他辅助型账簿。

第八节　信息系统控制

一、信息系统控制概述

《单位内控规范》第三章第十八条规定："单位应当充分运用现代科学技术手段

加强内部控制。对信息系统建设实施归口管理，将经济活动及其内部控制流程嵌入单位信息系统中，减少或消除人为操纵因素，保护信息安全。”科学事业单位应在加强单位信息化建设的同时，规范单位信息系统管理，提高信息系统的安全性和可靠性，确保单位信息系统内部控制健全有效。

信息系统是指科学事业单位利用计算机硬件、计算机软件和数据资源、规章制度和有关人员等组成的人造系统，及时并正确地收集、加工、存储、传递和提供信息，实现对单位各项活动的管理、调节和控制。信息系统的使用可以提高单位经济活动的效率。信息系统在科学事业单位的广泛应用可以有效提高单位的信息处理速度，保障信息的时效性和准确性；信息系统通过固化业务流程，有助于防范单位经济活动中存在的人为操作风险，保障单位经济活动业务有效开展；信息系统可以提高不相容职务相分离控制的执行力和授权审批控制的效力，帮助单位对经济活动实施有效的控制；信息系统通过建立有效的信息沟通机制，有助于提高经济活动的预测和决策水平。

信息系统本身已成为单位经济活动风险的重要组成部分，防范信息系统风险是科学事业单位内部控制的一个重要方面。科学事业单位信息系统控制应遵循以下原则：

第一，安全性原则。科学事业单位信息系统是包含科研、项目资金、人事、合同等多项内容的复杂系统工程，涉及的信息也是方方面面的，对信息系统进行规划时要尤其注意平台数据的安全性，注意做好备份、保密等工作。信息系统运行及维护中要设置好系统的使用权限，严格按照权限进行系统操作，不得越权操作，涉及内外网络的系统，需要设置防火墙等工具，确保系统安全。

第二，可拓展性原则。科学事业单位的管理严格受国家政策与法规的约束，因此信息化建设不可能一蹴而就，需要随着国家政策、科研管理、会计制度的改革而不断更新升级，并且要与其他职能部门信息系统紧密相关，实现平台间信息互联互通。因此，在构建财务信息平台时须预见政策变化发展，搭建具有可拓展性的信息平台，以不断适应国家政策、会计法规的变化和管理要求。

第三，信息系统互通原则。科学事业单位的内部控制管理以资金使用为核心，涉及多个部门的相互配合与协作。因此，信息系统的搭建不应为一个独立的系统，需要将各管理信息系统通过接口的方式或单位信息一体化平台搭建等方式进行构建，财务系统与科技处、人事处、办公室等业务部门的信息系统要互联互通，避免出现业务系统与财务系统无法融合形成的“信息孤岛”现象，实现信息化平台对单位整体资源的统一规划。

第四，成本效益原则。依据成本效益原则，在保证系统性能安全稳定、满足管理需求的前提下，减少系统的资金投入，尽量节约成本造价，逐步完善对信息系统的统一规范和管理。

二、信息系统控制目标

科学事业单位信息系统控制可分为三个阶段:系统规划阶段、建设与开发阶段、运行与维护阶段。

(一)系统规划阶段目标

第一,根据科学事业单位科研管理、财务管理、人事管理各方面需求及单位发展规划,构建符合单位特点的信息化建设规划,形成全面覆盖单位各类业务,信息可以有效沟通的信息化建设方案。

第二,建立清晰、灵活、响应及时的信息系统组织架构,并为每个岗位确定明确的岗位职责,为信息系统工作提供有效的组织保证。其中信息系统管理部门和最终用户部门之间及各部门内部应有充分的职责分离,以提高在日常工作中及时发现信息系统错误的可能性。

(二)建设与开发阶段目标

第一,建立科学的信息系统总体规划,以便有效指导信息系统的建设工作,有效整合信息系统的各种功能,保证信息系统能够满足现在和将来的业务需求。

第二,通过信息系统投资及投资组合的有效决策,以及合理的信息系统预算,保证与信息系统战略的一致性,并持续地提高单位经济活动效率。

第三,及时并按质量标准完成信息系统的开发与验收工作,响应管理与业务需求,将信息系统与经济活动业务流程有效集成。

第四,制定并执行科学的信息系统实施方案,保证初始数据准确完整,知识转移充分有效,信息系统能顺利投入使用。

第五,保证信息系统开发符合国家及监管部门相关法律法规要求。

(三)运行与维护阶段目标

第一,保证信息系统正常、可靠、安全运行,充分发挥信息系统的作用。

第二,不断完善系统,延长系统的生命周期,增强系统的生命力。

第三,在使用信息系统处理业务过程中,确保输入、处理、输出信息的准确性和完整性。

第四,明确信息系统的使用权限,防范超权限使用的情况。

第五,保证信息系统运行符合国家及监管部门相关法律法规要求。

三、信息系统控制主要风险点

(一)系统规划阶段风险点

科学事业单位信息系统建设与开发规划阶段的风险主要包括:第一,信息化建设缺乏统一的规划与管理，导致单位各类业务系统建设与单位总体信息化建设脱节，信息平台间无法进行有效对接，形成“信息孤岛”现象；第二，信息化建设缺乏有效整合，存在重复建设的现象；第三，信息系统组织内部角色和职责定义不清，存在重叠或空白，易造成推诿扯皮现象，影响信息系统团队的合作。

(二)建设与开发阶段风险点

1. 自行开发业务风险

需求分析环节风险：需求分析环节不能合理预估自身系统需求，使信息系统在功能、性能、安全性等方面要求不符合业务处理和控制的需要；提出技术上不可行、经济上不符合成本效益原则的需求；需求确认书对自身需求表达不够准确，未能全面真实地表达科学事业单位对科研、财务、人事各方面管理的要求，存在表述不确实、表述不一等问题。

编程和测试环节风险：编程环节缺少与技术人员的沟通，导致编程执行进度慢，或者编程中出现与需求不一致却未能发现的风险；测试环节不考虑全面，导致系统上线后不稳定，无法达到预期效果。

2. 外购商业软件业务风险

科学事业单位外购商业软件业务风险一方面体现在，前期市场调研不充足，未能选择与自身要求最契合的软件；另一方面体现在，现有阶段虽然软件满足了单位需求，但后期升级与售后服务不佳，导致系统后续的使用率受到影响。

(三)运行与维护阶段风险点

第一，日常运行维护缺少管理规范，系统日常运行产生问题无法及时解决，系统运行存在隐患。

第二，未设立明确的信息系统管理员岗位，系统日常运行发生问题，无法及时解决，影响系统工作效率。

第三，信息系统日常问题提交研发单位后，未及时沟通解决方案；向平台研发单位提交系统问题时，未及时向信息平台管理人员提交平台问题统计表，不便于监督问题解决期限，易导致问题无法及时解决。

第四，各业务部门未及时关注国家最新政策及法律法规变动情况，导致现有信息平台无法满足系统用户使用需求。

第五，系统维护阶段发生变更，未对变更后系统开展测试，更改完成后直接上线，系统仍易产生漏洞，影响信息系统正常使用。

四、信息系统控制建设

(一)系统规划阶段控制措施

科学事业单位需要对单位信息化建设给予足够的重视：第一，单位需要对信息化建设进行总体规划与统一布局，做到部门间、系统间信息平台良好衔接，减少重复环节；第二，单位需要设立专门的信息系统管理部门或信息系统管理岗位，同时该部门（岗位）必须制定完整详细的财务信息系统开发战略规划，分步实施、逐步完善；第三，根据自身实际情况设置信息系统管理岗位，如计算机操作员、网络管理员、系统管理员、安全管理员等，建立信息系统开发、运行与维护、系统操作等环节的岗位责任制度，明确各信息系统管理岗位的职责和权限，确保不相容岗位相互分离。

（二）建设与开发阶段控制措施

1. 加强信息系统自行开发业务控制

需求分析环节：科学事业单位信息系统业务管理部门应充分结合单位科研管理与自身发展特点，进行需求总结，同时在系统建设过程中，要加强与开发单位技术人员的沟通与交流。

编程和测试环节：首先系统业务管理部门在项目编程环节要实时监督与推进项目执行情况，对于与需求书要求不符或者未达到事项要做到及时沟通解决；测试需要做到全流程全功能，即尽可能对每一个环节、每一种可能性进行测试，确保系统在功能、性能、控制要求和安全性等方面均符合信息系统的开发需求。

2. 加强信息系统外购商业软件业务控制

第一，科学事业单位应明确自身需求，同时前期做到充分调研，对市场上成熟度较高的系统进行全面对比，以确定最适合自身的软件；第二，要充分考虑系统售后服务与后期升级能力，为系统后续使用稳定性提供保证。

（三）运行与维护阶段控制措施

第一，信息平台管理人员需要掌握信息平台基础问题处理办法，从而及时解决平台日常使用中较容易出现的系统问题，保障信息平台运转效率。

第二，信息平台管理人员向平台研发单位提交系统问题时，可采取平台问题统计表等规范的方式或程序，并与对方单位商定问题解决时间，便于监督问题解决时效。

第三，信息系统各相关业务部门应该及时关注国家最新财务政策及法律法规变动情况与现有财务系统用户使用情况，随时对系统中存在的问题进行更新完善。

第四，单位相关业务部门提交升级方案后需要吸取现有系统用户的意见，同时提交单位层面信息化小组进行审核，从而确保变更方案符合单位整体信息化的目标。

第五，变更完成后信息管理人员以及相关业务部门人员需要对功能进行测试，测试无误后才可以上线使用。

五、科学事业单位财务信息系统控制

财务信息系统是科学事业单位信息系统的重要组成部分，单位运营中的每一笔交易和经济事项，产生的数据最终都会汇集到财务系统，因此加强财务信息系统建设是提升单位信息化的重中之重。针对我国科学事业单位组织类型与运转特点，财务业务部分信息化建设时，整体控制措施应从以下方面着手。

第一，增强财务转型人员储备。财务信息化建设从一定程度上会促进财务职能转变，实现财务工作的转型。在这样的形势下，传统的核算型财务人员不仅在工作方式工作内容方面进行转化，在专业职能方面从核算记录转为管理分析，这需要财务人员具备数据化意识和财务专业的分析能力，将财务知识与信息技术、计算机网络、法律法规等知识进行融会贯通，从单纯的做账会计核算流程中解脱出来，实现从一个记录员到管理员、分析员、控制员的转变。

财务转型，人才是核心基础。首先，应注重人员的能力培养，转型前须对部门人员素质进行分析，包含且不限于财务专业知识、财务职业道德、财务转型变革意识等方面，且分析并非依靠上级领导的主观判断，须设定相关方面的考核制度，以考核结果结合日常表现进行分析。从基层核算型财务人员中挑选有意愿、有潜质的复合型人才进行转型能力的补全及提升培训，设立培训内容及最终考核，并将个人的专业水平资格证书的获取设置为考核的加分项，最终合并绩效考核成绩，不断调动人员的积极性和意愿，通过层层的锻炼，在应对业财融合的同时也给员工个人发展带来期望。其次，需要注重外部人员的输入，根据科学事业单位财务工作发展需求，引入高端数据化管理型财务人员。通过外部引入人才，内部组织在岗人员选拔培训，让部门形成新旧血液的循环，为财务转型实现业财深度融合持续积极地供应血液。

第二，制定业务流程优化体系。制定业务流程优化体系时，首先应该制定好具体的制度，并明确科学事业单位各个部门的参与性和相关职责，包含但不限于收入、费用的审批流程，切切实实将业务流程优化体系应用于各个员工所对应的工作环节中。此外，还要建立良好的管理机制，做到实际意义上的全面落实和优化。在优化过程中，要注重各业务部门的参与程度，时常监控优化的效果和工作效率的提升度，也可通过半年一次或一年一次的问卷调查或意见反馈等形式，了解并收集单位内部对流程优化成效的建议或意见，更好地根据实际调整优化策略。

业务流程优化主要包含三个程序过程。首先，从不同角度对业务流程的优化进行调查研究，详细分析单位自身在现有过程中的问题以及实施过程中可能存在的问题，并从存在的问题中深度挖掘内部管理问题。这不仅有利于解决存在的问题，优化科学事业单位的管理，同时也能为单位确定业务流程优化程序和进度提供一定的现实保障基础。其次，仔细分析具体流程，从中找出业务流程的关键点，并对其做重点分析，主要可以从风险控制分析、预计投资成本、内部控制点等方面进行分析，同时要对比其他类似性质的科学事业单位。综合之后，再考虑自身的业务需求，逐步整合相关的重点业务，努力使优化后的业务流程满足各业务部门的需求。对于流程中可能存在的问题，要着重分析其与单位整体业务的匹配度，进而确定新的业务流程，并将潜在的共享业务分配到共享服务中心。最后，必须承认，业务流程的优化不是一蹴而就的，它的持续优化更是会碰到不少的问题。比如说如果修改了原有流程，就有可能会引起相关业务部门的不满，那么这个优化过程很容易就会被这些业务部门阻碍。因此，新流程确定后，一定要加强对关键部门的沟通和监管，强化执行力度，帮助单位和职工度过优化的初段影响期。当然，在这过程中，也要密切关注新制度的执行情况，一发现问题就要及时上报并解决。

第三，强化业财融合深度。越是加强财务对于业务的渗透，越容易获取有利于科学事业单位科研发展、项目申请等的运营和发展的相关信息。让财务更多地渗入业务决策中，如从对成本方面的业务考虑分析项目的发展情况以及项目成果情况，让业务更多地指导财务工作的关注点；通过业务审计与项目评估问题，完善已有财务工作内容，真正做到财务与业务的相互协作、共同发展，从而促进科学事业单位整体业务发展。

第四，完善内部沟通机制。在各个部门的合作方面需要建设完整的内部沟通机制，搭建财务问题处理平台。单位人员可通过平台获取财务报销、结算、税务等各方面业务常见问题的处理方案，同时平台设置具备专业财务背景的客服人员，答复非常见财务业务问题。建设沟通平台更有助于解决其他部门与财务部门间沟通不畅的问题，使单位运行过程中发生的财务问题得到更便捷的解决，并留有痕迹。

第九节　科学事业单位组织架构设置模板

根据科学事业单位经济业务特点，本书构建了适合科学事业单位的组织架构模板(图 4-1)。

执行层主要划分为管理部门及业务部门两部分，内部控制管理小组是以单位领导小组为领导，财务部门作为牵头单位的内部控制活动组，为后续内部控制推行起到巨大的推力作用。

为推进集体研究、专家论证的决策机制，科学事业单位应设置学术委员会与科研经费管理委员会。

学术委员会与科研经费管理委员会作为科学事业单位决策机构，在单位学术发展与科研经费管理方面拥有最高决策权。

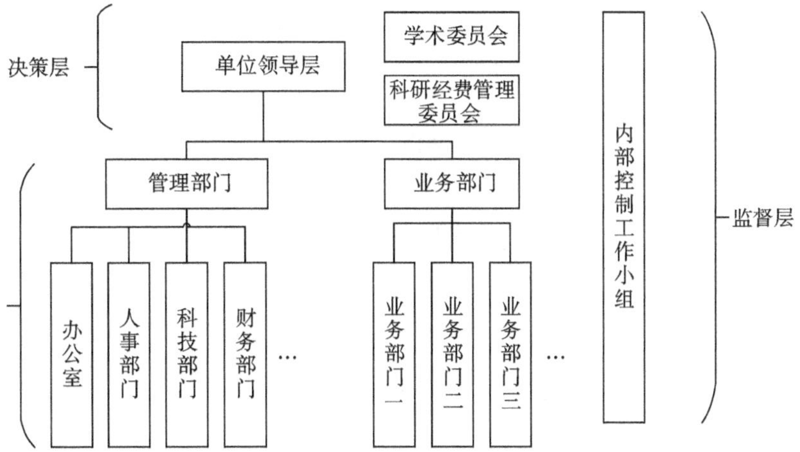

图 4-1　科学事业单位组织架构模板

学术委员会负责确定单位科研发展战略，审议本单位科学研究远景规划和计划草案，对较大型学术活动提出建议并推动与促进单位与各类学术部门的交流与合作，审议重大科研项目的项目报告等内容，评价单位重要的论著及研究成果与单位学者学术水平及成就，对应予以奖励者及研究人员研究级别提出推荐与建议。

科研经费管理委员会负责管理科研经费各项事务，如科学指导科研经费预算编制，界定科研预算调整合理、合规性，项目立项、项目实施和项目结题验收等各时间节点及过程中经费使用与管理中存在的各类问题。在科研经费管理过程中的重大管理事务，如科研经费预算编制，经费预算重大调整，或是项目立项、项目实施和项目结题验收等各时间节点以及经费管理和使用中存在的重大问题，应经过科研经费管理委员会的审批。科研经费管理委员会主要人员包括分管科研业务单位的领导、科技部门、财务部门、科研学科带头人等。科研经费管理委员会的职责包括但不限于：推进科研经费管理体系建设，审批管理制度，审批重大预算调整等。设置经费管理委员会，不但可以协调和平衡相关部门经费管理职能，有助于对重大经济事项做出科学、合理的决策，促进单位健康发展。

第五章
预算业务控制

科学事业单位部门预算管理工作包含各部门资金的来源、使用、核算、决算等具体工作，部门预算贯穿于科学事业单位各项工作中，预算业务控制在整个内部控制体系中发挥着举足轻重的作用，预算完善与否将直接影响整个内部控制的效率及结果。

第一节 预算业务概述

根据《科学事业单位财务制度》(财教〔2022〕166 号)规定，科学事业单位预算是指单位根据事业发展目标和计划编制的年度财务收支计划。科学事业单位预算由收入预算和支出预算组成。

科学事业单位中，已经取得批复或签署完成任务书等的预算均具有法定效力，且预算贯穿单位及科研项目管理的事前、事中、事后全过程，在单位的内部控制管理中发挥计划、协调、控制、评价等综合管理功能。

预算编制在科学事业单位管理过程中是非常重要的环节，应遵循政策相符性、目标相关性、经济合理性的原则。预算编制是否规范合理，是后期经费执行、审计、验收能否顺利完成的重要前提。

1. 预算单位的划分

按照预算管理权限，预算单位分为以下三个级次。

一级预算单位：直接从同级财政部门取得预算资金和对所属单位分配、转拨预算资金作为主管部门预算单位。

二级预算单位：从一级预算单位领取预算资金，向下属单位分配、转拨预算资金。

基层预算单位：作为预算资金使用部门，从上级单位或财政部门取得预算资金。

科学事业单位作为财政资金使用主体，主要为基层预算单位。

2.预算的组成

根据《中华人民共和国预算法》(2018 年修订)，预算由收入预算和支出预算组成。科学事业单位涉及的收入预算主要包括财政补助收入、上级补助收入、事业收入、经营收入、附属单位缴款、其他收入等；支出预算主要包括事业支出、经营支出、对附属单位补助支出、上缴上级支出、其他支出等。

3.预算的划分

按照预算内容，可将预算做如下划分。

一般公共预算：是对以税收为主体的财政收入，安排用于保证和改善民生、推动经济社会发展、维护国家安全、维持国家机构正常运转等方面的收支预算。

政府性基金预算：是对依照法律、行政法规的规定在一定期限内向特定对象征收、收取或以其他方式筹集的资金，专项用于特定公共事业发展的收支预算。

国有资本经营预算：是对国有资本收益做出支出安排的收支预算。

社会保险基金预算：是对社会保险缴款、一般公共预算安排和其他方式筹集的资金，专项用于社会保险的收支预算。

4.预算业务

预算业务一般包括预算编制、预算批复下达、预算追加调整、预算执行、决算、绩效综合评价等环节。

需要注意预算业务控制和预算控制的区分：预算控制本身是一种内部控制方法，对各项经济活动的收支起约束作用；预算业务控制是对预算业务本身的控制，即对预算整体业务各个环节进行的控制。

在预算编制过程中单位内部各部门间需要沟通协调，预算编制与资产配置应该相结合、与具体工作相对应；按照批复的额度和开支范围执行预算。绩效综合评价阶段需要进行决算编报，保证数据真实、完整、准确、及时。

第二节 预算业务控制目标

一、预算组织管理控制目标

(1)结合科研单位特点，对预算编制、批复、下达、调整、执行、决算和绩效评价等各环节实施全过程管理，将部门预算在单位内部进行分解和细化。

(2)科学地设置预算业务管理机构及岗位，明确相关机构和岗位的职责权限，确保岗位人员配备合理。

(3)遵照科学研究工作规律，建立可操作性强的预算管理制度与流程，保障预算业务各环节有章可循。

(4)在同级财政部门预算批复的口径和规则基础上，对部门预算进行合理细化分解，明确完成工作任务的实施部门和实施方式，实现单位预算目标。

二、预算编制控制目标

预算编报过程中要明确预算编制的要求、内容、程序等，做到编制的预算合法合规、合理准确、及时完整。

1.预算编制要合法合规

预算编制要符合《中华人民共和国预算法》等相关法律法规，同时所编制的预算应按照科研单位规章制度编制，确保方案审批合规。

2.预算编制要合理准确

预算编制过程中单位内各部门要进行充分沟通协调，确保预算符合单位实际情况、年度目标和工作计划。同时预算编制要实现预算与资产配置相结合、与具体工作相适应，提高预算编报的科学性。

3.预算编制要及时完整

科研单位要严格按照时间进度编制预算，确保如期完成。

三、预算批复控制目标

1.预算批复的依据科学

可具体参考以前年度的业务支出金额，结合当年单位工作计划，运用定额测算法、增量预算法等合理确定单位预算。

2.明确预算批复的责任主体

预算管理机构对单位业务计划组织评审并进行具体预算数额的批复。单位按照批复预算合理准确使用资金，落实主体责任。

四、预算执行控制目标

1.预算执行控制

预算执行主体明确，责任划分清晰，业务活动开展过程经合理授权审批，在预算单位内有序执行。

2.预算执行过程控制

预算执行过程可控，实施全过程监控，可详细追踪检测预算执行进度。同时针对预算额度即将使用完毕等情况建立预警机制，防止超额使用等情况出现，确保单位根据批复的预算安排各项收支，防范超预算或无预算执行情况的发生，确保预算有效执行。

3.资金拨付使用控制

资金支付原则、程序符合国家相关法律法规规定，资金支付及时、充足，能够及时分配资金以供使用，不存在“以拨代支”现象。财政代垫款得到全面清理，加强对暂付款的管理。

4.预算绩效考核控制

优化预算考核机制，通过重点督查、随机抽查等方式加强预算执行绩效管理工作，保证预算在执行过程中无漏洞、预算结果公开透明。

五、预算调整控制目标

(1)预算调整程序合法合规，且不存在未经批准的预算调整。

(2)一方面通过增加预算编制的科学性、合理性及准确性，可尽量减少后续预算的追加调整。同时更要规范内部预算调整程序，提升预算对经济活动的管控作用。

六、绩效考评控制目标

(1)加强预算绩效管理，建立“预算编制有目标、预算执行有监控、预算完成有评价、评价结果有反馈、反馈结果有应用”的全过程预算绩效管理机制。

(2)确保绩效考核评价全面覆盖科研单位各类预算和全过程。预算绩效考评是评价单位预算控制体系运行是否良好的有效方式，全面的绩效考评能够较为精准地反映前期预算过程中存在的问题。同时，预算执行单位应对绩效考评结果做出回复和反馈以更及时准确改进预算体系的内部控制。

七、决算控制目标

(1)单位应在法定会计年度终了日结束本年度全部会计核算业务，并回顾核对全年账务，确保本年数据全面、完整、合规、无误后，进入年终结转环节。

(2)及时统计本单位及下属单位预算执行情况，并针对预算执行情况进行绩效考评工作。

(3)年终结转账务参照政府会计准则就单位相关制度规定合规、准确、完整、真实地开展进行。

(4)按时编制年度决算报表，确保决算真实、完整、准确，加强决算分析和结果应用，建立健全单位预算、决算相互反映、相互促进的机制，进一步提升单位内部管理水平，提高财务资金使用效益。

(5)按照规定程序形式对决算审核上报，经上级主管部门批复后将规定数据在规定时间内进行部门决算公开，并完成决算相关资料归档保存。

第三节　预算业务流程

一、预算编报流程

单位预算编报流程见图 5-1。

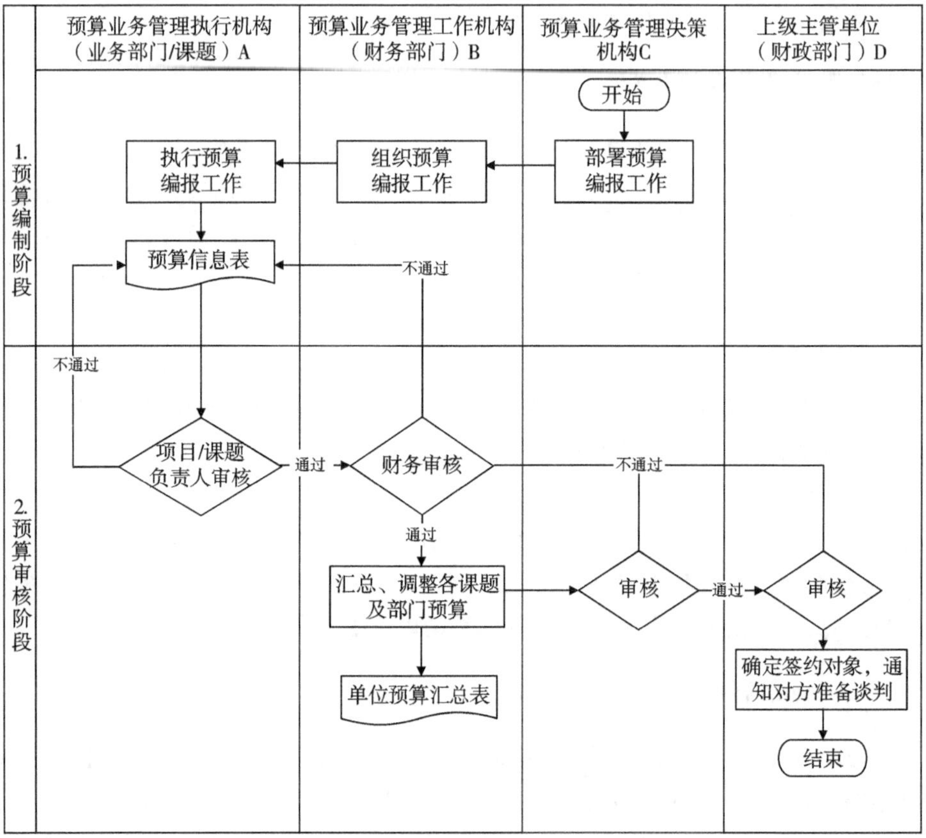

图 5-1　预算编报阶段流程

C1 预算业务管理决策机构根据财政部门下发的编制预算的通知，召开会议部署本单位预算编制工作。

B1 预算业务管理工作机构（财务部门）组织预算编报工作。

A1 各预算业务管理执行机构（业务部门）按照预算编报要求，根据下一年度的工作计划提出预算建议书，并报团队首席/课题负责人审批。

A2 团队首席/课题负责人审阅本团队提交的基础数据等材料，审核通过后提交预算业务管理工作机构(财务部门)汇总审核。

B2 预算业务管理工作机构(财务部门)对各业务部门提交的预算建议数及材料进行审核汇总,形成单位预算建议数。审核无误后上报预算管理委员会审议。

C2 单位预算管理委员会审定预算建议数。

D2 预算业务管理工作机构(财务部门)根据审定的预算数提交预算管理平台,上级主管部门审核单位提交的预算书,审核无误后根据财政资金安排,及时下达预算控制数。

二、预算批复流程

单位预算批复流程见图 5-2。

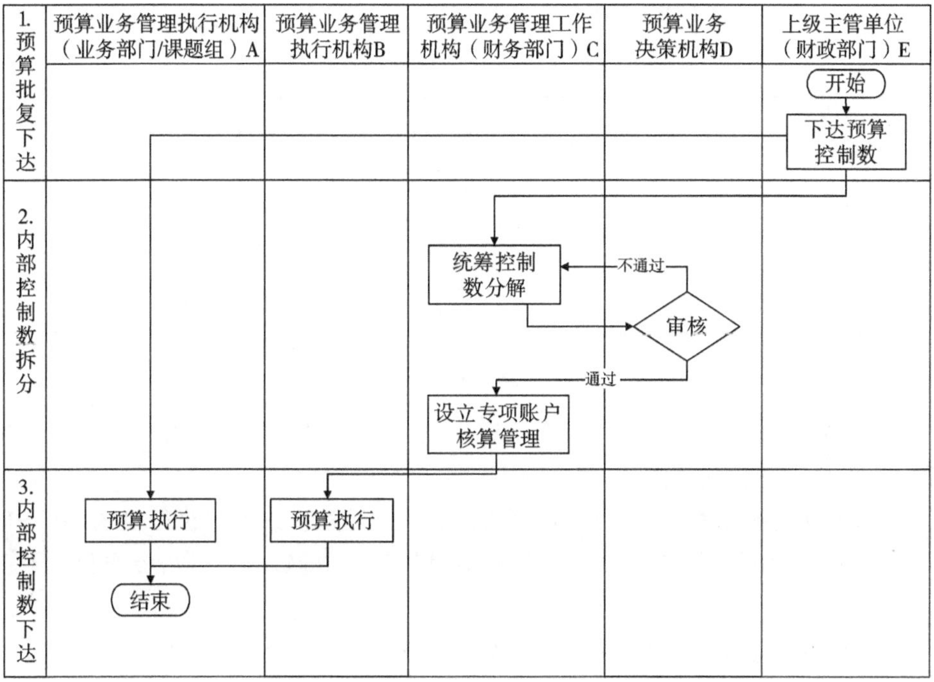

图 5-2　预算批复阶段流程

E1 财政部门下达预算数。

C2 预算业务管理工作机构(财务部门)在控制数基础上分解细化预算控制数(公共部分)并提交预算业务决策机构审核。

D2 预算业务管理决策机构对下达控制数方案进行审批。

C2 审核通过后预算业务管理工作设立专项账户核算管理。

B3 预算业务管理执行部门执行预算。

A3 预算管理执行部门（课题组）根据上级主管单位批复的预算数额执行预算。

三、预算调整流程

单位预算调整流程见图 5-3。

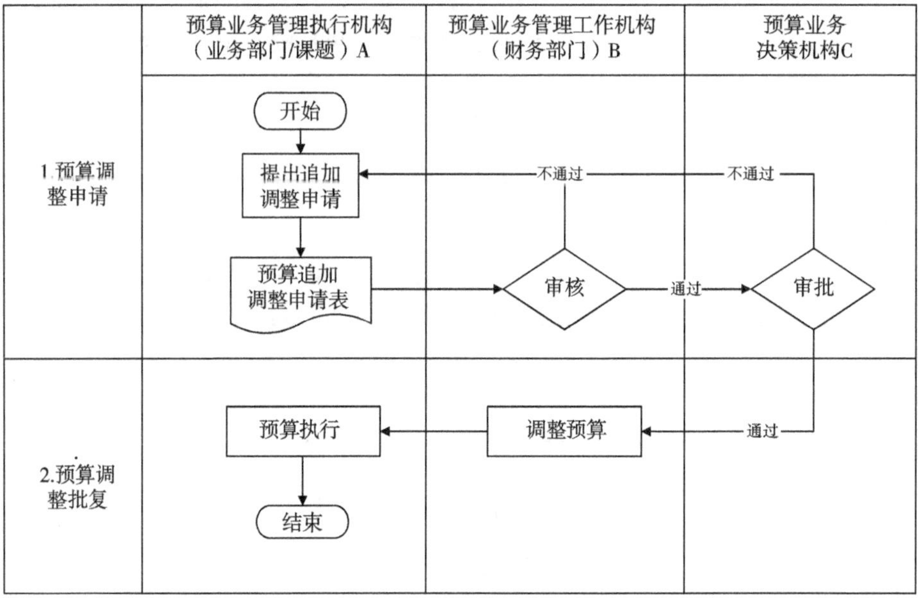

图 5-3　预算调整阶段流程

A1 预算业务管理执行机构（业务部门）根据实际情况提出预算追加调整的申请，提交追加调整申请表。

B1 预算业务管理工作机构（财务部门）收到预算业务管理执行机构（业务部门）的预算追加调整申请后，对预算追加调整进行审核，审核通过后提交预算业务决策机构审批。

C1 预算业务决策机构对提交的预算调整申请进行审批。

B2 在预算业务决策机构审批完成后预算业务管理工作部门（财务部门）进行预算调整，并反馈给预算业务管理执行部门执行。

四、绩效考评流程

单位绩效考评流程见图 5-4。

A1 预算业务管理执行机构对预算执行情况进行监控。

B1 预算业务管理工作机构（财务部门）跟踪、监控预算执行情况，并对预算执行情况进行汇总、分析，形成预算执行分析报告和年度绩效评价报告。

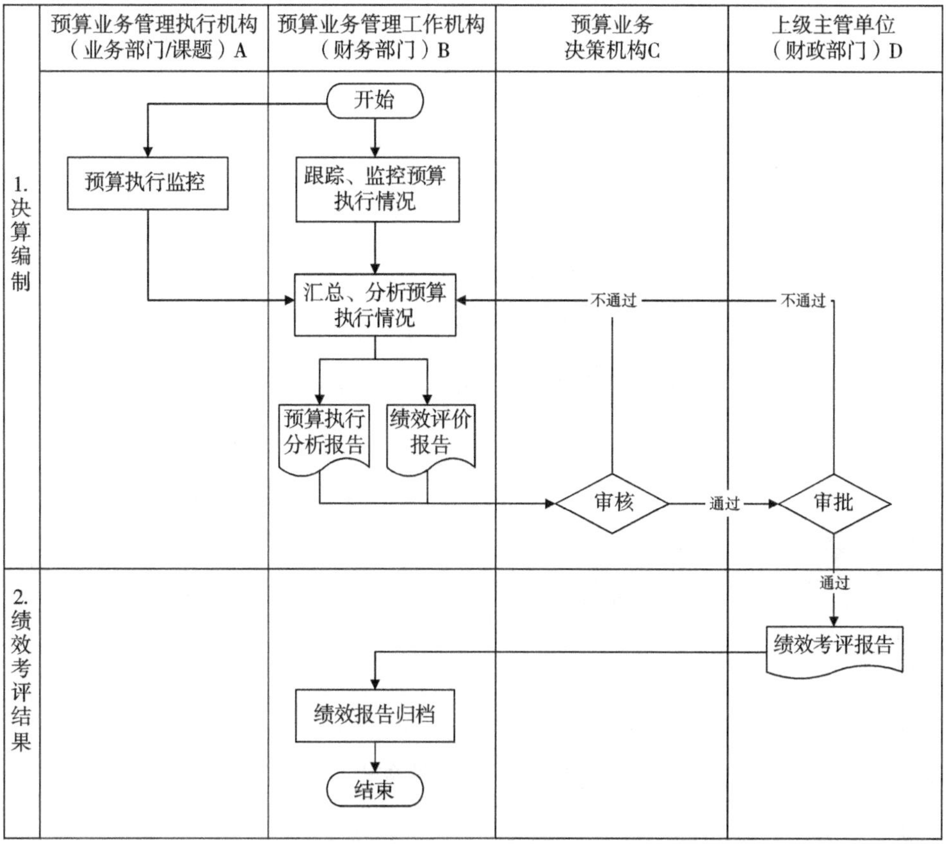

图 5-4　绩效考评阶段流程

C1 报告提交预算业务决策机构审核。

D1 预算业务决策机构审核通过后提交上级主管单位审批，形成最终绩效考评结果报告下发单位。

B2 预算业务管理工作机构（财务部门）将绩效报告保存、归档。

五、决算控制流程

单位决算流程见图 5-5。

A1 各个预算业务管理执行机构（业务部门）协助预算业务管理工作机构（财务部门）统计预算执行情况。

B1 预算业务管理工作机构（财务部门）对年度会计核算数据和预算批复数据进行准备，并进行决算编制。

B2 形成决算报告草案提交预算业务管理决策机构进行审定。

C2 预算业务管理决策机构进行审定并报上级主管单位进行审核，审核通过后

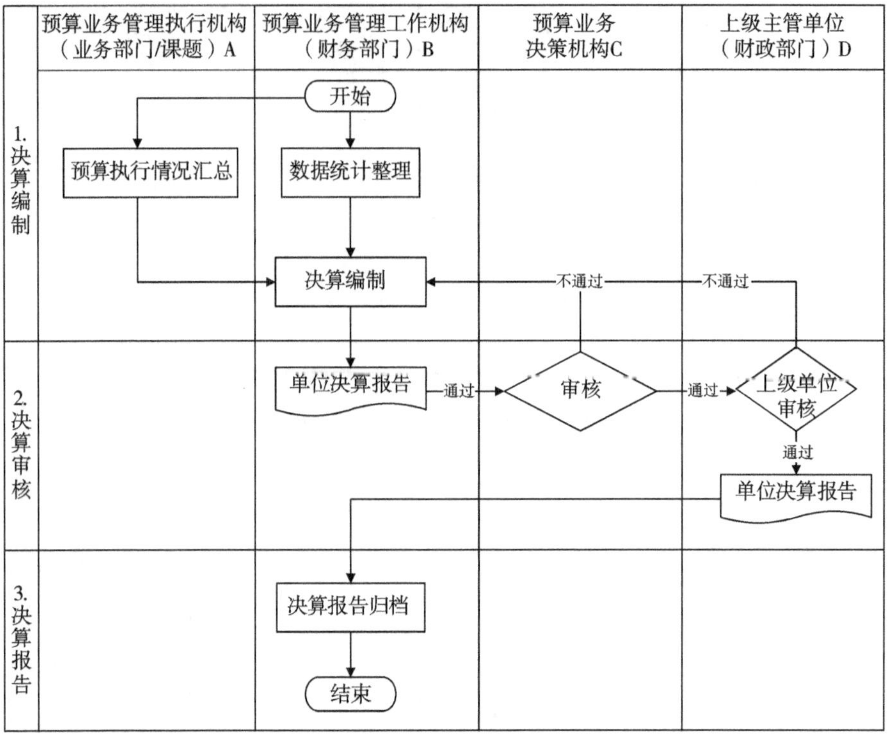

图 5-5　决算阶段流程

形成单位决算报告。

B3 预算业务管理工作部门对单位决算报告归档。

第四节　预算业务控制风险点及控制措施

一、预算管理控制风险点及控制措施

（一）预算管理控制风险点

（1）预算管理意识薄弱，组织体系不健全，全员参与度不够，未建立一套完整的预算管理体系（包括预算组织、预算制度、预算执行及考核的具体办法等），可能导致管理松散、缺乏约束，预算执行随意性大。

（2）各预算岗位未设置或设置不合理、职责权限不明确或不合理，可能导致工作人员不具备相关的专业知识和技能，制定的预算方案达不到合理有效的目的，影响预算业务的控制效果。

（3）预算相关部门和岗位缺乏有效沟通，可能导致单位内部各部门之间在预算

管理上工作不协调、互相推卸责任，从而降低预算管理效率。

(4)预算目标设置不合理、编制不科学，可能导致单位资源浪费或限制发展。

(5)预算缺乏刚性、执行不力、考核不严，可能导致预算管理流于形式。

(6)单位预算不公开透明，没有依据国家相关法律法规细化公开内容，不能增强单位公信力，不利于促进单位发展和社会监督。

(二)预算管理控制措施

1.单位实行"权责结合、归口统筹、集体决策、分级执行"的层级管理体系

预算管理在单位领导带领下，由财务部门牵头，各部门共同参与，强化树立预算管理具有优化资源配置、提高使用效率、加强单位管理、促进廉政建设的作用，对事业单位发展具有深远意义。

2.设置预算管理机构，明确预算管理职责分工

科学事业单位所处研究领域不同，业务活动与收支规模等也存在差异，不同单位预算管理组织体系的具体设置也不尽相同，各单位预算管理组织体系的具体设置也有所不同。但一般情况下，预算业务管理机构都应由预算业务决策机构、预算业务管理机构、预算业务执行机构组成。

(1)预算业务管理决策机构　科学事业单位可以根据情况设立预算管理委员会作为预算业务管理决策机构。由其承担该单位预算业务的决策工作。预算管理委员会成员通常由单位的主要领导、财会部门负责人以及其他相关部门的负责人组成。预算管理委员会一般为非常设机构，主要通过定期或不定期召开预算工作会议开展工作，在单位的预算业务上居于领导核心位置。

预算业务管理决策机构职能为审定单位预算管理制度；确定单位预算管理的政策、办法和要求；审定年度预算编制总体目标和总体要求；研究审定单位预算草案，特别是重大项目立项和经费分配使用计划；协调解决预算编制和执行中的重大问题；听取预决算执行情况分析报告，组织召开预算执行分析会议，督促各执行机构按照进度执行预算并改进预算执行中存在的问题；审批预算追加调整方案；审定单位决算和绩效评价报告；其他相关决策事项。

(2)预算业务管理机构　预算业务管理工作机构一般设置在财务部门，单位财务部门是单位内设置的具有财务管理职能的部门，是单位预算管理工作的专业机构，履行日常的预算管理职能。预算业务管理工作机构作为预算业务的直接管理机构，其在预算业务的管理序列中处于承上启下的位置，对预算业务的科学管理起着重要的作用，对于预算决策机构的决策分解下达，及预算执行情况的监控与上报起着关键作用。

预算业务管理工作机构职能为草拟预算业务内部管理制度，报预算管理委员会审定后，督促各相关单位和岗位落实预算业务内部管理制度；拟定年度预算编制

程序、方法和要求，报预算管理委员会审定；组织和指导各预算业务执行机构开展预算编制；汇总审核各业务部门提交的预算建议数，经过综合平衡，形成预算草案报经预算管理委员会审定后对外报送上级财政部门审批；组织各预算业务管理执行机构根据职能分工和工作计划对上级财政部门下达的预算控制数进行指标分解、细化调整；将单位按照法定程序批复的预算分解细化后的预算指标报经预算管理委员会审批后，下达至各预算业务执行机构；跟踪、监控、定期汇总分析预算执行情况，向预算管理委员会提交预算执行分析报告；汇总审核各预算业务管理执行机构提交的预算追加调整申请，形成预算调整方案，报预算管理委员会审议；协调解决预算编制和执行中的有关问题；编制单位决算报告和相关绩效评价报告，开展决算分析工作，报经预算管理委员会审定后对外报送同级财政部门审批；做好其他相关工作。

(3)预算业务执行机构　预算业务执行机构是单位内部的各个预算部门，利用其所分配到的资金开展业务工作。预算业务执行机构是预算的一线执行者，应当严格按照预算批复执行。

预算业务执行机构职能为提供编制预算的各项基本资料，根据本部门或本岗位的工作计划提出预算建议数；按照预算业务管理机构的要求及本部门或本岗位的工作计划对预算控制数进行分解、细化，落实到本部门的具体工作及相关岗位；严格按照审批下达的预算及其相关规定执行预算；根据内外部环境变化、工作计划的调整及单位的预算管理制度，提出预算追加调整申请；配合预算业务管理机构做好预算的综合平衡和执行监控，及时按要求解决本部门或本岗位预算执行中存在的问题；执行其他相关任务。

除了上述三个机构外，对于一些科学事业单位来说，归口管理部门可能也需要在预算业务管理中承担重要角色。所谓归口管理部门，指的就是对于单位内部跨部门的经济业务以及相应的经费支出，科学事业单位可以指定归口管理部门承担指导、审核的职能。归口管理部门作为预算业务执行机构和预算业务管理机构之间的过渡部门，可以先将业务部门的预算建议数汇总审核后提交预算业务管理工作机构进行统一汇总平衡，从而提升预算编制的整体协调性和科学性。例如"三公"经费、资产事项、采购事项、信息化事项、工程类事项等业务应明确对应的归口管理部门，进行归口统筹管理。

归口管理部门职能为负责汇总审核其归口管理业务事项的预算基础资料、相关业务部门提交的预算建议数和细化调整数；负责归口审核相关业务部门提交的预算执行申请和预算追加调整申请；对归口管理业务事项的预算执行情况进行跟踪和分析；开展其他相关工作。

3.设置预算业务管理岗位,提高工作人员专业素质

科学事业单位在预算管理中,需进一步细化各岗位在预算管理中的职责、分工和权限,确保预算编制与预算审批、预算审批和预算执行、预算执行与分析评价等不相容岗位分离。

4.建立健全预算管理的协调机制

单位应当建立健全预算管理的协调机制。预算业务涉及面广,作用重大,预算管理的整个过程需要单位不同部门之间相互协作,相互沟通,从而确保整个预算管理过程的健康运行。

5.积极推进预算公开

单位采用信息化手段,积极推进预算公开。通过财务预算管理系统,公开单位预算实时动态,促进单位预算执行进度,提高预算管理效率。

二、预算编报控制风险点及控制措施

我国科学事业单位预算主要由科研项目、财政项目等各类项目预算组成,预算编制工作基本由项目负责人和相应的科研人员承担。但在预算编制过程中,科研人员通常根据自己的主观意愿与经验判断每一项经费的预计支出金额,缺少统筹和科学的规划;或者没有根据项目的实际需求,按比例划定各个科目的经费。此外,科研人员通常认为经费申请越多越好,不会考虑单位内部各个关联项目间共享设备等沟通协调问题,可能会造成经费的重复申报。财务人员又常常因为没有实质参与到预算编制的具体过程中,对项目的研究内容和需求没有足够的了解,在审核时只能走形式,简单地对预算形成形式审核,忽视预算和会计核算的衔接,导致预算不够精细、完善,出现预算经费结构设置不合理。

(一)预算编报控制风险点

(1)预算编制不合理、不科学。领导及编制人员不重视,预算编制以财务部门为主,其他部门参与程度较低,导致预算编制数据缺乏科学性和合理性,影响预算管理效果。

(2)预算编制依据不充分。没有依据国家相关法律法规编制,预算目标缺失准确性、合理性及可行性,与实施的年度目标和任务相脱离,不符合单位的收支实际情况,影响预算编制准确率,导致预算编制与执行存在较大偏差。

(3)预算编制整体时间紧、任务重等问题,导致预算编制缺乏充足时间调查、研究与论证,影响预算编制质量。

(4)预算目标设置不符合单位发展规划,与年度工作目标不匹配,不能对单位经济活动起到有效约束的作用。

（二）预算编报控制措施

（1）单位应当建立和完善预算编制制度，明确编制依据、编制程序、编制方法等相关内容，确保预算编制依据合理、程序适当、方法科学，避免预算目标和绩效指标设置过高或过低。

（2）单位应当根据单位整体发展战略和年度工作计划，综合考虑预算期内各类影响因素，按照上下结合、分级编制、逐级汇总的程序，编制年度预算。预算编制要坚持收支平衡、量入为出的原则，不编制赤字预算，且各项收支全部纳入预算管理，做到无预算不支出；坚持稳妥可靠的原则，既考虑收入渠道的增减变化，又尽量测算可实现收入的情况；坚持科学编制、联系实际的原则，对部门预算中的收入、支出和政府采购等预算，实行不同的编制方法。

（3）单位应当组织会议审核预算草案，重点关注预算的科学性和可行性，确保全面预算与单位发展战略相协调。

（4）预算编制人员的专业素质要求达标。参与预算编制人员应具备扎实的专业技能，对承担项目的政策要求、设备、材料、差旅、劳务等有全面的预判和掌控；财务人员应具备专业的财务知识，熟悉政府会计制度要求，熟悉科研经费相关法律制度，了解科研项目的基本情况；科研管理人员应具备科研项目全流程的把控能力，对单位资源进行全面了解，以便进行合理的资源配置，同时能为技术人员提供指导意见。

三、预算批复控制风险点及控制措施

（一）预算批复控制风险点

预算未经审核批准、越权审批、下达不力，可能无法保证预算目标与科研单位发展规划、年度工作计划相协调，或因为出现重大差错或舞弊而导致单位资源损失，具体表现如下：

（1）预算批复与下达程序不规范、方法不科学，可能导致预算分配不准确，形成资源浪费，无法保证预算目标实现。

（2）预算批复责任不清晰、标准不明确，可能会因重大差错或舞弊而导致单位资源错配或浪费。

（3）预算批复形式不准确可能导致预算执行或后续绩效考核无据可查。

（4）预算指标分解不够详细具体，可能导致科研单位某些方位和环节缺乏预算执行和控制的依据。

（5）预算指标分解与绩效考核体系不匹配，可能导致预算执行不力。

(二)预算批复控制措施

1.规范预算审批程序与批复下达方式

按照相关法律法规规定办理预算审批。预算草案审批应重点关注其科学性、合理性和可行性,并确保与科研单位发展规划、年度计划相协调适应,审批完成后及时以文件形式下达执行。

2.明确预算批复下达的责任主体

按照预算业务归口管理机构明确单位内部预算批复工作统一管理责任;设置预算管理岗位承接预算批复工作,对财政预算进行分解细化,并对内部预算指标的名称、额度、开支范围和执行方式进行统一;设立预算领导小组对预算指标的内部分配实行统一决策。

3.合理选用预算批复下达的方法

内部预算指标的批复,可以根据实际情况综合运用总额控制、逐项批复、分期批复、上级部门统筹管理、归口部门统一管理等下达方式。由上级部门统筹管理的预算可一次性或分批分次下达预算指标,以保留适当的灵活性,从而避免频繁的内部预算调整。

4.合理运用预算指标分解方法

预算指标分解要明确、具体,便于执行和考核,有利于科研单位总体目标的实现并与绩效考核体系匹配。

四、预算执行控制风险点及控制措施

在科研经费执行方面,大部分科研人员将能否最大额度地争取科研经费作为工作的关键,认为是自己工作成果的最好体现。争取到的科研经费,应由项目组全权支配,财务部门等经费管理部门对经费执行的把控是对科研工作的限制。此外,科研项目负责人在项目的具体执行过程中只注重技术研发,不关注经费的支出进度及列支经费的合理性、合规性,确认购买的设备型号是否与任务书相符等细节,认为其是一种工作负担,会影响科研工作的效率。

(一)预算执行控制风险点

(1)经费定额标准不够科学。在预算执行工作中,资金的定额标准体系不完善而导致经费支出不合理,主要表现为下述几个方面:第一,经费额度未按照市场变化及时进行调整。第二,定额没有按照部门的不同性质而定。不同部门的功能性质有所差异,对经费的需求也有所区别。第三,定额标准的计算未考虑不可预见的因素。

(2)预算管理监督机制不够完善。单位预算缺乏比较完善的监督管理机制,导致单位在制定和实施预算计划、收入以及成本方面都没有形成严格的监督管理,这极有可能会导致单位预算执行不符合相关规范。

(3)违反资金拨款和支付的审批制度。在预算未经批准前,违规进行资金支付,造成损失。

(4)审批权限不明。对不同项目性质、资金额度的支付审批层级规定不清晰,导致审批行为的约束力下降,影响审批制度的威严性。

(二)预算执行控制措施

1.提高预算编制质量

科学事业单位,应该根据国家当前经济形势以及单位实际情况来编制预算。在进行编制之前,需要对各部门业务发展、经营状况和收入情况进行深入了解,认真做好项目的调查研究、论证以及综合分析绩效指标可行性等工作,同时,要严格审核项目的工作量,及时掌握发展动态,积极参与项目预算核查,尽可能避免超预算情况的发生,提高预算编制的科学性、规范性及可行性。在编制收入预算时,需要把财政拨款、事业收入、经营性收入、其他收入等均纳入单位预算,对于部门资金收入测算的有效性需要进一步加强,最终编制成一个与部门实际情况以及发展思路相符合的可行性预算。

2.制定科学有效的经费定额标准,切实从源头上节约运行成本

增强财政资金的运用效益,确保预算的有效分配。经费定额标准的科学合理性主要在于进行动态调整。科研经费定额标准应该满足下述几点要求:第一,应与国家经济发展情况相符,按照物价水平进行相应的调整;第二,应与“三公”经费和会议费标准保持相符;第三,应遵循差别对待的原则,要按照部门预算单位具体职能的不同,制定针对性的定额标准,确保预算公平;第四,应遵循实事求是的原则,严禁铺张浪费。

3.建立健全预算执行过程的监督机制

为保障预算执行效果,单位应不断完善预算执行工作的监督机制。第一,应严格依据监督管理制度的相关规定,加强对预算的编制、实施、协调以及审核等相关工作的管理的监督考核;第二,应让监督、审计以及业务等部门共同参与预算执行过程的监督工作;第三,应强化预算编制的审核力度,对预算编制的标准以及参考依据加以考证,使预算的编制可以在有关政策许可的情况下做到量入为出;第四,应推进预算公开制,将预算公开作为行政事业单位公开的重要内容,并要接受广大人民群众的合理监督;第五,应对资金的使用效益做出考核评价,并以此对预算编制水平的高低进行检验,结合实际情况考虑是否需要对预算编制的参考标准、依据以及方法进行调整,进而实现对事业单位资金使用的规范管理;第六,建立预算资金安排与预算执行挂钩机制,督促资金执行进度,并确保资金使用效益和资金安全有机结合起来。

4. 建立健全审批机制

建立资金审批制度，并将其固化于信息系统，使单位的工作流程标准化、程序化。通过固化程序加强内部控制监管，减少内部控制风险点。同时平台程序随制度更改及时更新，杜绝审批管理环节错误的情况，减少科研人员因无法详细了解制度调整而产生无效工作，通过信息多跑路切实减轻科研人员负担。

5. 建立预算执行分析机制

单位应该建立预算分析制度，定期开展预算执行进度分析会议，对单位预算执行情况进行深入探析，查找执行中存在的问题，提出改进的相关措施，提高预算执行的有效性。

6. 强化预算执行责任机制

单位应规定科研项目负责人对项目承担直接责任，对项目的预算编制、经费执行的真实性、合规性、合理性负责，对项目经费的支出报销单进行审核并签字确认，与管理部门积极配合，自觉接受监督。

五、预算调整控制风险点及控制措施

（一）预算调整控制风险点

(1)预算执行中，由于机构调整或者职能转变，尤其是国家政策发生重大变化时，片面强调调整预算的刚性会导致预算呆板僵化，并阻碍单位有效运作。

(2)单位为加快预算执行进度，预算调整过于柔性，出现预算调整依据不充分、方案不合理、审批程序不严格等情况，使得预算调整随意且频繁发生，导致预算失去严肃性和约束力。

(3)预算审批权限不清晰，对于预算调整审批额度、重要性等界定标准不明确导致审批权限配置不合理，造成预算调整的随意性。

(4)预算调整程序不合理，为预算调整造成障碍，影响预算调整及时性。

(5)财政项目未严格按照预算申报时的科目进行列支，自行调增“三公”经费、设备等费用科目的预算。

（二）预算调整控制措施

1. 强化预算调整的原则

根据国家政策及相关制度，对不同性质的资金制定不同的预算调整制度，建立严格规范的调整审批制度和程序。对于预算调整要严格限制，明确预算调整的条件，不得随意进行调整。对于必要的预算调整应开展必要的审查，对预算调整实现的经济和社会效益情况进行评估。

2. 运用信息化规范调整程序

根据不同资金性质，将预算调整规则固化于财务管理系统。随制度更新及时修改调整规则，避免预算调整随意性、频繁性。

(1)针对科研项目预算调整　按照《国务院关于优化科研管理提升科研绩效若干措施的通知》(国发〔2018〕25 号)文件要求，科学事业单位需对实行公开竞争方式的五类科技计划项目(课题)预算调整程序简化，运用财务管理系统实现设备费、业务费、劳务费、间接费用按类管理，减少预算调整频率。

(2)针对财政项目预算调整　部门预算取得上级批复后，原则上不得变更，如国家有关政策和事业计划有较大调整，对预算影响较大且确需调整预算时，应逐级上报审批。

六、绩效考评控制风险点及控制措施

科学事业单位应采用科学的方法，通过对科研经费管理过程中一系列相关指标、数据的分析和评估，对科研经费预算编制及执行情况进行定性和定量的绩效评价，获取可量化的反馈信息，从而有利于单位对科研人员的绩效考核，有利于后续的项目资源分配，有利于完善单位的科研经费内部控制体系，进一步提高科研能力。

目前，我国科学事业单位普遍缺少针对项目完成情况的预算绩效评价体系。只要项目能够最终通过技术验收和财务验收，不再对其中间过程涉及的经费预算、执行、决算的有效性及合理性进行评估，难以全面反映科研项目预算管理绩效水平。缺乏绩效评价指标，对经费管理工作无法提出指导性的意见，相关部门人员只追求所申请项目经费的金额是否足够高，完成的科研项目数量是否足够多，不考虑科研项目是否 100%执行或者超支执行。长此以往，容易导致科研经费的浪费，科研经费使用效益低下，单位的科研水平和管理水平难以获得提升，无法拓展单位的发展空间和潜力，不利于提升在专业领域的影响力。

(一)绩效考评控制风险点

(1)绩效考评机制不健全。预算考核不严格、不合理、不到位，且多数仅仅应用于年度终了，不能在预算管理的全过程充分发挥作用，促进预算管理工作的改进，尤其缺乏对预算执行过程的监控，导致绩效目标制定脱离实际，绩效评价方法不科学。

(2)绩效考评结果被忽视，没有及时反馈相应部门，导致评价资源的浪费。绩效评价的反馈没有得到回应，绩效评价的真实作用难以发挥，影响下次预算编制质量，没有解决预算管理中一些顽固问题，造成绩效考评流于形式。

(二)绩效考评控制措施

1. 建立健全绩效考核机制

首先建立预算执行考核制度,对各预算执行部门和个人进行考核,并将预算目标执行情况纳入预算考核范围,切实做到奖罚分明。然后根据考核制度,认真、严格地组织实施,定期开展预算绩效考核。

2. 科学设立绩效指标

第一,预算考核指标的设立要与预算内容相关并密切联系。第二,考核指标设立应以定量指标为主,同时结合实际情况辅之适当的定性指标。第三,考核指标应当具有可考核性、可控性、合理性。第四,绩效目标要与计划期内的任务相对应,与预算资金量相互匹配。

3. 重视绩效评价的应用

需充分发挥绩效评价报告的作用。根据评价报告,积极推广好的经验,及时改进报告中的不足,进而提升绩效评价有效运用,及时解决预算管理和预算编制中存在的问题与不足之处,防止问题的重复出现。

4. 加强绩效评价结果的反馈

要及时把绩效评价结果反馈给业务部门或者个人,让他们及时了解绩效评价的结果,并据此完善预算编制。

七、决算控制风险点及控制措施

(一)决算控制风险点

1. 决算与预算相脱离

预算和决算的口径不一致,不能准确反映预算执行情况;预算执行中,经费预算调整,可能导致预算与决算差距增大,预算目标难以实现。

2. 决算审核流于形式化

决算审核方式单一、审核形式不合理、审核内容不全面,易导致决算出现漏报、重报、虚报、瞒报、错报或者相关数据不衔接等问题,最终影响决算数据真实性。

3. 缺乏对决算数据的分析应用

将决算作为单位年度预算管理的终点,没有对决算数据的深度分析及反馈应用,次年编制预算没有有效利用决算数据,浪费了决算的潜在价值,易导致预算编制不合理,影响预算管理效果。

4. 缺乏与业务部门间的沟通

决算工作仅靠财务部门数据堆积,没有与预算执行相关部门及时沟通,影响了决算信息的可靠性。

（二）决算控制措施

1. 加强决算管理

单位应当全面清理核实收入、支出、资产、负债，并在年终结账的基础上编制决算，保证数据真实、内容准确、账账相符、账实相符、账表一致。单位也应当以本年的决算数据作为下年编制预算的重要依据，使预算与决算做到相互衔接、相互促进。

2. 加强决算数据的分析及应用

单位编制决算的目的是对预算执行情况进行总结，根据执行的情况能反映各部门资金使用情况，分析各部门是否存在耗费资源的现象。有效运用决算数据的分析结果，有助于提升预算管理体系，调整预算编制方法，提升财务资金使用效益。

3. 建立健全决算协调机制

单位应当建立健全决算协调机制，促进各部门之间有效沟通，提高决算编制质量，提升决算信息的可靠性。

第六章
收支业务控制

第一节　收支业务概述

一、收支业务概念

事业单位收入预算，是部门或单位编制年度预算时预计该年度不同渠道将取得的各类收入的总称，是单位履行职能、完成各项工作任务的财力保障。

支出业务是单位运行过程中的日常业务和共性业务支出，也是财务部门的主要工作内容之一，更是单位内部控制的核心业务。主要包括支出的事前申请、借款或报销、资金支付、会计核算等环节。

二、收支范围

1. 收入范围

收入是指科学事业单位为开展业务活动依法取得的非偿还性资金，包括财政补助收入、事业收入、上级补助收入、附属单位上缴收入、经营收入、其他收入等。

财政补助收入即科学事业单位从本级政府财政部门取得的各类财政拨款，包括基本支出补助和项目支出补助。“从本级财政部门取得”是指事业单位直接或者按照部门预算隶属关系从同一级次财政部门取得财政拨款。“各类财政拨款”是指事业单位从本级财政部门取得的所有财政拨款，包括各类事业经费，以及基建投资、社会保障、住房改革经费等。

事业收入是指科学事业单位开展专业业务活动及其辅助活动取得的收入。专业业务活动是指事业单位根据本单位专业特点所从事或开展的主要业务活动。辅助活动是指与专业活动相关、直接为专业业务服务的活动。事业收入主要包括科研收入、技术活动收入、学术活动收入、科普活动收入、试制产品活动收入和教学活动收入等。其中按照国家有关规定应当上缴国库或者财政专户的资金，不计入事业收入；从财政专户拨给科学事业单位的资金和经核准不上缴国库或者财政专户的资金，计入事业收入。

上级补助收入是指科学事业单位从主管部门和上级单位取得的非财政补助收入。

附属单位上缴收入是指科学事业单位附属独立核算单位按照有关规定上缴的收入。

经营收入是指科学事业单位在专业业务活动中及其辅助活动之外开展非独立核算经营活动取得的收入。经营收入必须是开展非独立核算经营活动取得的收入。

其他收入是指财政补助收入、事业收入、上级补助收入、附属单位上缴收入和经营收入以外的各项收入，包括投资收益、利息收入、捐赠收入、非本级财政补助收入、租金收入等。其中非本级财政补助收入是指科学事业单位从非本级政府财政部门取得的财政拨款，不包括因开展科研及其辅助活动从非本级政府财政部门取得的经费拨款。

2.支出范围

科学事业单位的支出是指本单位开展业务及其他活动发生的资金耗费和损失，包括事业支出、上缴上级支出、经营支出、对附属单位补助支出、其他支出。

事业支出，即科学事业单位开展专业业务活动及其辅助活动发生的基本支出和项目支出，为科学事业单位主体支出。

上缴上级支出，即科学事业单位按照财政部门和主管部门的规定上缴上级单位的支出。

经营支出，即科学事业单位在专业业务活动及其辅助活动之外开展的非独立核算经营活动发生的支出。

对附属单位补助支出，即科学事业单位用财政补助收入之外的收入对附属单位补助发生的支出。

其他支出，即上述规定范围以外的各项支出，包括利息支出、捐赠支出等。

按照部门预算经济分类，科学事业单位支出主要分为工资福利支出、商品和服务支出、对个人和家庭的补助、债务利息及费用支出、资本性支出、对企业补助性支出、对社会保险基金补助及其他支出。其中商品和服务支出主要用于委托业务费、专业材料费、办公费、印刷费等费用支出。结合科学事业单位现状，风险点较高的支出类别是科研外拨经费支出、委托业务支出、试剂耗材支出、人员经费支出、劳务咨询等报酬费用支出、“三公”经费支出、会议培训费支出、基建修购项目支出及其他支出。

科学事业单位的支出业务环节主要包括资金支出的事前申请、支出审核与审批借款或报销、资金支付、会计核算等环节。

三、收支业务控制法律依据

《科学事业单位财务制度》(财教〔2022〕166 号)

《事业单位财务规则》(财政部令第 108 号)

《事业单位会计准则》(财政部令第 72 号)

《中央和国家机关差旅费管理办法》(财行〔2013〕531 号)

《因公临时出国经费管理办法》(财行〔2013〕516 号)

《党政机关国内公务接待管理规定》(中办发〔2013〕22 号)

《中央和国家机关会议费管理办法》(财行〔2016〕214 号)

《关于中央财政科研项目使用公务卡结算有关事项的通知》(财库〔2015〕245 号)

《关于印发〈单位公务卡管理办法(试行)〉的通知》(财库〔2016〕8 号)

《政府非税收入管理办法》(财税〔2016〕33 号)

《关于公布取消 314 项行政事业性收费的通知》(财综〔2013〕98 号)

《行政事业单位资金往来结算票据使用管理暂行办法》(财综〔2023〕50 号)

第二节　收支业务控制目标

《单位内控规范》第四章第二十九条规定:"单位应当建立健全支出内部管理制度,确定单位经济活动的各项支出标准,明确支出报销流程,按照规定办理支出事项。单位应当合理设置岗位,明确相关岗位的职责权限,确保支出申请和内部审批、付款审批和付款执行、业务经办和会计核算等不相容岗位相互分离。"这项条款,对支出的管理制度从建立、岗位设置、职责权限、不相容岗位相互分离等方面,就如何加强单位支出业务控制做出了原则性规定。

一、收入控制目标

(1)建立完善的收入管理制度和岗位责任制,确保单位收入管理责任明确、依据充分。明确收入业务的流程、审批权限、职责划分;合理设置收入业务相关岗位,明确收入业务岗位的职责权限,并确定不相容职责相互分离。

(2)规范收入项目及标准的设立和变更行为,真实完整反映收入情况,确保单位各项收入符合国家法律法规规定。科学事业单位应将各项收入全部纳入单位预算，统一核算、统一管理，未纳入预算的收入不得安排支出。

(3)及时上缴各类非税收入。单位非税收入项目范围和单位职责明确，非税收入设立和征收合法合规，应收尽收，并及时足额上缴国库或财政专户，不得以任何形式截留、挪用或者私分。

(4)真实全面反映收入整体情况。科学事业单位收入应按照国家有关规定进行核算，及时、准确地确认收入，避免单位收入不完整、不真实。严格遵守收支两条线，建立健全预算外资金收缴制度，实行收缴分离。

(5)规范票据管理。设立票据管理岗位，对各类票据实行专人专管、专柜保管，依法合规开具发票、财政票据，保证票据的规范管理，设立票据台账。严格规范票据申领、使用、核销、销毁手续，任何人不得擅自出借、买卖票据。

(6)规范收入档案。切实做好收入档案的收集、分类、整理、编制工作，保证收入档案的齐全完整，提高案卷质量，力争达到标准化、规范化的要求，逐步实现收入档案管理的现代化。

(7)为科学合理地管理决策提供依据。建立健全收入分析和核查机制，定期分析各部门产出收入，分析单位各类收入组成状况，及时发现问题，确保收入业务正常进行。

二、支出控制目标

(1)建立健全单位内部有关支出业务具有实操性的管理制度，确保单位相关业务有章可循、有据可依。

(2)合理设置相关岗位，明确岗位分工及职责权限，配备具有相应专业能力的人员，确保不相容岗位相互分离。

(3)按照预算执行支出，专款专用，确保财政资金的使用合理高效。

(4)完善支出业务的工作流程及审批制度，规范支出行为；明确各项开支的支出范围、内容、标准、审批权限与责任等，确保各项支出程序合法、审核严格公正、支出正确且科学有效。

(5)规范会计核算，强化监督评价，保证支出的效果及效率。

(6)加大科研资金监管力度，提高财政资金使用的效率与效果。各类专项资金专款专用、单独核算，保证支出的真实性、合理性，确保资金安全。定期进行支出分析，及时发现异常资金流出，预防资金流失风险；总结支出业务情况，指导单位预算编报，发现及杜绝资金的一般浪费，规范支出业务活动。

(7)防范舞弊，预防腐败。严格执行支出管理制度与流程，确保国家资产安全，预防单位内部舞弊现象及经济腐败的发生。

第三节　收支业务流程

一、收入业务流程

（一）财政补助收入业务

财政补助收入业务流程分为基本支出补助和项目支出补助两部分，其中基本支出补助业务流程见图 6-1。

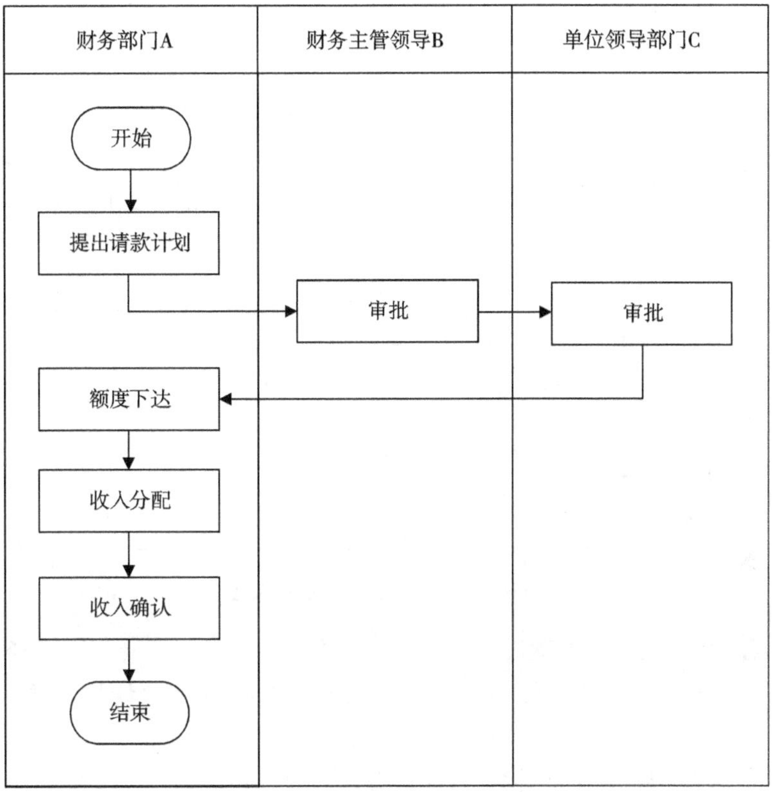

图 6-1　基本支出补助业务流程

A 财务部门提交请款计划。

B 财务主管领导审批请款计划。

C 单位领导部门对请款计划进行审批。

A 财务部门根据经审批的请款计划下达额度，进行收入分配与收入确认。

项目支出补助业务流程见图 6-2。

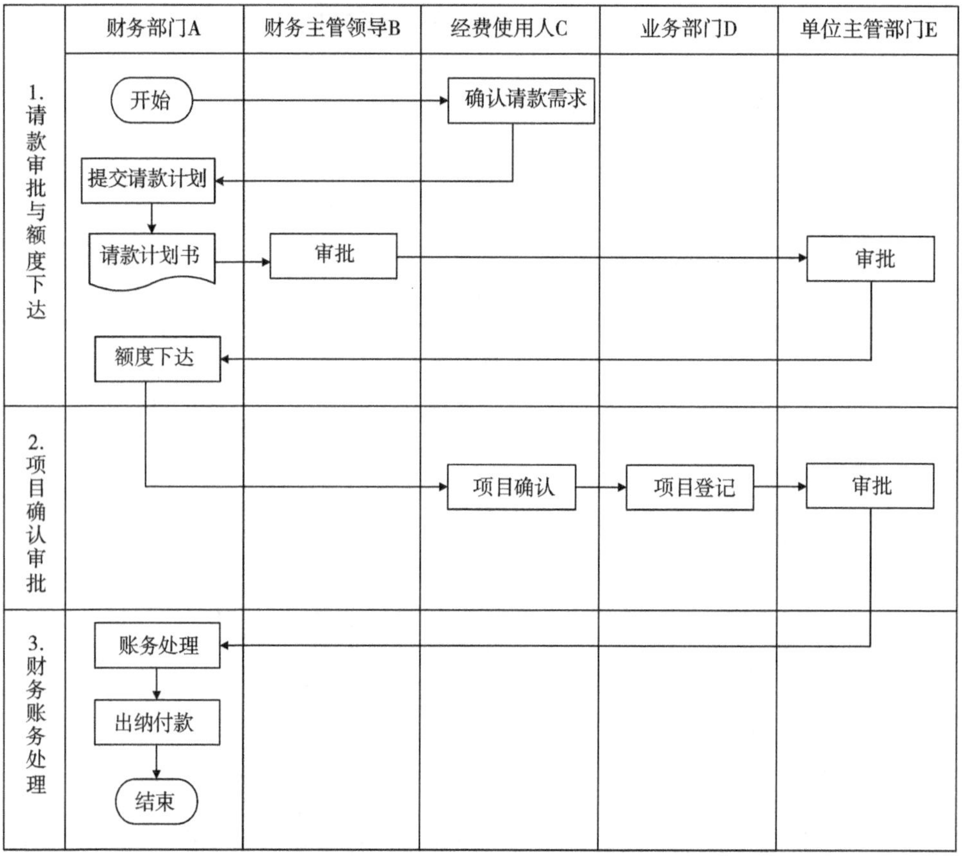

图 6-2　项目支出补助业务流程

C1 经费使用人确认请款需求。

A1 财务部门根据经费使用人确认的请款需求编制请款计划书并提交请款计划。

B1 单位财务主管领导审批请款计划书。

E1 单位主管部门审批请款计划书。

A1 财务部门根据经审批的请款计划书下达额度。

C2 经费使用人根据下达的额度进行项目确认。

D2 经费使用人在业务部门办理项目登记。

E2 单位主管部门对登记项目进行审批。

A3 财务部门进行账务处理。

(二)科研收入业务

科研收入业务流程见图 6-3。

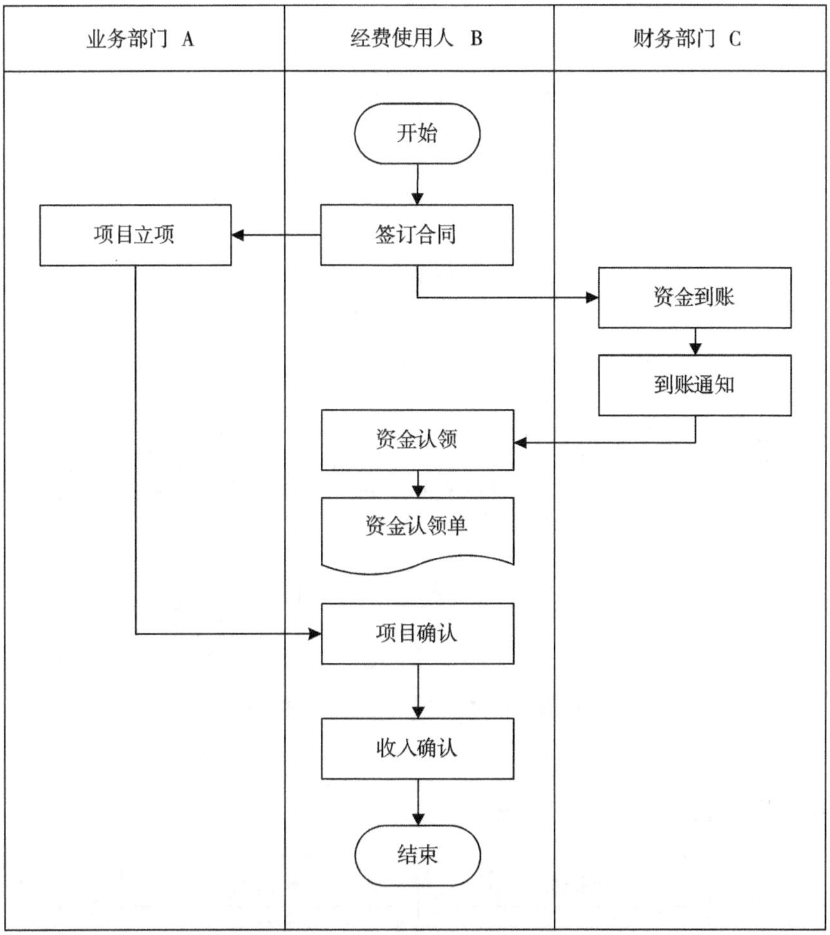

图 6-3　科研收入业务流程

B 经费使用人签订合同。

A 经费使用人依据签订的合同在业务部门进行项目立项。

C 财务部门根据到账的资金发布到账通知。

B 经费使用人进行资金认领并填写资金认领单,并进行项目确认与收入确认。

(三)技术收入业务

科研单位技术收入业务流程见图 6-4。

该部分关键环节同科研收入控制流程,财务部门在收入确认的同时开具发票。

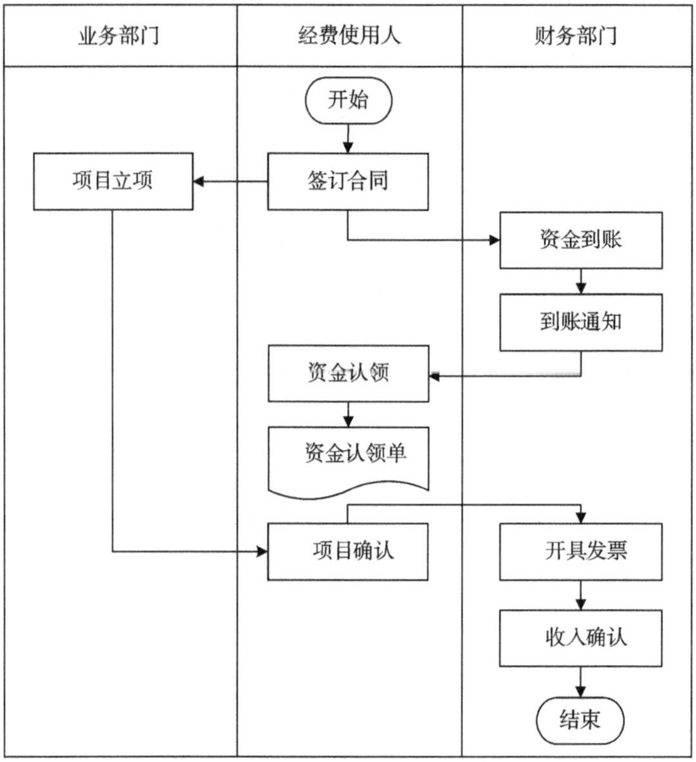

图 6-4　科研单位技术收入业务流程

(四)科研副产品收入业务

科研副产品收入业务流程见图 6-5。

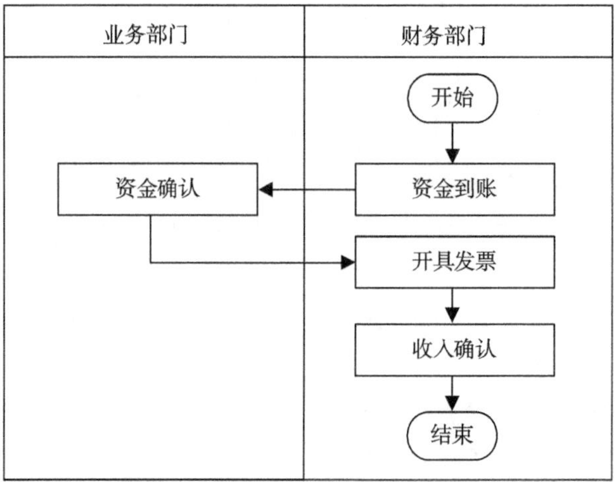

图 6-5　科研副产品收入业务流程

财务部门通知业务部门进行资金确认，确认后财务部门开具发票并进行收入确认。

（五）资产经营收入业务

资产经营收入是经营收入的一部分，包含事业单位国有资产出租、出售、出让、转让或者股权出售、出让等取得的收入，其流程图可参考科研单位科研副产品收入流程图。

（六）其他收入业务

其他收入主要包括利息收入、投资收益、捐赠收入等，其流程图可参考科研单位科研副产品收入流程图。

二、支出业务控制流程

（一）科研外拨经费业务

科研外拨经费业务流程见图 6-6。

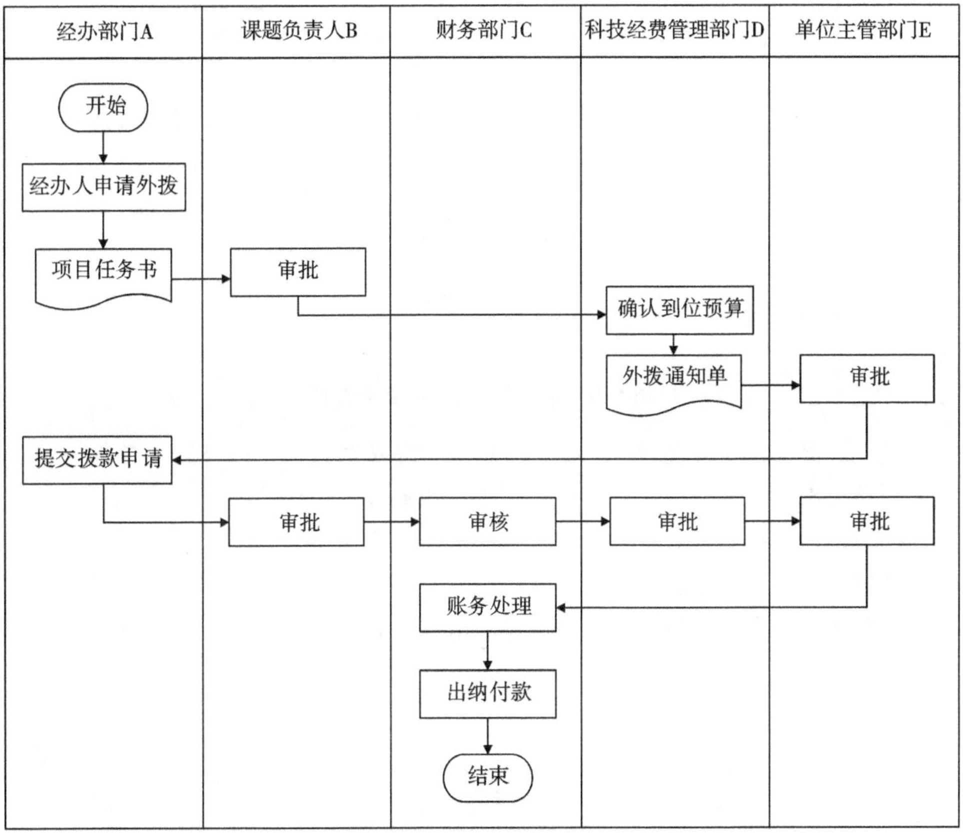

图 6-6　科研外拨经费业务流程

A～E经办部门申请外拨并提交项目任务书并由课题负责人审批。科技经费管理部门确认到位预算并签发外拨通知单，通知单经单位主管部门审批。经办人根据经审批的外拨通知单和项目任务书提交外拨申请。外拨申请经课题负责人、财务部门、科技经费管理部门及单位主管部门审批。财务部门根据经审批的外拨申请进行账务处理及出纳付款。

（二）委托业务费支出业务

委托业务费支出业务流程见图6-7。

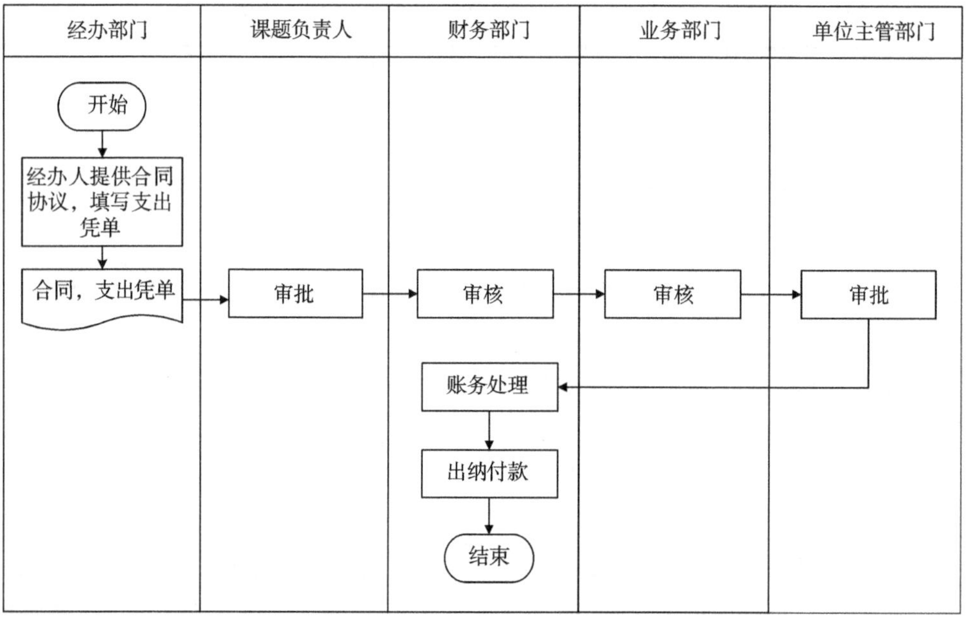

图6-7　委托业务费支出业务流程

经办人提供合同协议，填写支出凭单，经课题负责人、财务部门、业务部门及单位主管部门审核及审批后提交财务部门进行账务处理及出纳付款。

（三）试剂耗材支出业务

试剂耗材支出业务流程见图6-8。

试剂耗材支出业务控制流程的关键环节同委托业务费支出关键环节。

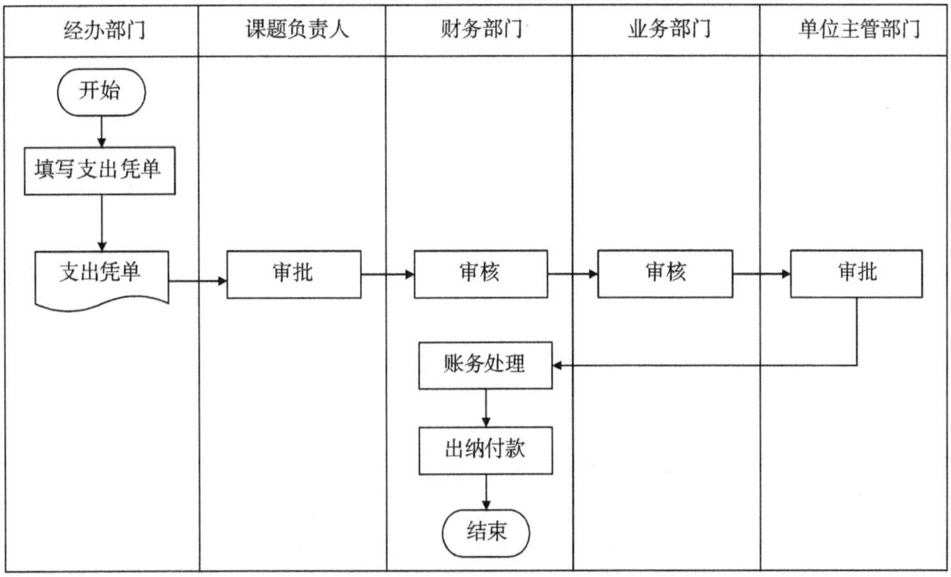

图 6-8　试剂耗材支出业务流程

（四）人员经费支出业务

工资津贴等人员经费支出业务流程见图 6-9。

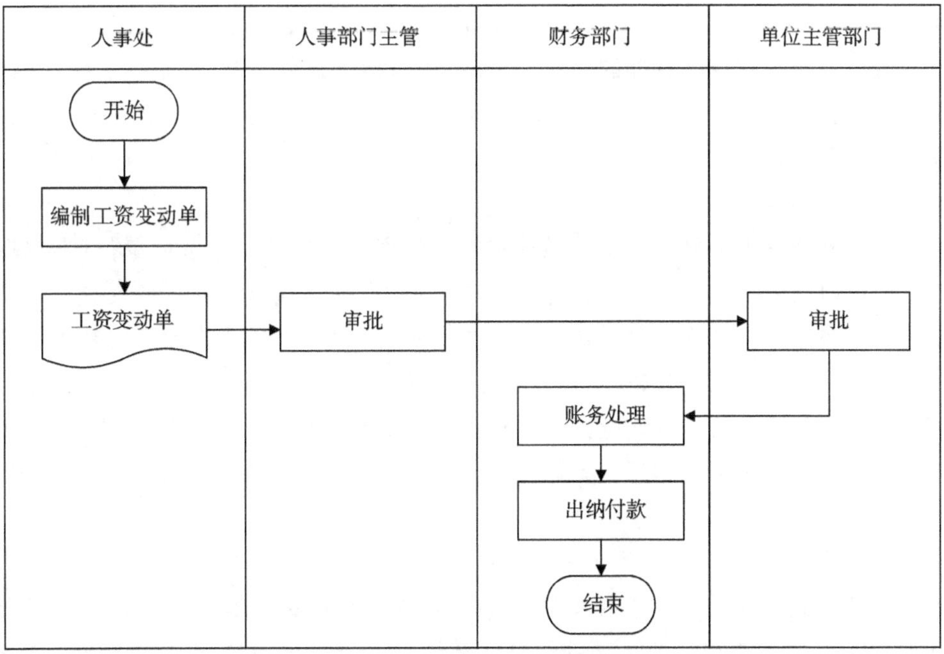

图 6-9　人员经费支出业务流程

人事管理部门编制工资变动单提交人事部门主管及单位主管领导审批，财务部门根据经审批的工资变动单进行账务处理及付款。

（五）劳务咨询费等报酬支出业务

专家咨询报酬是指科研项目（课题）承担单位在项目实施过程中支付给临时聘请的咨询专家的费用。劳务费是指在项目研究过程中支付给没有工资收入的研究生博士后、项目聘用的研究人员、科研辅助人员，以及访问学者、客座研究人员、临时聘用人员等的劳务费用，具体支出流程可参考图 6-7 委托业务费支出业务流程图。

（六）“三公”经费支出业务

公务接待费是指为外单位人员进行考察调研、执行任务、学习交流、检查指导等公务活动，安排食宿、交通等相关事务性工作。

公务用车运行费用包括公务用车燃料费、维修费、保险费、过路过桥费、停车费和其他相关支出。具体支出流程可参考图 6-7 委托业务费支出业务流程图。

因公出国（境）费是指单位公务出国（境）的国际旅费、国外城市间交通费、住宿费、伙食费、培训费、公杂费等支出。

（七）会议培训支出业务

本书所称培训是指单位在境内举办的三个月以内的各类培训。开支范围包括师资费、住宿费、伙食费、培训场地费、资料费、交通费以及其他费用等。

会议指单位在境内举办的会议，开支范围包括会议住宿费、伙食费、会议场地租金、交通费、文件印刷费、医药费等。具体支出流程可参考图 6-7 委托业务费支出业务流程图。

（八）基建修购项目支出业务

修购专项是中央财政在年度预算中安排的用于中央级科学事业单位（不包括已转制的科研院所）的房屋修缮、基础设施改造、仪器设备购置及升级改造的专项资金。中央国家机关建设项目是指中央国家机关各部门使用中央预算内基本建设资金、行政事业费以及部门自有资金进行的服务于机关的建设项目，主要包括办公用房新建、扩建、翻建、维修改造项目，办公区以外服务于机关的建设项目等。具体流程可参考第九章图 9-1 项目立项阶段业务流程至图 9-6 工程竣工决算业务流程。

（九）其他支出业务

其他支出主要包括工会经费支出、党费支出、财务结算手续费等。工会经费是指上级拨付以及按规定提取的职工工会经费。党费支出是指党员向党组织交纳的用于党的事业和党的活动的经费。具体支出流程可参考图 6-7 委托业务费支出业务流程图。

第四节　收支业务控制风险点及控制措施

一、收入业务控制风险点及控制措施

(一)收入业务控制风险点

(1)未建立健全收入内部管理制度。单位未合理设置岗位,相关岗位的职责权限没有明确,开票、收款、会计核算等不相容岗位没有分离。

(2)单位收入未全部纳入预算管理,存在设立账外账,甚至私设"小金库"的情况。单位收入混乱,各部门之间缺乏沟通,职责不清,单位不能及时掌握所有收入项目的金额和时限,应收账款没有及时催收,造成应收未收,可能导致错误或者舞弊,甚至出现挪用公款的风险。

(3)"收支两条线"管理风险。违反"收支两条线"管理规定,截留、挪用、私分应缴财政的收入,或者各项收入不入账,可能导致私设"小金库"或者资金体外循环的风险。

(4)收入管理混乱。未明确收入类型和收入确认方式,纵向收入横向化管理,甚至"纵横不分",账内不规范,管理不清晰,缺少风险管控。

(5)收入核算缺乏规范。单位收入核算不规范,可能导致单位的账账不符、账实不符、账表不符、表表不符,最终影响单位财务报告的真实性和准确性。

(6)各项收入缺少审计监控。单位收入长期未接受检查,导致收入业务中存在的隐性问题得不到解决,影响单位长远发展。

(二)收入业务控制措施

(1)单位应当建立健全收入内部管理制度。明确收入业务应当归口管理,并合理设置收入业务管理岗位,明确相关岗位之间的职责权限,收款、会计核算等不相容岗位相分离;明确各种收入业务的工作流程、审批权限和责任划分;明确收入业务的对账和核查职责。

(2)强化收入业务归口管理。明确规定财务部门归口管理各类收入并进行会计核算,严禁设立账外账。财务部门应定期清理掌握本单位各部门的收费情况,确保各项收费符合国家有关规定。业务部门应当在涉及收入的合同协议签订后及时将合同等相关材料提交至财务部门作为账务处理的重要依据,确保各项收入应收尽收,及时入账。财务部门应定期检查收入金额是否与合同约定相符;对应收未收项目应当查明情况,明确主体责任,落实催收责任。

(3)严格执行"收支两条线"管理规定。明确划分收入资金和支出资金的流动,严禁"坐收""坐支"。确保收入的资金能够及时、安全、足额地回笼,并能实行有效地集中管理，减少现金持有成本，加速资金周转。通过财务管理系统，建立“收支两条线”资金管理内部控制体系，减少人为干预，确保收入环节上所有资金收入账户，不允许私设“小金库”。

(4)建立收入分析和对账制度。财务部门应当定期对各项收入来源分析，判断收入是否存在异常情况，并做出及时处理。定期与各收入来源部门进行对账，及时催收应收未收款项，及时检查并做出必要的处理。

(5)规范纵向收入和横向收入。明确纵向收入和横向收入定义，规范经费管理，明确单位收入覆盖范围、收入确认时点和确认方式；防止经费纵横不分或“账外账”现象，确保资金安全、有效。此外，还应加强科研管理、成果转化、国际合作等部门的沟通配合，认真把关科研经费，严禁将纵向经费转为横向科研经费管理，并通过内部公开制度，对纵横经费项目名称及资金来源实行内部公示。

(6)建立收入审计核查机制。单位应当定期组织审计人员核查各项收入，规范审查的程序和要求，确保检查工作有效开展，检查中发现的问题应当及时整改，确保资金安全、规范。

二、支出业务控制风险点及控制措施

(一)支出业务控制风险点

从内部控制的角度看，单位开展的支出业务风险点主要体现在以下几个方面：

(1)单位未建立健全、规范内部的支出管理制度，制度未得到有效执行，导致单位管理混乱，支出业务无章可循。

(2)岗位设置缺乏科学性、合理性，工作分工与岗位职责不清晰，单位内部各不相容岗位没有实现有效分离，没有起到互相制衡的作用，相互间监督、稽核不到位，容易导致错误或职务舞弊的风险。

(3)未建立各项支出业务的管理规范，支出事项缺少适当的事前申请或审核审批程序；支出范围、标准等内容不符合相关规定，导致预算执行不力，造成资金损失浪费，甚至发生营私舞弊现象。

(4)在报销过程中，对支出事项单据审核把关不严、审核不细，容易造成支出管理漏洞，发生弄虚作假等风险。

(5)资金支付不符合国库集中支付、政府采购、公务卡结算等国家有关政策的规定，可能会导致违规风险。

(6)单位的支出核算不规范，记录、记账不及时，财务报告不真实，会计档案管理不妥当，容易导致财务造假，凭据灭失，掩盖支出业务过程中的各类违法违规问题。

(7)缺乏针对财务支出的定期评价和监督检查，容易导致有关问题发现不及时、解决不得力，资金的管控能力弱化。

（二）支出业务控制措施

构建支出业务的内部控制制度，应当以实现支出控制目标为目的，以支出业务的流程为主线，针对支出业务的风险控制做出具体的控制规范。根据《单位内控规范》的相关规定，支出业务的风险防控措施主要包括以下几个方面。

1.建立健全支出业务内部管理制度

《单位内控规范》第二十五条第一款规定："单位应当建立健全支出内部管理制度，确定单位经济行动的各项支出标准，明确支出相关流程，按照规定办理支出事项。"因此科学事业单位应当对各项业务的流程进行梳理，根据国家现行法律法规及相关政策制度，结合单位实际，建立健全本单位的支出内部管理制度及相应业务流程，按照程序报经批准后执行。

科学事业单位除建立总的支出业务管理制度及各类资金审批权限职责外，还应制定各类支出业务的费用开支管理制度，明确各类费用开支范围、标准、流程等内容。如经费支出管理办法、会议费管理办法、差旅费管理办法、出国（境）费管理办法、劳务费管理办法等，为单位实行支出业务的制度化分类管理奠定基础，提供保障。

单位支出内部管理制度应当明确五个方面的内容：支出业务的归口管理部门；支出范围、开支标准以及相关事项涉及的票据及表单；支出业务的事前申请或审核审批程序和借款或报销流程；与支出业务相关的内部审批权限、职责及流程；与支出业务相关的账务和责任。

2.合理设置支出业务岗位，明确岗位职责权限，强化关键岗位管理

《单位内控规范》第三十条第一款规定："单位应当按照支出业务的内容，明确内部审批、审核、支付、核算和归档等支出各关键岗位的职责权限。实行国库集中支付的，应当严格按照财政国库管理制度有关规定执行。"因此，科学事业单位应根据国家有关财务规定，结合单位实际情况，本着"依事设岗、以岗赋权、以权定责"的原则，合理设置支出业务相关岗位，明确内部审批、审核、支付、核算和归档等关键岗位的职责权限，按岗位条件严格审慎选择人员，加强定期轮岗、培训、专项审计等管理，确保各关键岗位充分发挥作用，不相容岗位相互分离。

3.运用信息化手段，加强支出业务控制

科学事业单位的支出控制，主要包括预算控制、单据控制、审批控制、程序控制、标准控制等方式。在信息化建设过程中，科学事业单位应引入内部控制理念，将内部控制相关规范和流程固化在单位信息化平台内，达到更加积极、高效的科学管控效果。

（1）预算控制　将预算信息嵌入信息平台，实现无预算和超预算额度的支出无

法在系统中提出支出申请。在审核支出业务时，只需要重点审核支出事项是否符合开支范围和标准，适用科目是否准确，支付方式是否符合规定，简化了审核手续，实行动态管理。对不符合预算批复的支出不予支出。

(2)单据控制和审批控制　所有经济事项的支出均须建立在真实、合法的基础上，凭合规票据开支。依托信息化建设水平的不断提高，目前可实现对各类凭据的附件管理以及票据的数据库验真和查重管理。此外，借助信息化系统固化的审批权限、审批流程及附件信息，确保各项支出履行完整的审批手续，最大限度上保证了凭据票据的安全性，减少人工干预，保证了单位支出业务的安全、合法、有效。

(3)程序控制与标准控制　支出业务必须按照一定的环节程序进行的控制方式，如政府采购管理、合同管理、事前申请控制等。通过信息化平台建设，借助程序控制，完成相关事项的事前申请：除履行完整的审批流程外，相关部门审批采购程序是否符合相关规定、是否达到政府采购标准、是否符合预算批复等；会议申请，相关部门审批是否已报批会议计划、是否符合限额标准等；出国(境)申请，相关部门审批线路是否符合相关规定、外事手续是否齐备、是否符合标准限额等。事业单位可根据国家有关规定并结合单位实际情况，制定本单位的费用开支标准；对有开支标准的支出事项，执行限额标准，严格审核控制执行。

4. 加强支出业务各关键环节的流程控制

(1)申请与借款控制　办理人根据业务需要，经由信息化平台提出申请，详细说明支出用途、事项、金额等信息，提供充分且合理合法的依据，履行审批程序。

(2)支出审核控制　《单位内控规范》第三十条第三款规定："加强支出审核控制。全面审核各类单据。重点审核单据来源是否合法，内容是否真实、完整，使用是否准确，是否符合预算，审批手续是否齐全。支出凭证应当附反映支出明细内容的原始单据，并由经办人员签字或盖章，超出规定标准的支出事项应由经办人员说明原因并附审批依据，确保与经济业务事项相符。"因此事业单位在支出审核方面应做到全面审核各类单据(包括票据和依据相关制度规定与支出业务相关的各类凭据)。

(3)支出审批控制　《单位内控规范》第三十条第二款规定："加强支出审批控制。明确支出的内部审批权限、程序、责任和相关控制措施。审批人应当在授权范围内审批，不得越权审批。"

审批的方式通常可采取分级审批、分额度审批和分项审批方式。事业单位应按照支出业务事项类别和金额大小，结合本单位实际情况，运用多种审批方式制定相应的审批办法、设置审批权限、明确审批责任。

(4)支付控制　《单位内控规范》第三十条第四款规定："加强支付控制。明确报销业务流程，按照规定办理资金支付手续。签发的支付凭证应当进行登记。使用公务卡结算的，应当按照公务卡使用和管理有关规定办理业务。”据此规定，在支付方面应当着重加强以下三个方面的控制：

一是借款控制。公务卡支付从业务属性层面属于一种电子化的借款报销形式。除此以外，零星的现金支出、大额支票或汇款均须办理借款手续。通过信息化平台进行控制，借款金额不能超出预算批复金额，并且借款一旦发生，相对的预算指标即被锁定，直至核销完成，防范超预算或无预算支出情况发生。

二是报销控制。经办人员办理报销时，通过信息化平台提交单据，上传相关凭据附件，经审核审批程序确保内容真实完整、单据齐全、金额准确后，由会计办理报销手续。

三是支付控制。出纳人员对经完整审批的单据，依账户类型和资金来源办理具体支付。使用公务卡结算的，应当按照公务卡有关规定管理。

(5)支出核算与归档控制 《单位内控规范》第三十条第五款规定：“加强支出的核算和归档控制。由财务部门根据支出凭证及时准确登记账簿；与支出业务相关的合同等材料应当提交财务部门作为账务处理的依据。”据此规定，事业单位的财务部门应按照国家有关会计制度，根据支出凭证及时登记账簿；涉及的合同或其他材料，应一并交由财务部门作为账务处理的依据。财务部门应将与支出业务相关的会计凭证、文件、合同等资料及时归档、妥善保管，严防毁损、散失、泄密或不当使用。

(6)支出业务的分析控制 事业单位应定期分析支出情况、预算执行进度，以及单位的基本支出、项目支出、“三公”经费支出等，编报分析报告为单位领导的管理决策提供信息支持。对于发现的异常情况，应及时采取有效措施，确保单位支出业务的有序进行，保证经济事项合法合规地支出。

三、票据及印章业务控制风险点及控制措施

(一)票据及印章业务控制风险点

(1)不了解票据的相关法律法规，也未建立票据管理制度。票据管理无章可循，票据使用混乱。

(2)票据领购程序不合规。未按照科学事业单位实际需要申请票据，一次申请过多或过少、频繁申领。

(3)票据使用的风险。票据无法做到“四专”管理(专人、专责、专账、专库管理)，可能出现单位私自转让、出借、买卖、代开财政票据，或发票填写内容不齐全、字迹不清、随意涂改、上下联次不一致、擅自扩大票据适用范围等情况。

(4)票据稽核管理的风险。单位未设置专门的票据稽核岗位，可能造成一些使用过的票据没有通过稽核就予以核销，或收费员收款后票款不缴的现象。

(5)票据和印章的保管。票据、印章管理松散，未做到专人专管，可能导致资金流失风险。

(二)票据及印章业务控制措施

(1)建立票据管理制度，规范票据的领购程序，明确各类票据的种类、形式、联次。主要包括非税收入类票据、结算类票据、财政票据等。

(2)加强票据使用和保管管理。单位应当按照规定设置票据专管员，建立票据专管制度和票据台账，做好票据的保管和序时登记工作。票据应当按照顺序号码使用，不得拆本使用，做好废旧票据管理。规范各类票据的使用范围和开具对象，明确填制要素和使用要求。负责保管票据的人员要配置单独的保险柜等保管设备，并做到人走柜锁。

(3)加强印章的管理。单位应确保财务印鉴由专人负责保管，并得到有效控制，确保印章的使用均得到适当的授权与审批。

四、科学事业单位内部核算业务风险点及控制措施

(一)内部测试化验加工检测

1.内部测试化验加工检测控制风险点

部分具备测试化验资质的科学事业单位通过为单位内部各课题人员提交的样本进行检测，取得测试化验收入也作为科研单位收入构成的一部分。不同于其他收入种类，此类收入通常由单位检测机构发起收费申请，通过财务信息系统提交收费单据至项目课题组，课题负责人确定支出项目后提交相关人员审核，审核无误后由财务部门进行资金支付及财务记账。针对测试化验收入部分存在以下风险点：

(1)单位未建立明确的收费制度，未明确相关收费流程，收费流程审批不严格。

(2)单位不相容岗位未进行分离，测试中心未独立于各个项目组单独核算，存在自己检测、自己收费的现象。

(3)单位测试化验费用缺少明确的内、外部收费价格表，定价随意。

2.测试化验加工检测控制措施

(1)建立健全检测收费制度和收费流程，严格按照流程执行测试化验的内部核算，加强对该部分收入的监督审核，防止违规现象发生。

(2)单独成立测试中心，所有具备测试化验资质的检测点集中移交测试中心单独进行管理核算。

(3)参考市场中同类检测机构检测费用定价，合理制定内部测试化验费用，既不能定价过高也要防止定价过低。

(二)单位内部资源分摊(水电费、会议室使用、公务用车等)

1.单位内部资源分摊控制风险点

科研团队使用单位办公室、实验室、水电暖、会议室等产生相应的费用应按照相关定价分摊至科研团队中,是科学研究的成本之一,也是科研单位独立核算的一部分,通常由单位后勤管理部门依照科研团队使用水电暖气的用量、预约会议室的频次、办公室实验室的面积等,根据相关收费标准,确定各个团队资源分摊的具体费用。针对内部资源分摊存在以下风险点:

(1)未建立健全明确的内部资源费用分摊制度及分摊流程,分摊相关审批程序未严格执行。

(2)单位水电、会议室、办公室实验室使用定价随意。

2.单位内部资源分摊控制措施

(1)建立健全明确的检测收费制度和收费流程,严格按照相关审批程序分摊内部资源费用,加强对该部分收入的监督审核,防止违规现象发生。

(2)针对水电定价可直接参考市场上水电价格,会议室定价可根据会议室规格参考同类科研单位会议室或会展服务机构会议室费用定价,合理制定会议室使用费用,既不能定价过高也要防止定价过低。

第七章
资产管理控制

第一节　资产管理概述

一、资产管理概念

（一）资产及资产管理概述

资产是科学事业单位正常履行职能和开展科研业务活动的物质基础，也是单位依法直接支配的各类经济资源。根据《政府会计准则——基本准则》（财政部2015年78号令）中定义：资产是指政府会计主体过去的经济业务或者事项形成的，由政府会计主体控制的，预期能够产生服务潜力或者带来经济利益流入的经济资源。资金确认须同时满足：①与该资产相关的服务潜力很可能实现或者经济利益很可能流入政府会计主体。②该资产的成本或者价值能够可靠地计量。

资产管理也是科学事业单位管理中的一个重要组成部分。广义上的资产管理是指管理科学事业单位的全部资产，包括固定资产、无形资产、货币资产和对外投资等；狭义上的资产管理是指对科学事业单位的实物资产进行管理。因资产具有数量庞大、种类繁多、单位价值较高、使用周期较长、使用地点分散等特点，给资产管理带来较大难度，如无法进行良好的管理，会导致科学事业单位资产重复购置和资产流失等问题，为科学事业单位带来损失。

（二）资产分类

根据《政府会计准则——基本准则》，政府会计主体的资产按照流动性可划分为流动资产和非流动性资产。流动资产是指预计在1年内（含1年）耗用或者可以变现的资产，包括货币资金、短期投资、应收及预付款项等；非流动资产是指流动资产以外的资产，包括固定资产、在建工程、无形资产、对外投资等。科学事业单位还涉及公共基础设施、政府储备物资、文物文化资产、保障性住房等资产。根据《单位内控规范》的要求，资产的控制主要从货币资金、实物资产、无形资产、对外投资等几方面开展内部控制管理。

二、资产管理内容与要素

因资产之间差别较大，种类繁多，管理方式也各有不同，存在较大差异，资产管理一直是单位管理中的重点和难点。因此要加强单位资产管理，保障资产的安全和完整，科学事业单位应充分结合资产管理实际情况，按照实物资产、货币资金、对外投资等不同资产类别分别对单位资产进行管理。其中实物资产又是科学事业单位资产管理的主要构成部分，针对实物资产的管理要从资产管理的全流程入手，按照资产采购预算、资产配置、资产采购计划、资产采购实施、资产验收入账、资产使用、资产维修维护和盘点到资产处置报废等各个环节，加强资产控制的过程管理。

（一）实物资产管理

实物资产主要包括固定资产和存货。实物资产管理是指对科学事业单位各类固定资产和存货的经营和使用进行组织、指挥、协调、监督和控制的一系列活动的总称。根据《政府会计准则第 1 号——存货》规定，存货是指政府会计主体在开展业务活动及其他活动中为耗用或出售而储存的资产，如材料、产品、包装物和低值易耗品等，以及未达到固定资产标准的用具、装具、动植物等。存货确认条件：一是与该存货相关的服务潜力很可能实现或经济利益很可能流入政府会计主体；二是该存货的成本能够可靠计量。科学事业单位多为不以营利为目的的公益一类或公益二类事业单位，区分于企业存货，科学事业单位的材料多为用于试验的试剂耗材物资，鲜少形成产品，该类存货往往数量繁多，种类庞杂，采购时间不一且价格不同，科研试验也无法准确预计未来是否可以给科学事业单位带来经济利益流入，因此相对于固定资产，科学事业单位的存货资产较为难以界定，相对较少。

根据《政府会计准则第 3 号——固定资产》规定，固定资产是指政府会计主体为满足自身开展业务活动或其他活动需要而控制的，使用年限超过 1 年（不含 1 年）、单位价值在规定标准以上，并在使用过程中基本保持原有物质形态的资产，一般包括房屋及构筑物、专用设备、通用设备等。单位价值虽未达到规定标准，但使用年限超过 1 年（不含 1 年）的大批同类物，如图书、家具、用具、装具等，也应当确认为固定资产。固定资产确认需同时具备以下条件：一是与该固定资产相关的服务潜力很可能实现或者经济利益很可能流入政府会计主体；二是该固定资产成本或者价值能够可靠计量。科学事业单位固定资产单位价值较高，数量较大，在事业单位中占有重要地位，且其具有配置领域的非生产性，使用目的的服务性，资金补偿、扩充的非直接性，占有、使用的无偿性等特点，对科学事业单位正常运转发挥着重要的保障作用。对于科学事业单位而言，良好的固定资产内部控制实施是保证科学事业单位有效开展与资产有关业务的重要条件。对于科学事业单位而言，实务资产管理的内部控制是指对纠正和避免科学事业单位资产日常业务中的错误、防止业务流程中的腐败行为、避免资产不良流失、相关活动合理合法、保证资产的会计信息的准确性起到保障效果的管理制度与措施的统称。良好的资产内部控制实施是保证科学事业单位有效开展与资产有关业务的必要条件。

（二）货币资金管理

货币资金是指单位拥有的，在资金循环中停留在货币形态的资金，按照货币资金存放地点和用途的不同可以分为现金、银行存款和其他货币资金等。库存现金是指存放在单位的货币资金，包括本币和外币。银行存款是单位存放在金融机构的货币资金；实行国库集中支付的科学事业单位还应设立零余额账户，根据财政部门批复的用款计划进行财政直接支付和授权支付及清算，科研单位应严格按照国家有关支付结算办法的规定办理银行存款收支业务。其他货币资金包括单位外埠存款、银行汇票、银行本票、在途资金等各类货币资金。货币资金管理是针对以上货币资产的内部控制管理。

科学事业单位通过多途径获得收入形成货币资金流入，再将其利用于科研支出、技术活动支出、学术活动支出等，形成资金循环，保障科学事业单位各项工作顺利开展。科学事业单位货币资金具有流动性强、安全性差、控制风险高等特点，贯穿于单位业务活动的全过程。因此货币资金的管理应严格按照国家相关规定，对现金、银行存款和其他货币资金进行计划、组织、监督以防止贪污舞弊行为，保证货币资产安全及会计资料准确，满足科学事业单位发展需要。

（三）对外投资管理

根据《政府会计准则第 2 号——投资》定义可知，投资是指政府会计主体按规定以货币资金、实物资产、无形资产等方式形成的债券和股权投资。投资分为短期投资和长期投资。其中短期投资是指政府会计主体取得的持有时间不超过 1 年（含 1 年）的投资；长期投资是指政府会计主体取得的除短期投资以外的债券和股权性质的投资。科学事业单位对外投资是指单位依法利用货币资金、实物、无形资产等方式向其他单位的投资。同时根据《科学事业单位财务制度》，科学事业单位不得使用财政拨款及其结余进行对外投资，不得从事股票、期货、基金、企业债券等投资，国家另有规定的除外。科学事业单位在开展对外投资时，应结合单位实际情况按照所在地区要求实施。由于事业单位对外投资存在收益不确定性，投资形式与组建公司形式较为多样，投资资产价值评估难度较大，风险较高，监管难度大，较为难以管理，当出现无收益或投资亏损时，对事业单位会产生较大影响。因此，科学事业单位应当严格控制对外投资，利用国有资产对外投资应当有利于事业发展和实现国有资产保值增值，符合国家有关规定。

（四）无形资产管理

根据《政府会计准则第 4 号——无形资产》定义可知，无形资产是指政府会计主体控制的没有实物形态的可辨认非货币性资产，如专利权、商标权、著作权、土地使用权、非专利技术及其他财产权利。同时针对无形资产可辨认的特点，资产满足下列条件之一的，即符合可辨认性的标准：①能够从政府会计主体中分离或者划分出来、并能单独或者与相关合同、资产或负债一起，用于出售、转移、授权许可、租赁或者交换；②源自合同性权利或其他法定权利，无论这些权利是否可以从政府会计主体或其他权利和义务中转移或分离。

专利权、著作权等无形资产作为科学事业单位最为重要的资产之一，对推动科学事业单位发展发挥着巨大作用。由于科学事业单位无形资产主要通过自主研发方式形成，研发周期长，研发成本难以计量，且因专利具有高技术性及高创新性，难以直接获取市场价格，无形资产成本核算具有较大不确定性。当专利权缺乏监管时易因年费延迟缴纳而导致无形资产流失，同时由于科学事业单位之间存在合作共建，导致共同开发的无形资产易出现所有权权属不明晰等问题，因此无形资产管理对于科学事业单位具有重要意义。

（五）资产管理要素

依照上文所述的资产管理内容可以进一步分析出资产管理过程中的要素，即资产管理主体、资产管理客体、资产管理目标和资产管理手段。

(1)资产管理主体　资产管理主体即由谁来管理科学事业单位资产。按照资产管理层次可将其分为产权管理主体和资产经济管理主体，即享有或拥有资产财产权或具体享有资产财产权某一项权能，以及享有与资产财产权有关的财产权利的国家、组织、单位、法人和个人。资产管理的主体可以是财产所有权的主体，可以是占有资产使用权的主体，也可以是享有资产财产收益权的主体，科学事业单位通常是资产管理的主体。

(2)资产管理客体　资产管理客体即资产管理的对象，即资产主体管理的对象。从一般意义上来讲资产管理的客体通常是产权归属于国家或科学事业单位的资产。

(3)资产管理目标　分为总体目标和具体目标。总体目标即维护资产合法权益，保卫资产安全，实现资产价值的保值增值，提高资产利用效率，为政府宏观经济政策目标服务。

(4)资产管理手段　主要包括法律手段、经济手段和行政手段。法律手段为政府层面建立健全资产相关的法律法规体系；经济手段为国家层面运用经济政策为国有资产提供管理服务；行政手段为政府层面运用行政权力和命令进行关、停、销、转等，以上为国家层面管理资产所使用的三种手段，科学事业单位在管理单位资产时须严格遵守配合以上手段。

三、资产管理法律法规依据

针对资产管理，我国相继出台了一系列法律法规，主要包括：

《政府会计准则——基本准则》(财政部令第78号)

《政府会计准则第1号——存货》《政府会计准则第2号——投资》《政府会计准则第3号——固定资产》《政府会计准则第4号——无形资产》

《国管局关于〈中央行政事业单位国有资产管理暂行办法〉的补充通知》(国管资〔2023〕266号)

《事业单位国有资产管理暂行办法》(财政部令第100号，2019年颁布)

《中央行政事业单位国有资产处置管理办法》(财资〔2021〕127号)

《事业单位财务规则》(财政部令第108号)

《人民币银行结算账户管理办法》(中国人民银行令〔2003〕第5号)

《中央预算单位银行账户管理暂行办法》(财库〔2002〕48号)

《行政事业单位内控规范(试行)》等(财会〔2012〕21号)

此外，地方各级政府和科学事业单位自身也结合实际情况出台了各自的资产管理制度，共同构成了我国科学事业单位固定资产管理的基本依据。

第二节　资产管理控制目标

由于科学事业单位属于非营利组织，其本质与企业等营利组织不同，所以内部控制目标不仅要求业务流程的合理合法、资产的安全和财务信息的真实完整，更要求对于资产流各环节的管理要在严格遵守制度、防止舞弊腐败行为、保证资产安全的情况下提高国有资产使用效益，实现国有资产保值增值，落实国有资产管理责任，规范资产管理，优化资源配置，确保资产安全完整，从而达到为社会大众更好地提供服务的作用。

一、资产管理体系控制目标

科学事业单位为实现资产管理控制目标须先进行资产管理体系建设，良好的资产管理体系能够为科学事业单位的资产管理提供指导与保障，为单位资产管理打下坚实的基础。针对资产管理体系控制，科学事业单位应设立如下目标：

(1)科学事业单位应建立“统一领导、归口管理、分级负责、责任到人”的资产管理机制，建立健全科学事业单位资产管理机构，履行资产管理职责。

(2)根据相关法律法规，结合科学事业单位的实际情况，建立健全资产内部控制管理制度，使单位的资产管理有章可循，有据可依。

(3)合理设置科学事业单位内部资产管理岗位，明确岗位职责，确保不相容岗位实现相互分离，落实资产管理主体责任，确保资产管理相关人员各司其职，充分发挥岗位职责。

(4)建立健全科学事业单位资产信息管理系统，制定资产信息管理系统数据规范，推进科学事业单位各系统之间的整合衔接，加强动态监管及数据分析利用，提高资产管理的信息化工作，从而进一步优化资产配置管理流程，加强资产调剂机制，减少资产长期闲置、低效运转等问题，提高资产使用和管理效率。

(5)建立资产配置体系，优化新增资产配置，提高资产使用效益；规范资产处置流程，防止国有资产流失，确保资产安全。

(6)加强资产清查工作，完善资产清查“常态化”检查机制，定时进行资产清查盘点，做到账账、账实相符。

(7)科学事业单位应当按照国家有关规定，推进重大科研基础设施和大型科研仪器等国有资产的开放共享共用工作。

二、实物资产管理控制目标

针对实物资产管理控制，科学事业单位应设立如下目标：

(1)根据国家法律法规，结合科学事业单位自身实际情况，建立健全资产管理内部控制制度与体系，使单位资产管理有据可依。

(2)合理设置资产管理岗位，明确单位资产管理岗位责任。针对固定资产管理过程中存在的不相容岗位进行分离，落实管理主体责任，避免资产管理过程中出现舞弊现象，导致资产流失。

(3)实物资产取得应合法合规、充分适当，决策审批程序完整适当，符合国家及单位规章制度。

(4)实物资产取得、验收、领用、维护、盘点、转移和处置等控制流程明晰，对实物资产购置预算、采购方式、供应商选择、验收使用、维修维护、盘点及处置报废等工作，单位有明确制度，程序办理得当。

(5)避免实物资产流失或浪费，购入资产及时登记，报废资产及时清理。

(6)提高单位资产管理水平，盘活单位闲置资产，提高资产使用率。

(7)资产评价指标体系科学合理，评价结果有效，反映资产管理情况，为单位资产配置提供重要依据。

(8)资产管理实现全过程监督监控，单位资产管理部门与其他职能部门处室及科研团队做好沟通协调，调动各个部门积极性，发挥资产管理联动机制，共同确保资产的安全完成，防止单位国有资产流失。

三、货币资产管理控制目标

货币资金具有较高流动性，因而控制风险较高，如何安全、高效使用货币资金是单位内部控制的重点工作之一。货币资金控制目标具体包括以下内容：

(1)保证货币资金使用安全性。要确保单位货币资金安全，避免货币资金被挪用、盗用。

(2)货币资金管理岗位职责和权限明确。建立健全货币资金管理岗位责任制，不相容岗位得到有效分离，规范出纳人员管理，建立健全货币资金授权审批机制。

(3)保证货币资金完整性，加强银行账户管理规范。确保单位货币资金完整，收到的货币资金全部及时入账；银行账户使用规范，加强对银行账户的管理监督，避免出现私设“小金库”、侵占单位资金等违法行为的发生。

(4)保证货币资金合法性。确保单位货币资金和相关印鉴、票据保管和使用符合国家法律法规及单位内部规章制度。

(5)保证货币资金记录真实完整。确保账账、账实相符，会计记录完整清楚，能够如实反映货币资金各项收支活动。

四、无形资产管理控制目标

无形资产对于科研单位的发展具有举足轻重的作用，尤其是单位通过科学研究形成的专利权、著作权等无形资产，是科研单位成果转化的重要构成，对于增强科研单位核心竞争力及科研事业长期发展具有重要影响，通过加强无形资产管理，可以增强科学事业单位核心竞争力。因此要在科研单位形成增强无形资产管理控制的共识，无形资产管理的目标具体包括以下内容：

(1)建立健全无形资产管理制度。规范对单位专利、著作、专有技术等无形资产的管理。单位应设置资产管理岗用于管理相关资产，明确岗位职责，落实无形资产管理责任制，分门别类对单位无形资产进行管理。同时针对无形资产取得、验收与付款不相容岗位实施有效分离，确保无形资产安全完整。

(2)全面梳理单位自行研发的无形资产产权归属关系。区分外购无形资产与自行研发无形资产，加强无形资产权益保护，防范侵权行为和法律风险，并对无形资产产权文件严格归档保管。

(3)建立健全无形资产评估机制。由于无形资产的特殊性,针对无形资产的研发、定价、摊销等建立健全无形资产评估机制,使单位无形资产计价分摊依据充分合理,便于单位进行准确核算,账目真实完整。

(4)单位应定期对专利等无形资产使用情况进行清查和规范,防止因逾期缴纳年费而导致的专利失效,造成单位无形资产流失;对达到处置状态的无形资产进行充分评估,合规处置,防止单位无形资产流失。

(5)根据无形资产特性,依照国家相关规定做好无形资产会计核算工作,对无形资产及时进行评估,准确确认摊销,正确核算无形资产成本,确保无形资产账目真实准确。

五、对外投资管理控制目标

(1)确保对外投资合法合规,符合国家、财政部等上级单位关于国有资产管理的有关规定,严禁未经相关批准就进行对外投资。

(2)确保对外投资行为的科学性、合理性,提高投资的经济效益。

(3)确保对外投资资产的安全、完整。

六、应收及暂付款管理控制目标

(1)加强对应收及预付款项的管理,建立严格授权审批程序,明确相关部门人员职责,对款项申请与审批等不相容岗位实施有效分离。

(2)加强对应收及预付款项账龄分析,针对科学事业单位对收回后不需要上缴财政的应收账款和其他应收款计提坏账准备,准确核算,事业单位应当于每年末,对于收回后不需要上缴的应收账款和其他应收款进行全面检查,分析其可收回性,对逾期时间较长且有确凿证据无法收回的应收款项及时确认坏账损失。

(3)建立责任追究制度,对于逾期无法收回的应收款项,严格按照制度追究责任。

第三节　资产管理流程

一、国有资产管理流程

(一)资产请购阶段

资产请购流程见图 7-1。

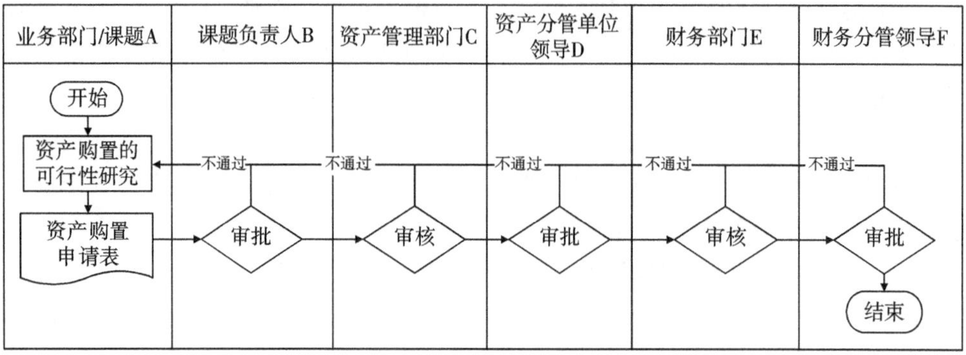

图 7-1 资产请购流程

A 业务部门针对需要购置的资产进行可行性研究并提交资产购置申请表。

B～F 申请经课题负责人、资产管理部门、资产分管领导、财务部门、财务分管领导审批后进行资产采购。

（二）资产采购及验收阶段

资产采购及验收流程见图 7-2。

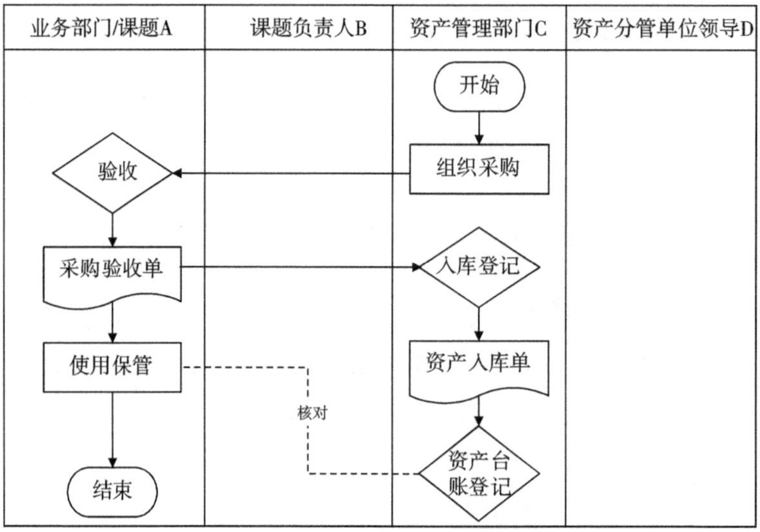

图 7-2 资产采购及验收流程

A 业务部门进行验收并签署采购验收单，资产管理部门对经过验收的资产进行入库登记并形成资产入库单，资产管理部门定期根据登记的资产台账与使用该资产的业务部门进行核对。

C 资产管理部门根据业务部门提交的请购单组织采购。

（三）资产付款阶段

资产付款流程见图 7-3。

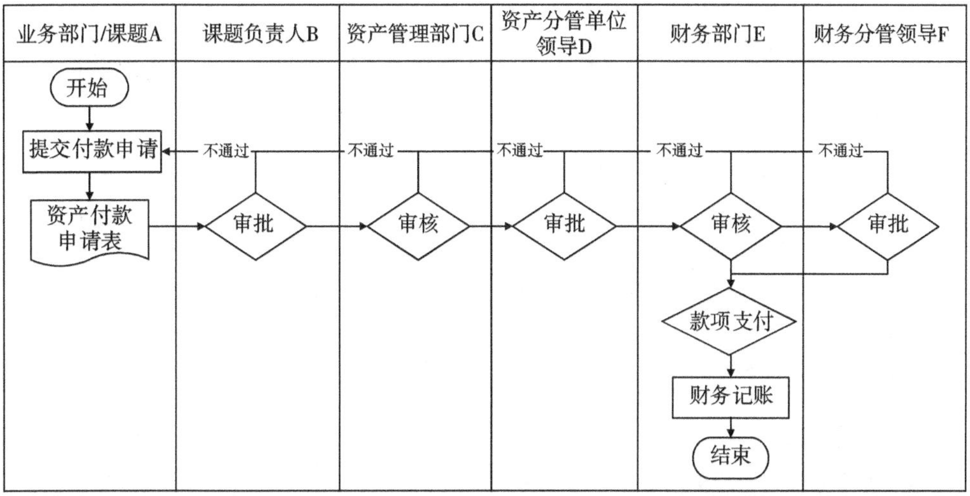

图 7-3　资产付款流程

A 资产验收后，由业务部门填写资产付款申请表并提交付款申请。

B～F 付款申请经课题负责人、资产管理部门、资产分管领导、财务部门、财务分管领导审批。

E 业务部门提交经审核的单据至财务部门支付款项并做财务记账。

（四）资产维修维护阶段

资产维修维护流程见图 7-4。

A1 业务部门填写资产维修维护申请单并提交资产维修维护申请。

B2～F2 维修维护申请经课题负责人、资产管理部门、资产分管领导、财务部门、财务分管领导审核及审批。

A2 业务部门进行资产日常维修维护。

A3 业务部门提交维修维护付款申请并填写资产付款申请单。

B3～F3 付款申请经课题负责人、资产管理部门、资产分管领导、财务部门、财务分管领导审核及审批，财务部门进行款项支付并进行财务记账。

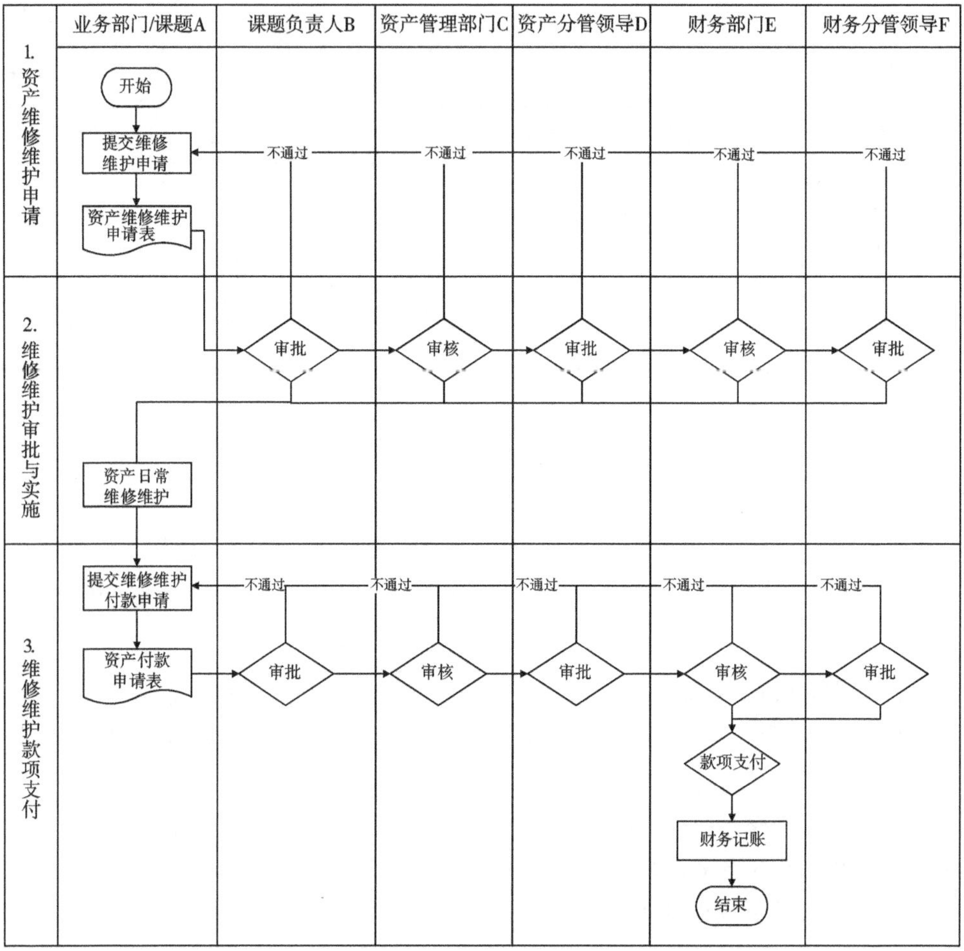

图 7-4　资产维修维护流程

（五）资产处置阶段

资产报废流程见图 7-5。

A1 业务部门提交资产报废申请并填写资产处置申请单。

B2～G2 资产处置申请经课题负责人、资产管理部门、资产分管领导、财务部门、财务分管领导及单位主管部门审核及审批。

C2 资产管理部门组织专家对拟报废的资产进行鉴定并填写资产鉴定评估单，报资产分管领导、财务分管领导、单位主管部门审批，资产管理部门形成待处理资产卡片，审批完成后报上级主管部门审批。

C3 经上级主管部门审批后资产管理部门对拟处置资产进行处置。

E3 财务部门收到处置款项后上缴并进行财务记账。

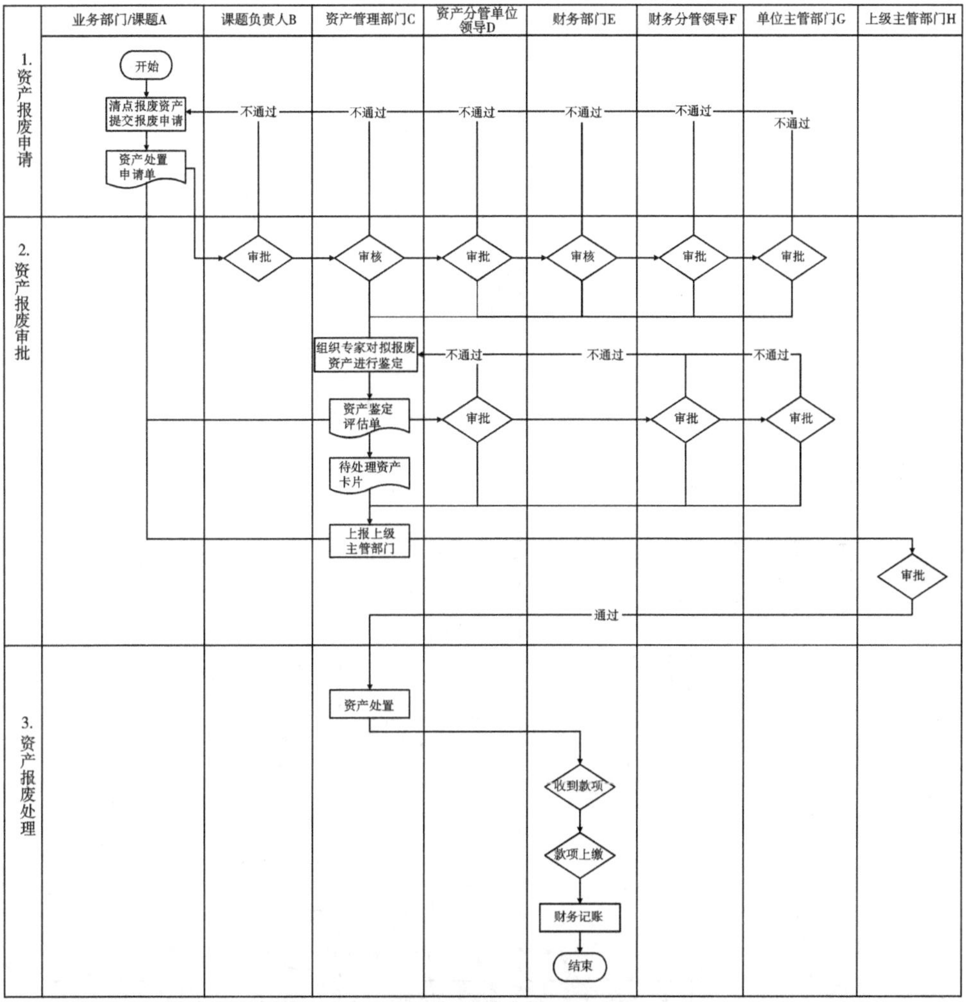

图 7-5 资产报废流程

二、资产出租出借管理流程

资产出租出借流程见图 7-6。

C1～D1 资产管理部门提交资产投资意向给所务会进行审批，审批通过后交由资产管理部门对拟出租出借资产进行可行性研究并形成可行性分析报告与投资方案。

C1～D1 资产管理部门提交出租出借资产评估申请，并提交所务会进行审批。

A1 所务会审批通过后由中介机构进行资产评估并出具资产评估报告。

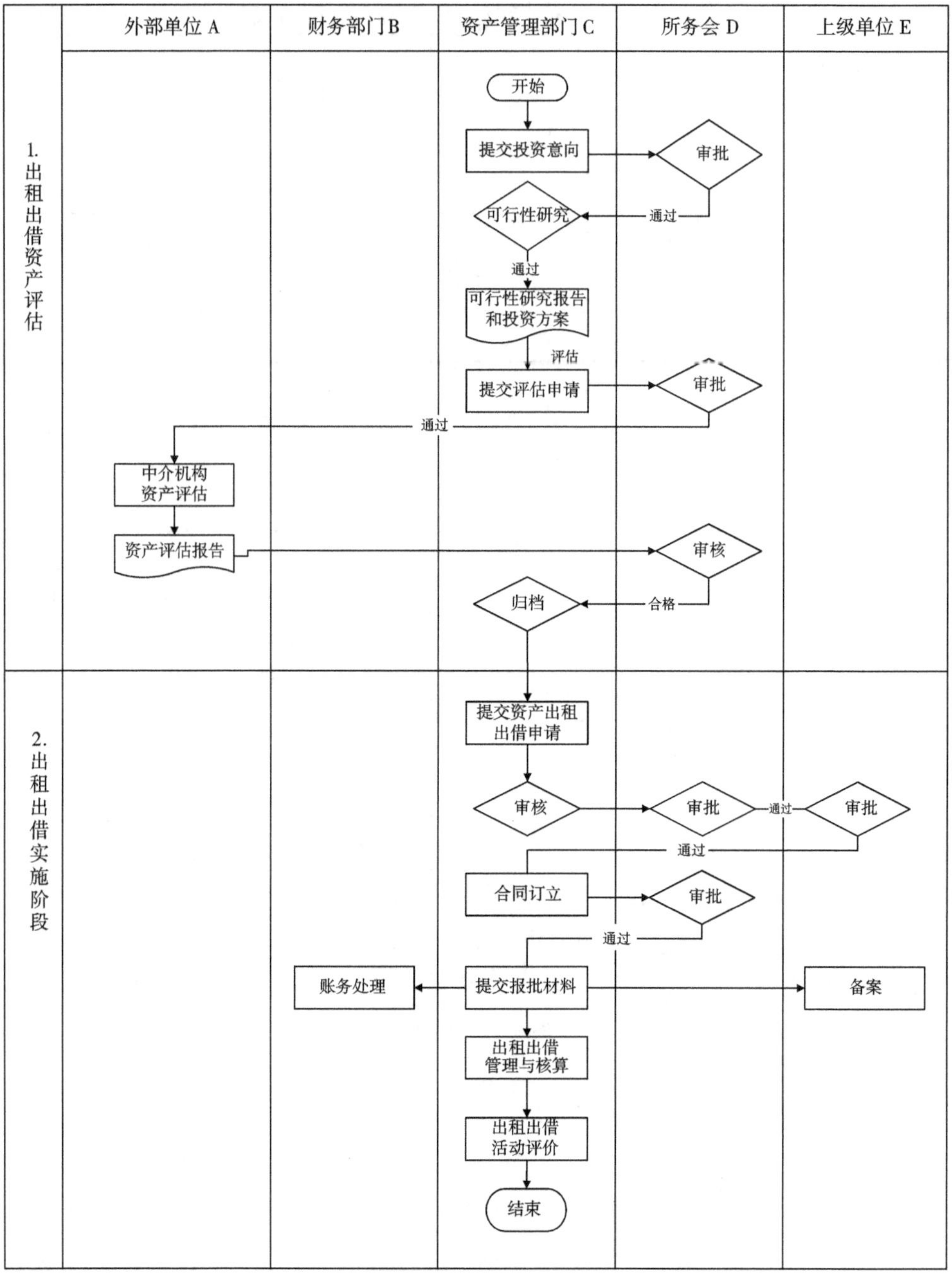

图 7-6　资产出租出借流程

D1 资产评估报告提交所务会进行审批，审批通过后交由资产管理部门进行归档管理。

C2～E2 完成资产可行性分析及资产评估后，资产管理部门提交资产出租出借申请并交由部门负责人审核，审核通过后提交所务会进行审批，审批通过后提交上级单位进行审批。

C2 审批通过后资产管理部门牵头进行合同订立并提交所务会进行审批。

B2～D2 审批通过后资产管理部门向上级单位提交报批材料给上级单位备案，财务部门进行账务处理。

C2 资产管理部门定期针对出租出借资产进行管理与核算，出租出借完成后对该活动进行评价。

三、货币资产管理流程

货币资产管理流程见图 7-7。

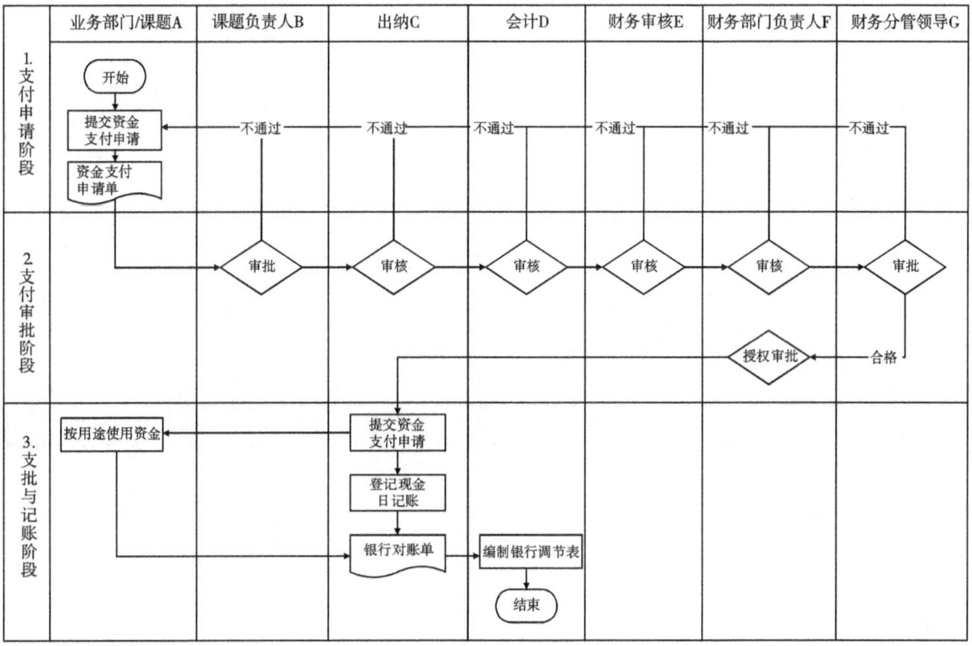

图 7-7　货币资产管理流程

A1 有关单位或个人用款时，由业务部门经办人填写支付申请单，提交资金支付申请。

B2～G2 资金支付申请经课题负责人、出纳、会计、财务审核、财务部门负责人、财务分管领导审核审批后，财务部门负责人授权出纳进行资金支付。

C3 出纳在网银系统中提交资金支付申请并登记现金日记账。

D3 会计根据银行对账单定期对账，编制银行存款余额调节表。

四、无形资产管理流程

无形资产管理流程见图 7-8。

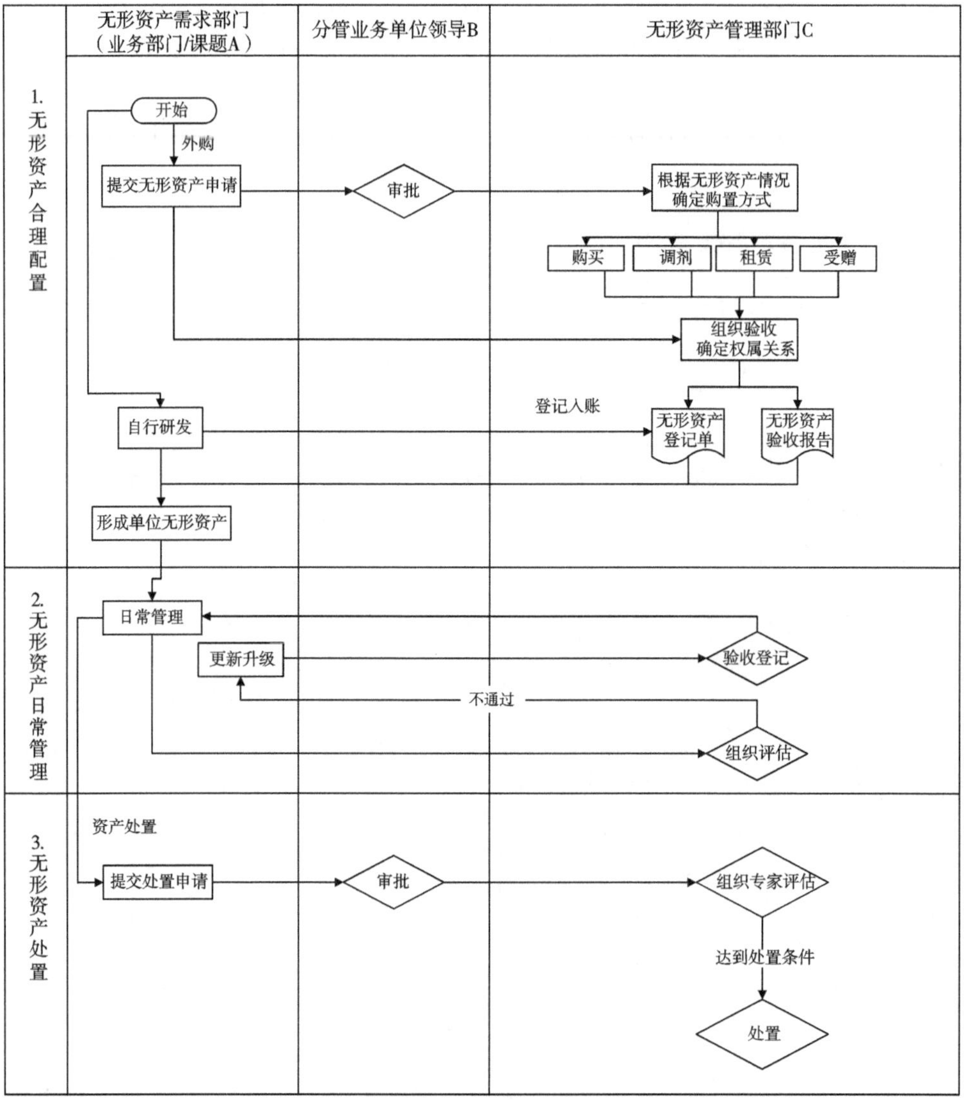

图 7-8　无形资产管理流程

A1～B1 有关业务部门提交无形资产申请(除自行研发)，分管业务单位领导进行审批。

C1 无形资产管理部门收到经审核的无形资产申请，结合本单位自身情况与需求部门协商，是否可以进行本单位资产调剂或租赁，如无适配无形资产则进行购置。

A1、C1 无形资产购置部门与需求部门共同组织进行验收并确定权属管理、出具无形资产验收报告和无形资产登记单。

A1 有关业务部门自行研发无形资产，形成无形资产后至无形资产管理部门进行登记入账。

A2 无形资产日常使用维护在无形资产需求部门。

C2 无形资产管理部门牵头定期对无形资产组织评估，确定无形资产数量及使用状态，如评估不通过无形资产使用部门可以进行更新升级，更新升级后仍需由无形资产管理部门牵头进行验收登记，如仍评估不通过则考虑进行无形资产处置处理。

A3～B3 无形资产处置由无形资产使用部门提交处置申请，经分管业务领导审批。

C3 无形资产管理部门牵头组织对无形资产进行处置评估，达到处置条件后进行无形资产处置。

第四节 资产管理控制风险点及控制措施

一、固定资产管理控制风险点及控制措施

(一)固定资产管理控制风险点

1. 环境建设及制度建设

部分单位对内部控制环境建设态度较为淡漠，资产管理没有得到应有的关注及重视，管理仍旧存在“重钱轻物”“重使用轻管理”等现象，因此造成单位内部控制基础较为薄弱。在该种弱化的内部控制环境下，单位对资产管理内部控制管理体系建设未予以重视，导致单位资产管理体系不健全、相关资产管理制度缺失、相关管理岗位缺失，资产管理人员队伍水平参差不齐，岗位设置不合理，没有恰当实现岗位分离，即使加强资产管理也无据可依、无从下手、无人管理，甚至在管理过程中有舞弊情况出现。

2. 日常管理

由于科学事业单位固定资产数量庞大、种类繁多，资产管理部门在日常管理过

程中对于单位每件资产进行精准管理的难度较高，加之科学事业单位试验过程中形成的试制设备具有较强专业性和适配性，市场中无同类试制资产可以衡量，资产入账价值和使用年限确定难度较高。同时由于科学事业单位中野外试验较多，试验设备需长期进行野外迁移，导致固定资产登记信息与实际不符，甚至单位固定资产外流等严重后果。具体风险点如下：

(1)资产购置　资产购置不符合研究所制度规定及审批程序，对于金额较大的资产重复购置，造成单位闲置资产增加，资金浪费，甚至资产购置不符合相关法律规定。

(2)验收入库　由于科学事业单位购置资产具有种类繁多、专业性较强等特点，还包含专业试制设备，管理人员很难针对每件固定资产做出专业的判断。

(3)清查登记　部分人员在岗位变动、离职或退休时，没有做资产移交；资产登记名不对实，存在在A单位登记B单位实际使用的现象；单位固定资产被科研人员转移到野外进行长期试验。这些情况使研究所资产无法得到准确计量和有效管理。

(4)日常使用　单位未按照法律法规的规定，利用固定资产对外担保；资产出租出借不符合规定，出租出借过程不公开透明，且缺乏监管；仪器设备缺乏共享共用，并存在重复购置和设备闲置不用现象，资产使用效率低下，造成了国有资产的浪费和贬值；设备无法良好存放管理，没有独立的设备存放地，闲置仪器设备无法统一存放，现有存放条件复杂混乱，不但对于资产日常维保不利，而且增加管理难度。

(5)设备维修　设备维修分为日常维修及大型修理修缮。对于日常维修部分，由于科学事业单位多由财政支持，导致单位人员在设备购置之后缺乏成本控制意识，多次进行维修甚至累计金额超过新购置资产金额，而造成多次维修原因多为设备使用效率低或使用人员操作失误而导致的资产减损，归口部门也并未对维修的成本效益进行深入评价，并且未对维修的费用每年进行核算，仅直接根据以前年度的金额进行预计，往往导致计划数与当年实际情况不符；未制订有效的维修计划，未按规定对固定资产进行保养，导致固定资产效能不能发挥最大作用；对于设备资产大型修理修缮部分，单位难以区分日常维修和大型修缮，当维修达到资本化标准时仍计入费用，导致资产计量出现偏差。

(6)资产处置　按照现有管理办法，固定资产处置应成立相关评定小组，但资产处置评定小组成员的选择仅对职称级别有要求，缺少对专业领域的要求；使用部门对申请固定资产报废处置工作热情不高，造成使用科室设备闲置不处置的情况非常常见；对处于报废状态的设备主要是大型的设备会实施技术鉴定，而对于一般的设备并不会做鉴别，在处置上也相对更简单，可能存在舞弊的风险，造成处置损失。

(二)固定资产管理控制措施

1.规章制度

科学事业单位应当建立健全单位资产管理制度。单位应建立健全适应本单位实际情况的固定资产管理规定,并在固定资产规定实施过程中针对不断变动的情况适时调整。科学事业单位要严格按照“统一领导、归口管理、分级负责、责任到人”的管理原则,建立完整安全、规模合理、使用规范、高效管理的固定资产管理体制。设立独立的固定资产管理机构,对固定资产全流程全环节进行管理,并对单位资产施行统一监管;建立健全资产预算控制与配置制度,优化新增资产配置管理流程;建立健全资产使用管理制度,明确资产使用管理的内部流程,切实提高资产使用效率;建立健全资产共享机制及资产共享共用与资产配置、单位预算挂钩的联动机制,避免资产重复配置、闲置浪费;建立健全资产处置管理流程,资产处置合理合规,加大对资产处置监管力度,及时做好处置报备工作;建立健全资产收益管理制度。资产处置收入和出租出借收入应当纳入单位统一核算、足额上缴。

2.日常管理

明确资产使用人和管理人的岗位职责,按照国家规定设置资产台账,加强和规范资产配置、使用和处置的管理,维护资产安全完整,提高资产使用效率。

建立科学合理的固定资产监督管理责任制,落实资产的监督、管理责任。坚持事前监督、事中监督、事后监督相结合,日常监督与专项检查相结合的原则。内部监督部门对固定资产管理情况进行监督,通过审批备案、资产登记、财务核算、组织论证等方式强化日常监督,采用专项清理、账目抽查、现场查验、调研座谈等方式,定期、不定期地对固定资产管理情况开展专项检查,检查固定资产的数量与质量,一方面检查固定资产是否账实相符,另一方面检查固定资产质量状态。按照相关规定,对资产使用部门遵守财务纪律、资产管理制度等情况进行审计监督,防止资产流失。科学事业单位应当根据履行职能和事业发展的需要,结合资产存量、资产配置标准、绩效目标和财政承受能力配置资产,优先通过调剂方式配置资产,不能调剂的可以采用购置、建设、租用等方式。建立健全固定资产管理信息系统,优化资产管理信息平台,以便对单位固定资产进行完整准确的动态管理和监控,加强基础数据和业务数据的分析,开展资产数据报告工作,通过资产数据整合分析为单位管理层提供参考依据,提高资源配置,进一步强化后续资产日常管理。

3.设备采购

对设备进行采购时,必须严格遵守采购的审批制度,申报购置需求时不仅要对固定资产的存量和金额进行论证,对于其今后带来的效益也要进行论证。固定资产的采购制度只有严格地落实和遵守,才不会导致不当采购和设备使用效率低的现象。采购大型设备和仪器时，应该进行论证后才可以编制可行性报告，并且必要时可以从外部邀请相关专家进行评议。在使用部门提出采购申请时，财务部门要严格根据编制的预算对使用部门申请采购的固定资产进行审核，并且还需要根据是政府预算以内还是以外区分不同的审批流程。

4. 验收入库

成立专家组，在大型设备入库时，进行验收审核。验收前，组织参加验收的人员对采购设备相关的文件进行熟悉学习，重视验收人员的专业素质以保证验收的质量。验收时，采购人员要协同验收工作，财务部门要在验收过程后审核申请记录与实际验收设备是否相符、采购前审批过程是否完整、验收单是否真实完整，审核无误后入账，对固定资产贴标签然后投入使用。

5. 清查登记

对于使用权与使用人相分离的国有资产，进行分类，在单位决策机构进行集体议事讨论形成对于此若干类资产管理的处理办法。

6. 仪器设备共用共享

在科研单位内部公开仪器设备清单，并征询使用人意见，建立仪器设备共享共用机制。

7. 设备存放

为科研单位闲置仪器设备提供可独立使用的仓库，科学调剂使用闲置的仪器设备，不购买不必要或者重复购置的仪器设备，提高固定资产的利用率，充分利用资产、盘活资产，避免科研经费的浪费。

8. 设备维修

日常使用时，固定资产管理员要对本单位贵重设备建立运维档案，详细地记录设备维修情况，监督使用人员对于设备的日常操作，并且对设备做好保养工作。当科研人员出现人员调动时，离开人员应该在离开之前做好工作交接手续，对新到岗的人员进行设备操作和保养上的详细讲解，明确交接责任，最后为新到岗人员做好上岗的考核工作。对于维修环节，设备使用部门应该对固定资产的日常维修做好维修计划，按照计划展开日常的维护工作，在维修人员维修之前增加维修鉴别工作，对于创造价值小失去维修意义的设备，直接进入处置阶段，提高工作效率。维修人员在维修后对于日常简单使用上的故障可以对操作人员进行讲解，提高维修人员工作效率。最后财务部门对于维修报销手续一定要严格审核，审核维修审批手续是否完整，维修金额和内容是否正确。

9. 定期盘点

科学事业单位应当建立固定资产盘点小组定期或者不定期对资产进行盘点、对账，做到账实相符、账账相符。盘点工作每年至少进行一次，每个季度进行不定期抽盘，保证固定资产的完整。抽盘工作分为两个阶段，分别为各部门自查、盘点小组核查。其中部门自查是各个使用部门对本部门内列明的固定资产进行核查，无误后交予盘点小组。盘点小组在核查时对于那些固定资产流动性大的部门、固定资产使用次数相对较多的部门进行抽查，抽查自查明细与实际固定资产是否相符，仔细查明固定资产验收时所贴的标签与账上记录的是否统一，如果不准确应组织专项清查。分阶段盘点有利于各部门加强本部门固定资产管理，也有利于提高盘点工作效率。资产清查盘点工作完成后形成盘点报告，并由相关工作人员签字确认。清查盘点中发现的问题须及时报告并处理。

10.资产处置

资产归口管理部门应加强资产的统一管理调配。因科研项目上使用的大部分固定资产配置要求较高，且更新换代较快，对于超过资产使用年限，或是配置已不能满足工作要求的资产，应及时进行报废处置，以减轻固定资产管理压力。科研项目上使用的设备，通常具有较强的专业性，资产管理部门应建立资产处置专家组，对固定资产状态进行论证，如确已符合报废条件，应当严格按照上级主管单位制定的资产报废流程履行资产报废程序。建立资产管理专家库，在处置时依据拟处置资产的类型选择相关领域专家进行评定。固定资产处置程序履行不到位，应该查明原因，并且追究相关责任人的责任。任何人发现存在不履行处置程序的现象均应上报，对于经核实如实上报的举报人给予相应奖励，并且对没有申请进入处置工作的相关人员的责任进行追究。对于认真落实处置程序的使用部门，应该在绩效考核等方面给予适当奖励。此外，考虑单位人力等因素限制，资产管理工作可以多借助第三方力量，聘请会计师事务所，每年对固定资产开展审计工作，加大对固定资产非正常报废、非正常流失等事项的审计力度，提高资产管理的规范性。对于固定资产处置方面的审计工作包括但不应该局限于以下几个方面：对于处置程序的申请和批准、会计账务的处理、处置款的流入去向、过失人是否追究其责任等方面。

二、无形资产管理控制风险点及控制措施

(一)无形资产管理控制风险点

(1)无形资产管理意识不强，重视程度不够。

(2)无形资产岗位设置不合理，职责权限不明晰，不相容岗位未进行分离，岗位之间较为分散，缺乏有效配合，部门间缺乏必要的沟通，不能协同进行无形资产的有效管理。

(3)无形资产管理制度不完善，如知识产权类无形资产，没有明确的登记流程或完善的管理办法。

(4)无形资产利用率低，权益保护意识不强，无形资产缺乏保护意识，如专利等

无形资产可能因未及时缴纳年费而产生逾期导致专利失效，致使无形资产流失，如自行研发无形资产在共同开发下无形资产权属如何划分。

(5)无形资产单独建立会计账目，单独核算入账，导致财务报表无法完整反映单位无形资产状况。

(二)无形资产管理控制措施

(1)增强无形资产管理意识。科学事业单位需充分意识到单位的无形资产是增强单位核心竞争力的重要助力，需自上而下提高科研单位对无形资产研发、购置到管理的重视程度。

(2)建立健全无形资产管理体系。单位应设立无形资产管理的牵头部门，合理设置岗位，明确岗位职责权限，有针对性地对无形资产进行管理；建立无形资产业务不相容岗位相分离机制，加强部门岗位间协调配合。

(3)建立健全授权审批制度，制定无形资产业务流程。应当对无形资产业务建立严格的授权审批制度，明确授权审批方式、权限、程序和相关控制措施，同时针对不同类型的无形资产制定相应的管理流程，建立完善的登记标准与规范的管理办法。明确区分外购无形资产与自行研发无形资产，以及无形资产预算编制、取得与验收、使用和保管、处置与转移等环节的控制要求，对无形资产全环节纸质档案及时进行归档，确保无形资产业务全过程得到有效控制。

(4)提高无形资产利用率，增强无形资产环保意识。

(5)加强无形资产会计核算，区分无形资产取得方式，按不同取得方式分别核算计量，定期对无形资产进行评估，确保无形资产摊销准确，账面价值真实。

三、对外投资管理控制风险点及控制措施

(一)对外投资管理控制风险点

(1)单位对外投资管理体系及岗位设置不合理。与对外投资相关的不相容岗位未实现有效分离，未建立健全对外投资授权审批制度，未按照国家相关规定向上级部门履行对外投资事项的报批报备，资产完整性存在隐患。

(2)对外投资管理过程存在管理风险。对外投资可行性分析流于形式，对外投资项目的监管存在缺失，投资未按照计划严格执行，对外投资未纳入单位预算管理体系，对外投资处置不规范，未进行合理评估评价即进行处置等，都可能造成单位资产流失。

(3)对外投资、出租、出借缺少一个科学的评价系统。未定时对投资(出租、出借)中可能存在的问题提早做出预测和评估，后续未建立健全相应的责任追究制度或责任追究不严格，导致对外投资易出现重大决策失误。

（二）对外投资管理控制措施

（1）建立健全对外投资管理体系。单位应结合国家相关法律法规及单位实际情况建立健全对外投资管理制度，确保单位对外投资的合法合规性，按照国家相关规定及时向上级部门报批报备，使单位对外投资业务有据可依；单位应制定对外投资业务审核审批权限，明确审批方式、权限、程序、责任及相关控制措施；完善对外投资管理流程，规范对外投资，确保对外投资业务各个环节正常开展；设置对外投资相关管理岗位，完善岗位职权职责，对外投资申请、审批、资金支付岗位相分离。

（2）加强对外投资决策控制机制。决策控制机制应贯穿对外投资过程始终，在确定投资意向、可行性研究、集体论证、实施等流程过程中要始终加强决策控制机制。因对外投资情况变化，需要对投资方案进行调整或变更时通过决策控制机制及时纠偏。

（3）加强对投资项目的管理。单位同对外投资合作方需签订投资协议，并连同对投资过程中形成的各种决议、合同、纪要等文件统一予以归档由专人负责保管；对投资进行项目追踪管理，确保对外投资保值增值。对被投资单位经营活动进行监督管理，有效防止资产流失；规范对外投资账务处理，建立健全财务管理制度，按照会计准则要求对对外投资进行核算。

（4）加强对外投资的监督管理。单位应建立科学合理的对外投资监督管理责任制，落实监督责任，同时要建立决策失误责任追究制，在对外投资中出现重大决策失误、未履行集体决策程序和不按规定执行对外投资程序的部门及人员应追究相应责任。

四、应收及暂付款管理控制风险点及控制措施

（一）应收及暂付款管理控制风险点

（1）单位未建立应收暂付款项管理制度，未明确应收及暂付款项岗位职责，不相容岗位未实现有效分离。

（2）应收及暂付账款没有定期进行催收催缴，存在长期挂账现象，导致资产流失隐患增加。

（3）未建立健全应收暂付款账龄分析机制，未针对事业单位对收回后不需要上缴财政的应收账款和其他应收款进行全面检查并提取坏账准备，未对逾期时间较长且有确凿证据无法收回的应收款项及时确认坏账损失并追究相关责任。

（二）应收及暂付款管理控制措施

（1）建立健全应收及暂付款管理制度，包括授权审批制度、监督机制等，明确操作流程及定期催收催缴机制，规范单位借款行为，明确应收及暂付款各方工作职责，避免单位应收及暂付款存在长期挂账现象。

(2)明确部门及人员对应收及暂付款的管理职责。确保应收及暂付款的申请与审批等不相容岗位相分离,明确借款人承担借款主要经济责任,部门负责人对应收及暂付款具有监督及催收责任。

(3)建立责任追究制度。对到期无法收回的应收及暂付款,严格按照制度追究责任,并建立清欠机制,加强清账制度化管理。对于单位的应收及暂付款要实时关注,定期催收清理,财务部门应加强对应收及暂付款的账龄分析,及时提醒相关部门履行清账职责。对于长期逾期的项目一方面加强对欠款部门及个人进行责任追究,一方面财务进行坏账处理确保账务的准确。

(4)加强会计核算工作,提升信息质量。加大对各项应收及暂付款的审核力度,对前期借款进行严格把控,防止出现长期挂账,应收账款难以收回的情况。同时针对应收及暂付款定期进行评估分析,计提坏账准备,对于有确凿证据证明长期无法收回的款项及时进行坏账损失确认,确保账面应收及暂付款真实准确。

(5)推行单位公务卡方式结算,降低单位借款数量,减少应收及暂付款的发生。科学事业单位人员通过公务卡支付有助于进行支付溯源,有利于提高财务透明度,减少长期占用单位资金的情况发生。

五、货币资金管理控制风险点及控制措施

(一)货币资金管理控制风险点

事业单位货币资金包括库存现金、银行存款、零余额账户用款额度等。资金收支业务贯穿于事业单位业务活动的全过程,存在流动性强、风险较高的特点。因此加强对货币资金的控制,对于保证事业单位资金安全完整和保障单位各项业务活动正常开展起着极其重要的作用。

货币资金使用过程中存在主要风险:①安全风险,主要指货币资金被挪用和贪污的风险;②短缺风险,主要指单位在资金周转上出现问题,没有足够的资金满足业务活动的需要;③使用效率风险,主要指单位结余资金获得的收益低于存放银行所获得的收益。

对于事业单位,主要应对的风险为安全风险。造成风险的主要原因:一是货币资金管理过程中缺乏必要的制度保障;二是相关货币资金管理岗位不健全或设置不合理;三是单位的资金收支程序和审批权限设计存在缺陷;四是与货币资金相关的不相容岗位没有做到相互分离;五是内部监督力度不够,出纳等关键岗位缺乏有效监督管理。以上风险都可能造成单位货币资金管理缺陷,导致单位货币资金流失,为单位带来严重损失。

按货币资金种类,货币资金风险可分为银行账户管理风险、现金管理风险、票据管理风险、印章管理风险及公务卡管理风险。银行账户管理风险主要是单位账

户设立、开户、变更和撤销未经单位严格审批;现金业务主要风险为出纳人员不具备专业资质,不相容岗位未分离,缺乏对库存现金定期盘点清查,账实不符,存在白条抵库、违规挪用等现象;票据风险主要为票据滥用,票据作废后未能及时记录而随意处置,票据开具存在跳号、空头支票、被伪造变造等风险。

因此对于货币资金管理风险,单位应当做到:对单位资金进行科学有效的预算业务管理管控;建立健全单位收支业务的审批及支付制度;建立健全货币资金管理岗位责任制,严格做到不相容岗位分离制度;加强对银行账户的管理和货币资金的日常核查控制。

(二)货币资金管理控制措施

1.建立健全银行账户管理控制机制

《单位内控规范》第四十二条规定:"单位应当加强对银行账户的管理,严格按照规定的审批权限和程序开立、变更和撤销银行账户。"为此,科学事业单位应按照《中央预算单位银行账户管理暂行办法》(财库〔2002〕48 号)、《〈中央预算单位银行账户管理暂行办法〉补充规定》(财库〔2006〕96 号)和《人民币银行结算账户管理办法》(中国人民银行令〔2003〕第 5 号)等相关规定,加强银行账户管理控制。

(1)实行严格的账户审批制度。各个地方的审批审核程序各不相同,科学事业单位要严格遵守国家和地方的审批核准程序,严禁未经审批程序开设银行账户。单位财务部门要根据工作需要,提出开立、变更和撤销银行账户的书面申请,并按照国家和地方银行账户管理办法提供相关材料,报经主管部门审批、同级财政主管审核,批复后办理开立(变更)银行账户手续。

(2)合理设置银行账户。作为经机构和编制部门批准具有法人资格的独立核算机构,预算单位所需要开设的所有银行账户都应该由本单位财务机构进行管理,并由其负责办理银行账户的开立、撤销和变更手续。预算单位负责管理银行账户的人员,要认真履行单位财务部门管理银行账户的职责,按照预算单位银行账户的设置原则设置账户。科学事业单位银行账户包括预算单位零余额账户,基本存款账户,住房制度改革存款账户,党费、工会经费和其他专用存款账户,学会、协会账户等。

预算单位零余额账户,要求实行国库集中支付改革的预算单位只能在国库集中支付代理银行开设一个预算单位零余额账户,确因特殊管理需要,如存在自主办公并独立核算的非法人机构等,经同级财政部门批准,可开立一个以上账户,用于办理本单位转账、汇兑、委托收款和提取现金等收费业务。

基本存款账户,要求实行国库集中支付改革的预算单位要按照国库单一账户体系的管理要求,将所有财政性资金全部纳入单位零余额账户核算和管理,逐步取消基本存款账户。对于有结余资金和自有资金及往来业务的预算单位可开设一个基本存款账户，该账户用于办理单位往来资金的日常转账结算和现金收付等，待原结余资金和往来业务结算完毕后即取消。没有实行国库集中支付改革的预算单位，只能开设一个基本存款账户。

住房制度改革存款账户，预算单位根据住房制度改革的有关规定，可分别开设一个住房维修基金、一个公积金存款账户，用于核算本单位职工按住房制度改革政策规定核算的资金。

党费、工会经费和其他专用存款账户，预算单位根据相关规定，可开设党费、工会经费专用存款户，用于核算单位的党费和工会经费。

学会、协会账户，经省民间组织管理部门批准成立的各类学会、协会可开设专用存款账户，专门核算学会、协会会费资金。

(3)加强银行账户的监督管理。由于预算单位银行账户的管理和监督工作政策性强、涉及面广、情况复杂、难度大，各预算单位要切实加强对单位银行账户的管理和监督，进一步规范预算单位银行账户的管理。

2.建立健全货币资金管理体系

科学事业单位货币资金控制主要涉及出纳、会计稽核、财会部门负责人、单位分管领导等岗位。在某些科学事业单位货币资金管理岗位还包括具有收款职能的业务部门。《单位内部规范》第四十一条规定："单位应当建立健全货币资金管理岗位责任制，合理设置岗位，不得由一人办理货币资金业务的全过程，确保不相容岗位相互分离。一是出纳不得兼管稽核、会计档案保管和收入、支出、债权、债务账目的登记工作。二是严禁一人保管收付款项所需的全部印章。财务专用章应当由专人保管，个人名章应当由本人或其授权人员保管。负责保管印章的人员要配置单独的保管设备，并做到人走柜锁。三是按照规定应当由有关负责人签字或盖章的，应当严格履行签字或盖章手续。"科学事业单位要结合单位内部规范和单位的实际情况，通过以下几个方面建立健全货币资金管理岗位控制机制。

(1)建立健全货币资金管理岗位责任制，明确岗位职责和权限。按照不相容岗位相分离原则，确保货币资金支付的审批与执行、货币资金保管与会计核算、货币资金保管与盘点清查、货币资金会计记录与审计监督等不相容岗位相互分离、制约和监督，不得由一人办理货币资金业务的全过程，严禁未经授权的部门或人员办理货币资金业务或直接接触货币资金。

(2)加强出纳人员管理，确保具备专业胜任能力的人员担任出纳人员，且出纳不得兼管稽核会计、档案保管和收入、支出、费用、债权、债务账目的登记工作，并不得由临时人员担任。

(3)加强印章管理。印章是明确责任、表明业务执行及完成情况的标记。单位要规范印章刻制程序，严禁私自刻制印章；严格印章使用过程管理，印章启用封存或者销毁应合法合规；规范印章使用流程，不可随便委托他人收取、代用印章；完善印章保管责任机制，单位财务印章须由会计人员专人保管，未经授权的人员一律不得接触、使用印章，出纳不得管理印章，会计人员不得将印章转借他人。印章保管人员出现下列行为，将视情节严重程度给予行政处分，触犯刑律的将移交司法部门依法处理：对印章保管不善造成丢失；把关不严，用章后造成严重错误和损失等不良后果；私自留存、使用应予销毁或上交的印章；非法使用印章。

(4)建立健全货币资金授权审批机制，明确审核人的审核权限和审批人的审批权限。审核人在授权范围内对货币资金业务进行审核，不得越权审核。重点审核原始单据是否合法、经济业务是否真实、填制是否符合制度规定，经济业务是否在预算范围内等。审批人应在授权范围内对货币资金业务进行审批，不得越权审批，涉及大额资金支付业务应按照规定集体决策审批。会计人员应严守审批、审核流程，对越权审批、审核业务可拒绝办理。

3.提高财务人员素质

在加强建设合理岗位的同时，还需提高财务人员队伍素质，加强对财务人员的培训。一是加强对财务人员的业务培训。单位应当根据资产管理岗位要求，有针对性地制定培训计划，使财务人员及时了解和认真执行国家有关法律法规政策，督促相关工作人员自觉更新和提升专业技能的业务水平。单位也可以结合职务交流、参观考察及人员帮带等多种方式来加强资产管理岗位人员的教育辅导，不断提升财务人员技能水平。二是强化人员职业道德教育。单位可以通过制定内部控制岗位职业道德准则等多种方式，加强岗位人员的职业道德教育，并定期检查岗位人员对职业道德要求的遵循情况，及时惩戒违反职业道德的行为，整肃道德风气，提高岗位人员素质。

4.提高监督力度

内部控制作用的发挥效果除了依赖于健全的内部控制体系外还需要使其得到良好的运行，需要对内部控制机制的建立和实施进行恰当的监督，以确认单位内部控制是否有效，是否实现了内部控制目标。监督分为内部控制监督和外部控制监督，内外部控制监督二者相互依赖、相互促进。

单位自身要提高内部控制监督，同时接受高质量的外部监督(详见第十五章内部控制的评价与监督)。

第八章
政府采购业务控制

第一节 政府采购业务概述

一、政府采购定义

根据《中华人民共和国政府采购法》和《政府采购法实施条例》规定：政府采购是指各级国家机关、事业单位和团体组织，使用财政性资金采购依法制定的集中采购目录以内的或者采购限额标准以上的货物、工程和服务的行为。采购，是指以合同方式有偿取得货物、工程和服务的行为，包括购买、租赁、委托、雇佣等。货物，是指各种形态和种类的物品，包括原材料、燃料、设备、产品等；工程，是指建设工程，包括建筑物和构筑物的新建、改建、扩建、装修、拆除、修缮等；服务，是指除货物和工程以外的其他政府采购对象。

除政府采购外，单笔采购低于采购限额标准且不在政府采购目录中的采购行为虽不纳入政府采购范围，但其采购程序可参照政府采购制度进行管理。

政府采购业务作为科学事业单位经济活动中的一项重要业务，与预算业务、支出业务、资产管理等众多业务密切相关，政府采购业务内部控制也是单位内部控制的重要组成部分。无论是采购货物、工程还是服务，科学事业单位应严格执行政府采购法相关要求，通过对政府采购过程进行规范和控制防范政府采购过程中的舞弊和腐败行为。

《单位内控规范》第四章第三十二条规定："单位应当建立健全政府采购预算与计划管理、政府采购活动管理、验收管理等政府采购内部控制制度。"

《单位内控规范》第四章第三十三条规定："单位应当明确相关岗位的职责权限，确保政府采购需求制定与内部审批、招标文件准备与复核、合同签订与验收、验收与保管等不相容岗位相互分离。”

《单位内控规范》第四章第三十四条规定:“单位应当加强对政府采购业务预算与计划的管理。建立预算编制、政府采购和资产管理等部门或岗位之间的沟通协调机制。根据本单位实际需求和相关标准编制政府采购预算,按照已批复的预算安排政府采购计划。”

《单位内控规范》第四章第三十五条规定:“单位应当加强对政府采购活动的管理。对政府采购活动实施归口管理,在政府采购活动中建立政府采购、资产管理、财会、内部审计、纪检监察等部门或岗位相互协调、相互制约的机制。单位应当加强对政府采购申请的内部审核,按照规定选择政府采购方式、发布政府采购信息。对政府采购进口产品、变更政府采购方式等事项应当加强内部审核,严格履行审批手续。”

《单位内控规范》第四章第三十六条规定:“单位应当加强对政府采购项目验收的管理。根据规定的验收制度和政府采购文件,由指定部门或专人对所购物品的品种、规格、数量、质量和其他相关内容进行验收,并出具验收证明。”

二、政府采购分类

(1)按照采购项目的可集中性,政府采购分为集中采购与分散采购。

集中采购指采购人将列入集中采购目录的货物、工程或者服务委托集中采购代理机构采购或者进行部门集中采购的行为。其中属于中央预算的政府采购项目的集中采购目录由国务院确定并公布;属于地方预算的政府采购项目,其集中采购目录由省、自治区、直辖市人民政府或者其授权的机构确定并公布。政府采购限额标准,属于中央预算的政府采购项目,由国务院确定并公布;属于地方预算的政府采购项目,由省、自治区、直辖市人民政府或者其授权的机构确定并公布。

分散采购是指采购人对未纳入集采目录的货物、工程和服务自行采购或者委托代理机构代理采购的行为。

在实际采购中分散采购与自行采购方式易产生混淆,其中分散采购执行中采购人可以选择自行采购方式或委托有资质的采购机构代理采购。实际操作中,属于分散采购范围的,如果集中采购方式合适,可鼓励适当采用集中采购的方式。

(2)按照采购执行主体的不同,政府采购可以分为自行采购和代理采购。

自行采购是指科研单位自行采购未纳入政府集中采购目录且在采购限额标准以下的货物、服务和工程的行为;代理采购是采购人依法将政府采购项目委托给集中采购机构或者依法取得认定资格的采购代理机构进行采购的行为。

(3)按照采购方式不同可划分为公开招标、邀请招标、竞争性谈判(磋商)、单一来源采购、询价及国务院政府采购监督管理部门认定的其他采购方式。

其中公开招标采购是指采购人依法以招标公告的方式邀请非特定的供应商参加投标的采购方式;邀请招标也称选择性招标采购,是指采购人依法从符合相应资格条件的供应商中随机抽取3家以上供应商,并以投标邀请书的方式邀请其参加投标的采购方式;竞争性谈判是指成立谈判小组与至少3家符合资格条件的供应商就采购货物、工程和服务事宜进行谈判,供应商按照谈判文件的要求提交相应文件和最后报价,采购人从谈判小组提出的成交候选人中确定成交供应商的采购方式;单一来源采购是指采购人从某一特定供应商处采购货物、工程和服务的采购方式;询价采购是指询价小组向符合资格条件的供应商发出采购货物询价通知书,要求供应商一次报出不得更改的价格,采购人从询价小组提出的成交候选人中确定成交供应商的采购方式。采购的货物规格、标准统一,现货货源充足且价格变化幅度小的政府采购项目可以采用询价的方式采购。

三、政府采购角色分工及岗位职责

根据《中华人民共和国政府采购法》规定,政府采购当事人是指在政府采购活动中享有权利和承担义务的各类主体,包括采购人、采购代理机构和供应商等。

采购人是指依法进行政府采购的国家机关、事业单位、团体组织。采购人应依照公正廉洁、诚实守信、厉行节约的原则科学合理确定采购需求。在政府采购活动中,采购人员及相关人员与供应商有利害关系的,必须回避。供应商认为采购人员及相关人员与其他供应商有利害关系的,可以申请其回避。

采购代理机构由集中采购机构和集中采购机构以外的采购代理机构组成。集中采购机构是指设区的市、自治州以上人民政府根据本级政府采购项目组织集中采购的需要设立的集中采购机构。集中采购机构是非营利事业法人,是代理集中采购项目的执行机构,根据采购人的委托办理采购事宜。集中采购机构应当根据采购人委托制定集中采购项目的实施方案,明确采购规程,组织政府采购活动,不得将集中采购项目转委托。采购人采购纳入集中采购目录的政府采购项目,必须委托集中采购机构代理采购;采购未纳入集中采购目录的政府采购项目,可以自行采购,也可以委托集中采购机构在委托的范围内代理采购。集中采购机构以外的采购代理机构是集中采购机构以外,受采购人委托从事政府采购代理业务的社会中介机构。社会中介机构应在政府采购管理系统完成实名注册并进入政府采购代理机构名录,接受各级人民政府财政部门的监督。采购人依法委托采购代理机构办理采购事宜的,应当由采购人与采购代理机构签订委托代理协议,依法确定委托代理的事项,约定双方的权利义务。

供应商是指向采购人提供货物、工程或者服务的法人、其他组织或者自然人。供应商参加政府采购活动应当具备下列条件:

(1)具有独立承担民事责任的能力。

(2)具有良好的商业信誉和健全的财务会计制度。

(3)具有履行合同所必需的设备和专业技术能力。

(4)有依法缴纳税收和社会保障资金的良好记录。

(5)参加政府采购活动前三年内,在经营活动中没有重大违法记录。

(6)法律、行政法规规定的其他条件。

四、政府采购控制相关法律法规依据

《中华人民共和国政府采购法》(主席令第 68 号,2002 年颁布,2014 年第一次修订)

《中华人民共和国政府采购法实施条例》(国务院令第 658 号,2015 年颁布)

《中华人民共和国招标投标法》(1999 年颁布,2017 年第一次修订)

《政府采购非招标采购方式管理办法》(财政部令第 74 号,2013 年颁布)

《政府采购货物和服务招标投标管理办法》(财政部令第 87 号,2017 年颁布)

《政府采购质疑和投诉办法》(财政部令第 94 号,2017 年颁布)

《政府采购信息发布管理办法》(财政部令第 101 号,2019 年颁布)

《政府采购促进中小企业发展管理办法》(财库〔2020〕46 号)

《财政部关于加强政府采购活动内部控制管理的指导意见》(财库〔2016〕99 号)

《财政部关于在政府采购活动中查询及使用信用记录有关问题的通知》(财库〔2016〕125 号)

《财政部关于完善中央单位政府采购预算管理和中央高校、科研院所科研仪器设备采购管理有关事项的通知》(财库〔2016〕194 号)

《政府采购评审专家管理办法》(财库〔2016〕198 号)

《财政部关于进一步加强政府采购需求和履约验收管理的指导意见》(财库〔2016〕205 号)

《关于对中央预算单位政府采购执行情况实行动态监管的通知》(财办库〔2016〕413 号)

《关于简化优化中央预算单位变更政府采购方式和采购进口产品审批审核有关事项的通知》(财办库〔2016〕416 号)

《财政部关于进一步做好政府采购信息公开工作有关事项的通知》(财库〔2017〕86 号)

《财政部关于印发〈政府采购代理机构管理暂行办法〉的通知》(财库〔2018〕2 号)

第二节　政府采购业务控制目标

一、政府采购管理体系控制目标

(1)建立健全政府采购内部管理制度，明确政府采购业务的工作流程，确保科学事业单位政府采购管理工作有章可循、有据可依，构建单位政府采购业务管理框架。

(2)明确科学事业单位政府采购业务归口管理部门及岗位职责权限。合理设置政府采购管理关键岗位，确保采购各个参与部门和人员权责明晰、不相容岗位相互分离。

二、政府采购预算与计划控制目标

单位应加强对政府采购业务预算与计划的管理。根据财政部门、上级主管部门有关规定及单位自身发展计划和目标合理编列政府采购预算及采购计划，按照已批复的预算安排政府采购计划。

三、政府采购实施控制目标

采购实施控制目标包括对采购需求控制、采购代理机构选用控制、供应商选用控制、采购合同签订与备案控制等目标。

采购需求控制目标：确保采购需求申请符合《中华人民共和国政府采购法》及相关法律法规，符合单位年初申报的预算要求，同时也要符合科研单位内部相关管理规定，按照规范的程序提请办理采购业务申请，确保申请采购事项的真实性、准确性、合理性、合法性，确保政府采购满足科研需求，防止欺诈和套利的行为，造成国有资产流失。

采购代理机构选用控制目标：科研单位可以自行选择是否选用采购代理机构，如需代理机构，应规范采购代理机构选用程序，确保机构遴选符合相关法律法规，保证采购代理机构的合理性与合规性，避免采购单位凌驾于采购代理机构之上而造成的欺诈与舞弊行为；加强对采购代理机构遴选行为的评价和监督，提高采购代理机构考评工作的规范性，确保代理机构执行的采购能够符合采购单位实际需求。

供应商选用控制：规范供应商选用程序，确保供应商遴选符合国家相关法律法规规定及科研单位内部规定，严格根据采购内容及金额执行相应的政府采购方式，依照“质优价廉”标准选择与评价供应商，确保采购结果符合预期，价格不高于市场同类产品价格水平。

采购合同签订与备案控制目标:依照规范程序与供应商签订采购合同,确保合同条款符合国家法律法规规定,公平公允反映交易信息,合法合理维护科研单位权益。

四、政府采购验收控制目标

建立采购验收制度,明确采购验收程序、标准、责任人,确保验收程序规范,验收工作有章可循、有据可依。

维护采购单位和供应商双方的合法权益,确保财政资金的使用效益,保证政府采购的采购质量。

五、政府采购资金支付控制目标

确保采购支付结算符合财政资金支付有关规定,提高采购事项的真实性、合理性、合法性审核,防止舞弊和欺诈行为出现,防止提前付款造成科研单位的资金损失与延迟付款造成的信用损失。

确保采购付款申请相关手续齐备,档案完整,相应资金支付已完成完整的审核与授权审批程序。

六、政府采购信息管理控制目标

政府采购应做好信息公开工作,规范信息公开流程。政府采购全过程应按照国家相关规定在指定的媒体平台中及时、完整进行公开,接受外部监督。

妥善保管政府采购相关档案文件,采购相关档案及时整理归档。政府采购信息在单位内部平台进行信息共享,接受单位内部监督的同时促进政府采购货物服务共用共享。

七、政府采购监督控制目标

建立健全政府采购监督制度与渠道,积极接受内部及外部监督。及时处理采购过程中的质疑与投诉。科研单位自身也应定期对政府采购业务进行监督检查,定期对采购结果进行评价,将监督落实采购全环节中。完善供应商打分机制,遴选优质供应商,确保政府采购满足科研需求。

第三节 政府采购业务流程

一、公开招标采购业务流程

通过公开招标方式采购的业务流程见图 8-1。

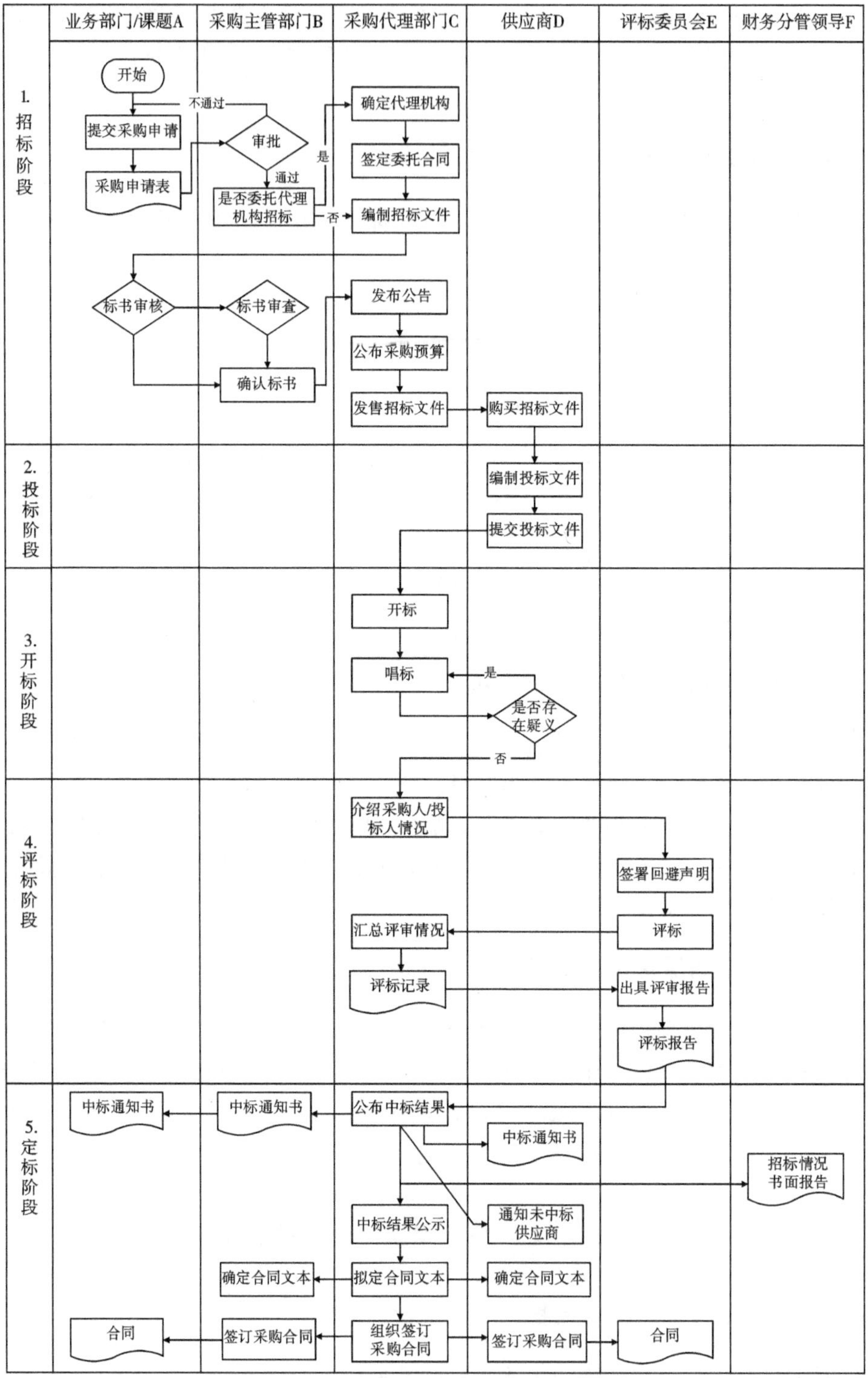

图 8-1　公开招标方式采购业务流程

A1 业务部门根据年度采购计划提出采购申请，编制采购标书文件，提交采购主管部门。

B1 采购主管部门根据年度采购计划申请及部门采购申请，确定是否需要委托代理机构进行公开招标，转发、审查和确认标书。

C1 采购代理机构接受单位委托，编制招标文件，采购单位确认标书后发布招标公告，公布采购预算和招标文件。

D1 供应商根据发布的采购信息从代理机构处购买招标文件。

D2 供应商根据招标文件编制投标文件并投标。

C2 采购代理机构接受各个供应商投标并保存。

C3 当众开标并唱标，询问每个参与的供应商对唱标是否存在疑义，如无，宣布评标期间投标人注意事项。

C4 介绍采购单位、投标供应商和本次采购的基本情况，宣布评标纪律、评标原则和回避条款，汇总各位评审人员评审结果。

E4 每个评审人员签署回避声明，评标人员独立进行评审并汇总至采购代理机构，形成评标记录，评审委员会根据评审结果推荐中标人并形成评标报告。

C5 根据评审委员会评审报告公布评审结果，并把结果告知采购单位、中标供应商及参与投标但未中标供应商，向财政部门提交招标情况书面报告，起草合同文本，协助采购单位与供应商签订合同。

B5 单位采购部门确认代理机构拟定的合同文本，与供应商签订采购合同。

二、竞争性谈判采购业务流程

通过竞争性谈判方式采购的业务流程见图 8-2。

A1 业务部门根据部门年度采购计划，选取竞争性谈判采购方式采购并提交采购申请至采购主管部门审批。

B1 采购主管部门进行审批，确定采购方式并组建谈判小组。

A2 业务部门根据采购申请的批复编制谈判相关文件。

B2 采购主管部门公示谈判文件，根据业务部门选择的供应商发出邀请，参与竞争性谈判。

D2 谈判小组进行供应商遴选，形成供应商名单。并从符合条件的供应商名单中确定不少于三家供应商参加谈判，并向其提供谈判问价。

C2 确定参加的供应商编制竞标文件并提交采购单位。

D3 谈判小组签署回避声明，对供应商提交的谈判文件进行审核并逐一与参加的供应商进行谈判，制定最终报价表及相关承诺事项，根据各家报价选定供应商，出具评审报告。

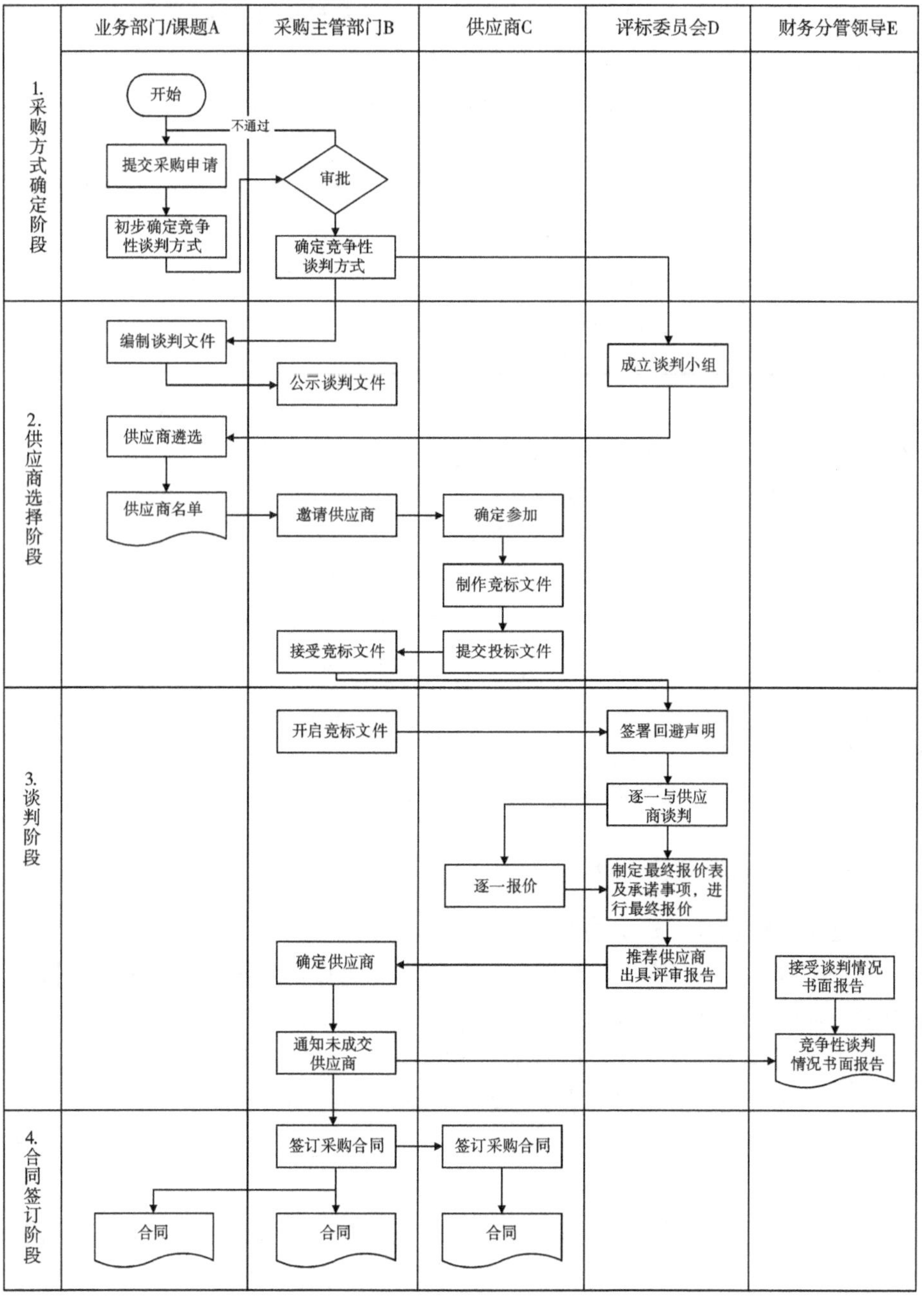

图 8-2　竞争性谈判方式采购业务流程

B3 根据谈判小组出具的报告确定供应商，通知所有未成交供应商，向财政部门提交竞争性谈判情况书面报告。

B4 采购主管部门与确定供应商签订采购合同，合同移交业务部门。

三、单一来源采购业务流程

通过单一来源采购方式采购的业务流程见图 8-3。

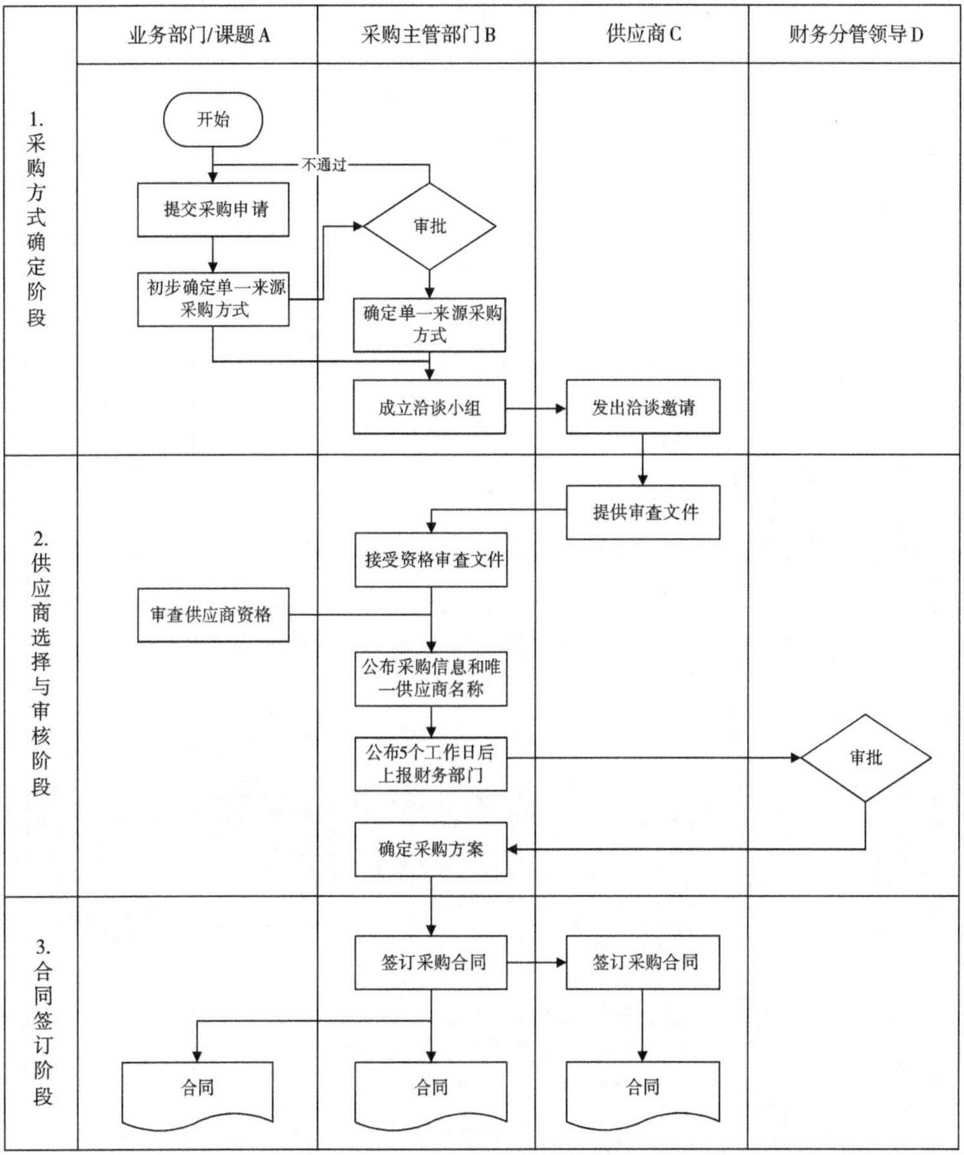

图 8-3　单一来源采购方式采购业务流程

A1 业务部门拟按照单一来源采购方式提交采购申请，提交采购主管部门审批。

B1 采购主管部门审批采购申请并要求作为单一来源的供应商提供采购所需

文件并组建洽谈小组，向供应商发出洽谈邀请。

C2 供应商按照单位要求提供资格审查文件。

B2 接受单一来源供应商提供的审查文件后采购主管部门将其移交业务部门进行审核。

A2 业务部门审核供应商资质，预测采购风险并移交采购主管部门。

B2 采购主管部门公布采购信息和唯一供应商名称，并在财政部指定网站上公布五个工作日后上报财政部门，经审批后确定采购方案。

B3 采购主管部门与供应商签订采购合同并提交业务部门。

四、询价采购业务流程

通过询价采购方式采购的业务流程见图 8-4。

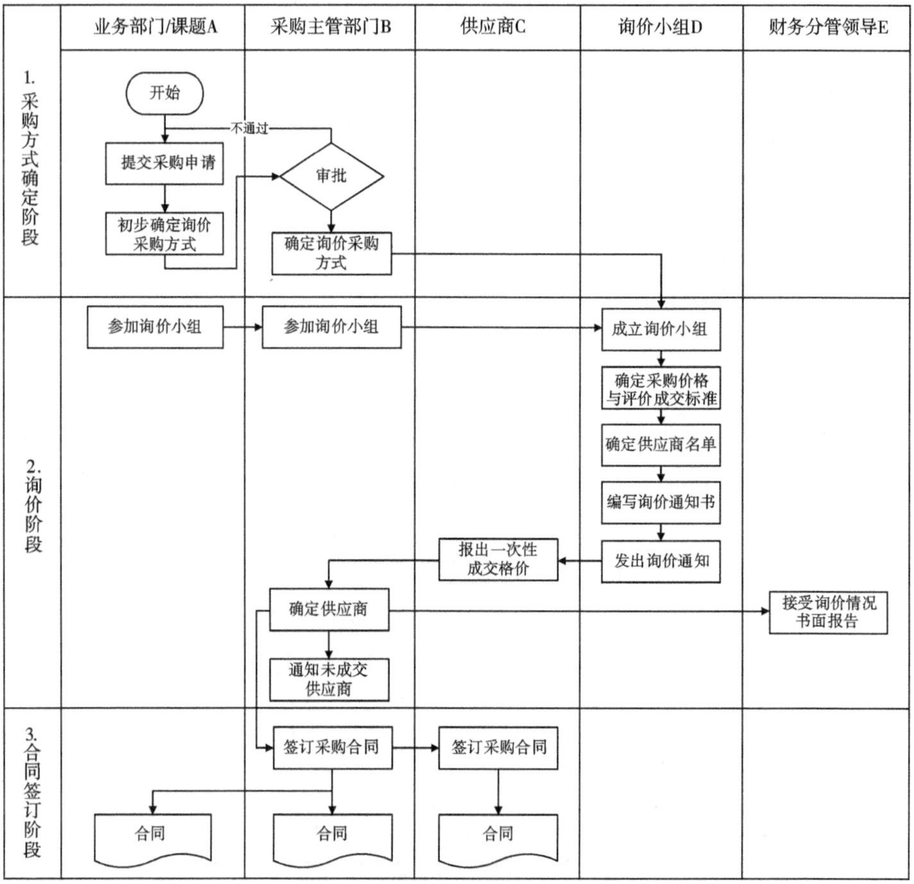

图 8-4　询价采购方式采购业务流程

A1 业务部门根据年度采购计划提出询价采购方式的采购申请，提交采购主管部门。

B1 采购部门审批业务部门采购申请，批准该采购方式。

D2 由采购单位人员成立询价小组。

A2 业务部门和采购主管部门指派采购负责人参加询价小组。

D2 询价小组确定采购价格与评价成交标准，确定供应商名单并编写询价通知书。

C2 供应商报一次性成交价格。

B2 采购小组根据供应商报出的一次性成交价格及采购需求、质量和服务等确定中标供应商，同时通知所有未中标参与询价供应商，将结果形成书面报告提交财政部门。

B3 采购小组与选定的供应商签订采购合同。

五、采购验收业务流程

采购验收业务流程见图 8-5。

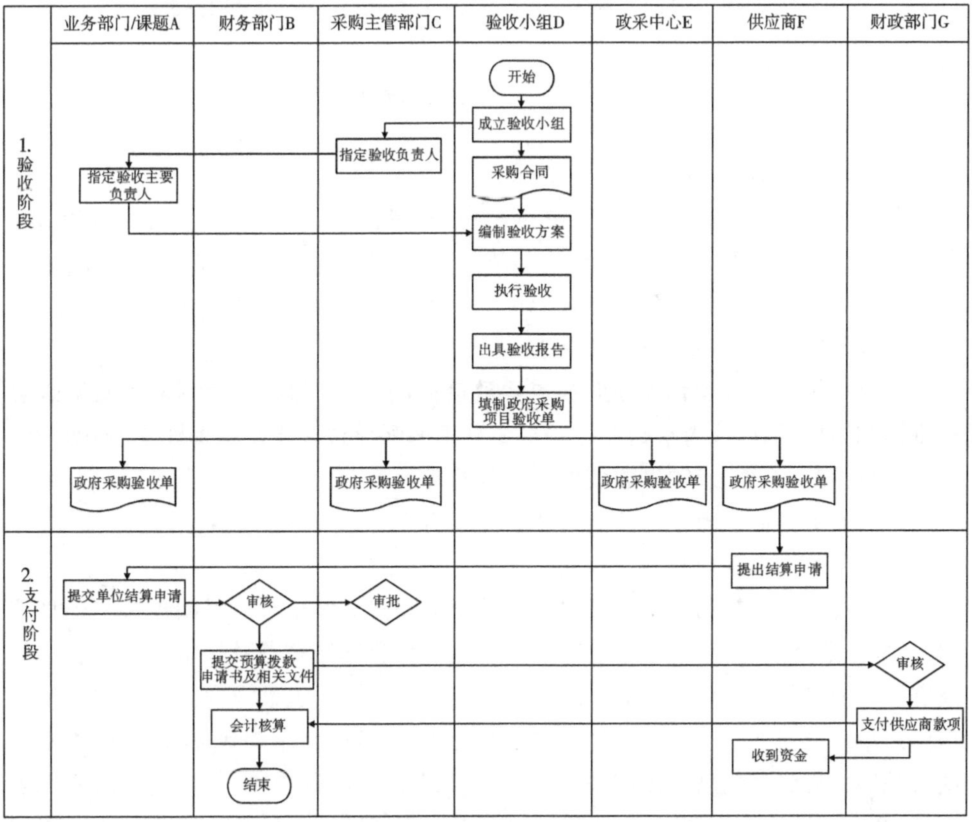

图 8-5　采购验收业务流程

D1 业务部门及采购部门主管指定验收负责人并成立验收小组，依照采购合同等相关文件编制验收方案并执行验收，如验收无误则出具验收报告，并填制政府采购验收单。政府采购验收单一式多份，分别交由业务部门、采购部门、政府采购中心及供应商留存。

F2 供应商提交结算申请给业务部门。

A2 业务部门在单位内提交单位结算申请，并由财务部门及采购部门进行审核。

B2 单位内部审核完成后财务部门提交预算拨款申请书及相关文件至上级管理单位进行审批。

G2 政府部门审核采购单位财务部门报送的拨款申请书及相关文件，审核无误后按照合同约定金额和政府采购金额直接支付给中标供应商。

B2 单位财务部门进行会计核算。

第四节　政府采购业务控制风险点及控制措施

一、政府采购管理体系控制风险点及控制措施

（一）政府采购管理体系控制风险点

单位未根据《中华人民共和国政府采购法》建立健全的采购管理制度和流程，采购岗位设置不明确，工作职责划分不清晰，采购组织领导和协调机制不完善等，容易造成采购管理松散和随意，采购计划编制、组织实施、评价与监督等工作流于形式，采购管理作用得不到有效发挥。

未建立规范的采购管理制度和流程致使采购管理随意性加大；未明确采购管理机构和岗位设置，或者采购业务职责划分不明晰导致采购管理责任不清，部门间协调不畅，相互推诿，影响采购效率及采购管理效果。

（二）政府采购管理体系控制措施

1. 建立健全采购管理制度和流程

《单位内控规范》第三十二条规定："单位应当建立健全政府采购预算与计划管理、政府采购活动管理、验收管理等政府采购内部管理制度。"科学事业单位在执行政府采购业务的过程中，既涉及外部的相关环节与程序，也涉及内部的相关环节与程序。单位应当在符合国家有关规定的基础上，结合政府采购业务流程，建立健全政府采购内部管理制度。政府采购环节涉及政府采购预算和计划、政府采购需求确定、政府采购实施管理、政府采购验收与支付管理等方面，科学事业单位要制定相关规章制度规范政府采购过程，确保政府采购管理工作有章可循，发挥政府采购

的作用。

科学事业单位政府采购内部管理制度应明确政府采购业务管理机构设置和相关岗位的职责权限、政府采购业务的工作流程、检查与监督等。

2.合理设置政府采购业务机构，明确机构职能

科学事业单位应结合单位自身情况与采购流程，合理设置政府采购管理机构与岗位，明确职责权限，规范采购管理的组织领导和运行机制。根据不相容岗位分离原则将机构分类为政府采购业务管理部门和政府采购业务监督部门，具体如下：

(1)政府采购业务管理部门　政府采购业务管理部门是指对政府采购业务的具体实施部门，可分为政府采购业务决策机构和政府采购业务实施机构。

政府采购业务决策机构一般由政府采购领导小组承担。小组通常由科学事业单位领导、政府采购归口管理部门、财务部门等相关业务部门负责人组成，主要通过召开政府采购工作会议开展工作。

政府采购业务实施机构是政府采购实际执行的机构，科学事业单位政府采购需求部门提交采购需求后由归口管理部门进行审核，并执行具体的采购业务。单位应明确政府采购业务相关审核责任与权限，采购需求部门应与执行部门、采购验收部门与资金支付部门相分离，确保政府采购满足单位科研需要。

(2)政府采购业务监督机构　政府采购监督机构是科学事业单位中对政府采购业务进行监督的部门。按照政府采购决策、执行和监督相互分离的原则，科学事业单位应当成立单独的政府采购监督部门，与采购归口管理部门相分离。

科学事业单位政府采购业务各个机构的主要职能见表8-1。

表8-1　政府采购机构主要职能

序号	机构	主要职能
1	(一)政府采购业务决策机构	审定单位政府采购管理制度。
2		审定政府采购预算和计划。
3		协调解决政府采购业务中的重大问题。
4	(二)政府采购业务实施机构	汇总本单位政府采购预算与计划并形成建议。
5		申报本部门的政府采购预算建议数。
6		提交政府采购申请。
7		按采购需求及金额确定政府采购方式、执行政府采购工作。
8		组织签订政府采购合同并对政府采购合同和相关文件进行备案。
9		督促政府采购合同履约。

续表 8-1

序号	机构	主要职能
10	(二)政府采购业务实施机构	组织实施政府采购验收。
11		提出政府采购资金支付申请。
12		符合政府采购支付申请手续,办理相关资金支付并进行账务处理。
13		组织处理政府采购纠纷。
14		政府采购档案归档保存。
15		定期对政府采购业务信息进行单位内部公开共享。
16	(三)政府采购监督机构	监督检查业务部门和政府采购部门执行政府采购法律法规和相关规定的情况。
17		参与政府采购业务投诉答复的处理。

3. 合理设置政府采购业务岗位,建立政府采购业务岗位责任制

《单位内控规范》第三十三条规定:“单位应当明确相关岗位的职责权限,确保政府采购需求制定与内部审批、招标文件准备与复核、合同签订与验收、验收与保管等不相容岗位相互分离。”科学事业单位应当根据本单位的“三定”方案、单位的实际情况和《单位内控规范》的要求,合理设置政府采购业务岗位。主要参照如下的两个主要原则。

(1)牵制原则　确保每项经济业务都要经过两名或两名以上工作人员处理,采购需求与审核、采购执行与审批、采购验收与资金支付、实施与监督等关键不相容岗位要相互分离。

(2)效率原则　科学事业单位如果受到人员数量的限制而无法完全实现不相容岗位相互分离,可以通过提高执行过程中公开公示力度、加强检查监督等方法进行替代控制。确保政府采购效率,及时满足科研需求。

此外,单位应注重采购专业队伍的建设,配备具有专业胜任能力的采购岗位人员,确保办理政府采购的人员及时全面地掌握相关规定,合法合规地开展业务。

4. 建立政府采购工作协调机制

单位应当建立采购过程中各部门的沟通协调机制,加强对采购过程的信息共享,增加各个部门的参与程度。单位可以成立包括单位负责人、各采购职能部门负责人在内的采购业务小组。定期就采购执行过程中遇到的问题进行讨论沟通,不断完善单位采购工作协调机制。

二、政府采购预算与计划控制风险点及控制措施

（一）政府采购预算与计划控制风险点

对于政府采购政策了解不详细，对政府采购预算编制不重视，导致应列入政府采购预算的采购内容未列入政府采购预算编报，应属于政府采购的项目在实际执行中未按政府采购要求方式进行采购，或采购人采用化整为零的方式规避政府采购程序，出现违反国家法律法规或单位规章制度等现象。

政府采购预算编制不精细，采购计划不合理。在政府采购预算编制过程中，预算编制部门、政府采购计划编报部门、资产管理部门之间缺乏有效的沟通协调，导致政府采购活动与业务活动相脱节，后续政府采购计划审核不严格，未关注采购项目的完整性与合理性，导致出现漏报、超预算编报、截留等情况，或后续因预算编制不合理而频繁调整采购预算。最终影响科研业务活动进展，造成资产的闲置或不足，形成资金浪费。

（二）政府采购预算与计划控制措施

单位应明确规范政府采购预算编制与审核要求。单位应按“先需求、后预算、再采购”的工作流程，按规定和单位实际需求编制政府采购预算。其中单位集中采购预算在年初编报部门“二上”预算时同步编制，应编尽编，单位应对采购预算加强审核，重点关注采购项目是否完整，采购安排是否合理，采购报价是否公允，采购项目内容是否真实必要，有无项目拆分人为整合等问题。

三、政府采购实施控制风险点及控制措施

（一）政府采购实施控制风险点

采购实施控制风险点主要包括针对采购需求的控制风险、采购代理机构选用风险、供应商选用风险、采购合同签订与备案风险等。

（1）采购需求风险　缺乏采购申请制度、未按照批复的政府采购预算安排采购计划、请购程序不规范，可能导致盲目采购、采购管理混乱无序及采购违规等现象发生；请购依据不充分、请购未经适当审批或超越授权审批，可能导致采购物资过量或不足，可能影响单位业务的正常开展。

（2）采购代理机构选用风险　未按规定程序选择采购代理机构，导致选择随意性增加，难以保证采购事项的经济合理性；错误选用不符合采购要求的采购代理机构，导致采购结果与实际需求不符，没能满足采购要求；缺乏对采购代理机构选用的监督和评价或对采购工作的绩效考核，导致采购工作质量不高、效率低下。

（3）供应商选用风险　供应商选择不当，采购方式不合理，招投标程序不规范，授权审批不到位，可能会导致采购不能满足需求，实际采购的物资质次价高，出现舞弊或欺诈等现象；采购定价机制不科学，定价方式选择不当，缺乏对重要物资的

价格跟踪监控，导致采购价格不合理，可能造成单位资金损失。

(4)政府采购合同签订与备案风险　合同签订流程未健全，授权审批制度不完善，可能导致私自对外订立了采购合同，合同内容条款如存在重大疏漏和欺诈等情况会造成单位的合法权益受到侵害。

以上采购实施过程中，如未按照规定合理的采购方式进行，采购程序及过程不规范，都可能导致政府采购过程缺乏公正性、透明度，影响采购效率及效果，容易造成贪腐，致使单位资产流失。

(二)政府采购实施控制措施

(1)合理制定采购需求。采购人应根据实际需求提交采购申请，综合考虑采购标的的市场价格，对供应质量、服务水平等情况进行市场调查，科学合理确定采购需求及价格测算。

(2)加强政府采购的申请审核，规范审核程序。单位政府采购要严格履行审批手续。政府采购业务管理部门应对申请中所列项目名称、政府采购金额、是否列入预算、是否列入当期采购计划、采购方式是否合规等进行审核，对于大宗专用设备采购等重大项目，应聘请专业评估机构对需求文件进行评审。

(3)选择适当的政府采购组织形式。严格按照《中华人民共和国政府采购法》规定的采购方式进行采购，严禁瞒报、分拆项目或签订阴阳合同等方式规避政府采购程序。

(4)合理选择政府采购代理机构及供应商。明确代理机构资质和代理范围，择优选用代理机构，依照政府采购法等相关法律法规规定实施委托代理。采购单位有权自行选择采购代理机构，任何单位和个人不得以任何方式为采购单位指定采购代理机构；建立合格供应商名录。严格开展供应商资质审查，规范选用采购组织形式和采购方式，公平公正择优遴选供应商。严格落实利害关系回避制度，建立供应商考核评价和供应商淘汰机制。

(5)科学设置合同签约原则和条件。应当按照平等、自愿的原则以合同方式约定采购信息，规范商定采购合同条款，严格限定合同签约主体及签订时间，合同、中标成交通知书等相关采购档案妥善保存，及时归档。

四、政府采购验收控制风险点及控制措施

(一)政府采购验收控制风险点

验收是采购流程中的重要环节，然而采购过程中往往会出现重采购、轻验收的现象。部分单位存在验收组织不认真，对验收重视程度不够，验收职责不明确，程序不规范，过程不公开，组织验收人员专业性不足，验收手续不齐备等现象，导致最终的采购无法满足科研需求。

政府采购验收方案过于简单，审核不严，验收不严。验收过程流于形式，未按照标准及规定程序进行，容易造成“货不对板”，以次充好等情况，验收过程中如存在异常情况不能及时正确地处理，可能导致账实不符，造成损失。

（二）政府采购验收控制措施

（1）制定验收制度或标准，加大验收力度。科学事业单位应摒弃以往“重采购，轻验收”的思想，明确验收主体、验收标准、验收时限等要求。单位应结合自身采购情况，制定验收工作方案，针对大宗专用物品的验收必要时需组织具有专业经验资质的验收团队进行验收，同时应按照合同约定时限及时组织采购项目验收。

（2）完善验收手续，出具验收结论或报告。验收小组或人员依照采购文件、采购规定的标准和方法组织对采购项目进行验收，重点关注采购合同、发票等原始单据与采购物资的实际数量、质量、规格型号等是否一致。验收应形成书面验收单或验收报告，全体参与验收人员应在验收书上签署意见，落实责任。对验收合格的货物及时办理入库登记，流转至下一环节。

五、政府采购资金支付控制风险点及控制措施

（一）政府采购资金支付控制风险点

采购资金支付申请不合规、审核不严格、付款方式不恰当，在不满足条件的情况下进行支付可能会造成科研单位资金损失；对于已满足支付条件的资金支付不及时，付款方式不恰当也会带来资金风险和信用损失。

缺乏有效的财务控制，采购过程与单位会计记录时间间隔较大可能不利于准确反映单位采购过程的资金流和实物流，可能导致账实间存在差异。

（二）政府采购资金支付控制措施

（1）严格办理采购支付手续，规范采购资金支付要求。科学事业单位在完成采购验收后应及时办理财务入账，按照合同约定方式及时提交资金支付申请。财务部门针对政府采购资金支付申请要严格核实，支付申请手续齐备，原始附件完整，对于不合规、未达标的支付申请不予以支付。审核无误的按照合同约定及时进行采购资金支付，不得拖延或提前付款。

（2）规范采购会计核算要求，加强会计系统控制。加强对采购业务全流程财务控制，针对政府采购的全环节活动单据齐备时应及时归档，确保账面会计资料和采购履约情况、政府采购信息、入库记录核对一致。

六、政府采购信息管理控制风险点及控制措施

（一）政府采购信息管理控制风险点

（1）政府采购信息公布不规范。采购信息公布不及时不全面，信息公布主体不

明确，信息公告内容缺乏准确性和可靠性，存在虚假或误导性陈述。

(2)信息发布渠道不统一，信息未在政府指定平台上公开，不利于采购人获取信息。

(二)政府采购信息管理控制措施

1. 按规定公开政府采购信息

财政部于2017年下发《财政部关于进一步做好政府采购信息公开工作有关事项的通知》中就进一步做好政府采购信息公开工作明确提出要求：

严格执行政府采购信息发布制度。各地区、各部门应当按照《中华人民共和国政府采购法》《政府采购法实施条例》和《财政部关于做好政府采购信息公开工作的通知》(财库〔2015〕135号)的规定，认真做好政府采购信息公开工作。采购人或者其委托的采购代理机构应当切实做好采购项目公告、采购文件、采购项目预算金额、采购结果、采购合同等采购项目信息公开工作，实现政府采购项目的全过程信息公开。对于采购项目预算金额、更正事项、采购合同、公共服务项目采购需求和验收结果等信息公开薄弱环节，应当进一步完善相关工作机制，切实履行公开责任。各级财政部门应当严格按照《财政部关于做好政府采购信息公开工作的通知》(财库〔2015〕135号)规定的时间、内容等要求，及时完整公开投诉和监督检查处理决定、集中采购机构考核结果以及违法失信行为记录等监管处罚信息。

单位公告政府采购信息必须做到内容真实、准确可靠，不得有虚假误导陈述，不得遗漏必须公告事项。

2. 选择合理公开渠道

财政部指定的政府采购信息发布媒体包括中国政府采购网(www.ccgp.gov.cn)、《中国财经报》《中国政府采购杂志》《中国财政杂志》等。省级财政部门应当将中国政府采购网地方分网作为本地区指定的政府采购信息发布媒体之一。在其他政府采购信息发布媒体公开的政府采购信息应当同时在中国政府采购网发布。对于预算金额在500万元以上的地方采购项目信息，中国政府采购网地方分网应当通过数据接口同时推送至中央主网发布(相关标准规范和说明详见中国政府采购网)。政府采购违法失信行为信息记录应当在中国政府采购网中央主网发布。

3. 加强政府采购信息公开内部控制建设

单位应当将政府采购信息公开作为本单位政务信息公开工作的重要内容，列入主动公开目录，纳入内部控制管理环节，确保政府采购信息发布的及时、完整、准确。

七、政府采购监督控制风险点及控制措施

(一)政府采购监督控制风险点

(1)单位未建立政府采购质疑与投诉管理相关的法律法规,未能在法定时间回复质疑与投诉;或回避质疑和投诉,未建立有效的沟通渠道,损害供应商利益,影响采购公正性。

(2)单位未建立健全政府采购监督检查管理机制,或各部门之间对于检查消极应对,导致无法及时发现采购过程中存在的问题。

(3)政府采购评估指标选择不合理,评估结果不合理,无法完善供应商名录,有效提高政府采购管理水平。

(二)政府采购监督控制措施

政府采购监督控制分为内部监督和外部监督,内部监督即通过单位内部进行的监督,外部监督是通过除单位以外的其他外部部门、上级单位、外部公众等进行的业务监督。

单位内部监督需建立健全明确的监督制度,单位可建立单独的监督部门或岗位,明确政府采购监督的职责,该岗位应与采购申请、采购验收、采购资金支付等相关岗位职责分离。

外部监督包括政府部门等其他第三方监督:依据《财政部关于进一步做好政府采购信息公开工作有关事项的通知》中关于加强对政府采购信息公开工作的考核与监督部分进行的说明,加强监督检查。各级财政部门应当加大对政府采购信息公开情况的监督检查力度,将信息公开情况作为对集中采购机构考核和对采购人、社会代理机构监督检查的重点内容,进一步完善考核与检查指标体系,对监督检查中发现的信息公开违法违规行为依法追究责任。

政府采购业务在科学事业单位内部控制建设中是很重要的一环,同时由于科学事业单位体制与人员专业等限制,易存在很多短板,政府采购业务中存在的主要风险点重点总结列示(表 8-2),科学事业单位可通过填写表格对自身内部控制建设查漏补缺。

表 8-2　政府采购内部控制对照检查表

序号	具体方面	风险隐患和问题
1	(一)政府采购业务管理组织体系	单位未根据《中华人民共和国政府采购法》建立内部政府采购规章制度与流程,或未建立全面的采购规章与制度,导致采购过程中没有明确的制度可执行,采购业务存在未按照国家法律法规执行的情况,采购环节存在漏洞,政府采购存在较大的随意性和不规范性。

续表 8-2

序号	具体方面	风险隐患和问题
2	(一)政府采购业务管理组织体系	未设置政府采购管理机构,或未对机构的职责进行明确规定,或政府采购岗位职责分工不明确,导致政府采购活动中产生问题,或职责不清产生扯皮现象。
3		政府采购业务缺乏专业化人才,对政府采购专业知识欠缺,对政府采购程序与规范不了解,没有进行规范的政府采购程序。
4		未建立健全政府采购工作的协调机制,各部门配合度不高、协作不畅,导致政府采购活动中产生的问题处理不及时,或需求与预算脱节,采购结果差强人意、验收质量不高。
5	(二)政府采购预算与计划	政府采购预算编制不精细,在编制时存在漏报政府采购行为,或对政府采购预算不重视,导致部门预算编制中存在属于政府采购范畴的项目,但未实施政府采购的现象。
6		对政府采购预算的审核流于形式,未关注采购需求的公允性、采购项目是否经过适当评审和论证,影响采购预算编制的合法性、合理性。
7		政府采购计划编制不合理,未有效结合前期预算,后期实施中预算超出编制范围,导致政府采购资金不足,无法当年顺利完成采购。
8		拆分采购计划,蓄意规避公开招标。
9	(三)政府采购实施主体	未对采购标的市场进行详细的市场调查,采购需求缺乏科学性及合理性,导致采购物资属性及性能要求无法达到实际需求。
10		采购申请未经授权或超授权审批,导致财务物资不符合单位需求或超出预算采购,采购成本失控,影响单位的正常业务活动开展。
11		未选择合理的政府采购组织形式,导致政府采购活动不符合规定,政府采购结果无效,或未经批准私自进行采购。
12		特定采购项目代理机构选择不合规,通过自由选择执行采购,单位与代理机构串通,选用资质或业务范围不符合采购代理要求的采购代理机构,影响实际采购的效率和效果。
13		政府采购方式不符合规定,采购程序存在不规范的情况,导致政府采购缺乏应具有的公开透明度,造成贪污腐败现象。
14	(四)政府采购招投标	招标机构人员组成不合理,存在招标代理机构业绩符合要求,但项目组成员经验不足、专业配备不完整,造成招标周期长、清单及招标文件编制有缺陷等问题,可能导致招标质量不高,影响采购项目管理,甚至造成投资损失。

续表 8-2

序号	具体方面	风险隐患和问题
15	（四）政府采购招投标	政府采购招标程序不规范，招标过程中涉及的公告文件内容规定不详细，未能说明准确的招标信息，或者在招标公告中设定排他性规定，从而排斥了一部分投标人，导致招标范围缩小，无法达到招投标公平竞争的目的。
16		政府采购投标程序不规范，如随意超出截止日期依旧接受投标文件，投标人随意补充、修改或撤回投标文件等。
17		向投标人收取的保证金超出国家标准，或未及时退回未中标供应商的保证金，逾期退还的，单位违规占用资金，造成贪污腐败现象。
18		存在开标内容不完整的投标文件，如缺少单位投标资质相关文件，投标文件关键内容填写不完整，影响开标正常秩序。
19		开标现场关键参加人员缺席，如监督人员不到位。
20		未采用随机抽取的方式从评审专家库中选择评审专家；需要推荐评审专家的情况下，未经批准随意选择评审专家，或选择的评审专家不具有相应的专业性、履职记录不佳等，造成评标效果不佳，或存在专家串通舞弊风险。
21		采购单位和评标委员会互相干涉，导致串通、共谋等，影响评标结果。
22		评标管理不严格，评标专家私自接触投标人，记录或带走评标文件，任意修改评标结果。
23		中标公告没有在指定的媒体上公开，或公告内容不全，公告期限未达到要求时限，无法起到公众监督的作用。
24	（五）政府采购合同	合同签订没有经过适当授权审批流程，对合同对方主体资格、资信调查、履约能力未进行认真审查导致合同签订有漏洞，可能导致合同纠纷，给单位造成经济损失。
25		采购合同履行过程中，监控不到位，合同对方可能未能全面、适当地履行合同义务，或者因为中标人未经采购人同意擅自对合同进行分包，履约责任不清晰，可能会给单位带来经济损失。
26		采购合同履行过程中遇到需要进行变更或者解除等情况时，合同的变更或者解除不符合程序，采购人对供应商的违规行为缺乏了解，没有实施有效监督，导致单位经济利益受损。
27	（六）政府采购验收	单位采购活动中，存在较明显的重采购阶段、轻合同验收的情况，采购人对验收流于形式，没有按照采购项目验收标准进行验收。
28		验收手续办理不合规，验收产品未及时入库，没有对证明文件进行必要的、专业性的检查。
29		采购验收书内容缺失，未及时备案存档。

续表 8-2

序号	具体方面	风险隐患和问题
30	（六）政府采购验收	供应商合同履行与投标承诺不一致，采购物资存在以次充好、降低标准等问题，采购人或由于专业能力无法发现或为谋取私利默认了该行为，可能导致账实不符、采购物资损失，单位经济利益受到严重影响。
31		采购单位故意推迟验收时间，和供应商串通谋取不正当利益，如要求供应商提供假发票、减少货物数量或者降低服务标准等。
32	（七）政府采购资金支付	采购资金支付申请不合规，缺乏必要的审核，存在申请文件不全、发票作假等现象，在不满足支付条件下进行支付，给单位造成资金损失。
33		对于满足支付条件的，资金支付不及时，或者延迟支付，抑或付款方式不恰当，带来合同违约风险，造成单位资金风险。
34		缺乏有效的财务控制，会计记录未能全面真实反映单位采购过程的资金流和实物流，会计账面数据与采购合同进度、库存记录不同，可能导致单位采购业务账实不符，单位经济利益遭受损失。
35	（八）政府采购信息管理	政府采购项目信息不完整，信息公布主体不明确，信息公告内容不真实、缺乏准确性和可靠性，存在虚假或误导性陈述。
36		信息发布渠道不合规，未在政府指定的媒体上公开信息，或者在其他政府采购信息网而未在中国政府采购网上发布，导致发布渠道狭窄单一，不利于采购当事人获取信息。
37		政府采购信息公开流程不规范。未在政府采购特定阶段公布相关信息，公布时间滞后，未能使信息公开达到应有目的。
38		未妥善记录和保管政府采购文件。资料存在遗失或泄露，文件未达到管理期限即私自销毁。
39		工作人员未经允许向无关或相关人员透露采购信息，导致涉及商业秘密的政府采购信息泄露，造成利益损失。
40	（九）政府采购监督	单位未建立明确的政府采购质疑与投诉管理制度，未能在规定时间回复质疑和投诉，或者拒绝回复或回避质疑和投诉，堵塞沟通渠道，损害供应商利益，影响政府采购的公平公正性。
41		未建立健全政府采购监督检查管理机制，未开展政府采购监督检查工作，或者监督检查不到位，单位各部门不配合监督检查工作，导致无法及时发现政府采购过程中存在的问题，存在政府采购违法违规现象。
42		政府采购评估指标选择不合理，评估结果不合理，不能及时发现并纠正采购中存在的问题，无法有效提高政府采购的管理水平。

第九章
建设项目管理控制

第一节　建设项目管理概述

一、建设项目概念与定义

建设项目是指科学事业单位以新增工程效益或者扩大生产能力为主要目的的新建、续建、改扩建、迁建、大型维修改造工程及相关工作。一般指符合国家总体建设规划，为达到某项具体目标，在确定的地点，投入一定量的建设资金，经过策划、决策与实施的必要程序，形成能独立发挥生产功能或满足生活需要的固定资产的一次性建设任务。科学事业单位建设项目涉及企业、政府、相关参建责任单位等多个社会主体，是需多方协同配合实施监管的综合性系统工程，其本质是借助对科学事业单位硬件设施的完善为科研人员创造良好的科研及人才培养环境。

建设项目一般具有成本资源限制性、过程多样性、综合性强等特点，因其涉及范围广、资金体量大、流程环节多、专业要求度高，历来是单位内部控制的重中之重。且受制于项目周期长、施工现场条件变化、政策标准调整及意外事件等外部因素影响，建设项目内部控制较其他业务难度更高。建设项目流程环节包括项目立项决策、项目申报与审批、工程设计与概预算、工程招标、项目实施、项目变更、资金支付和竣工决算与验收、档案归档管理等环节，科学事业单位的建设项目应按照全生命周期进行内部控制管理。

科学事业单位的建设项目主要服务于科学研究等公共目的，属于非生产性项目。建设项目管理是指运用系统的理论和方法，对建设项目进行的计划、组织、指挥、协调和控制等专业活动。通常科学事业单位建设项目管理是一个包含建设项目业务管理组织体系和各个环节的管理过程。对科学事业单位的建设项目管理不应仅着眼于获取的投资收益与直接经济利益，更要综合考虑科研单位长远发展的需要，着重追求社会效益，应本着经济性、适度性、社会性的原则统筹考量。

二、建设项目分类

按照基本建设项目的实施方式，基本建设项目按照建设实施主体不同可分为自行建造项目和委托他人建造项目。自行建造项目是指单位直接负责基本建设项目建造的全过程，在建造的过程中发挥主导作用；委托他人建造项目是指单位将基本建设项目的全部或主体部分以分包的方式交由承建单位承接，同时根据建设项目的规模聘请建立、造价、审计等辅助机构，单位主要责任为筹集基本建设项目所需资金，按期与承包方结算，参与竣工验收等，详见表 9-1。

表 9-1　基建项目分类标准及详情

基建项目分类标准	基建项目分类详情
按照建设性质划分	新建项目、改扩建项目、迁建项目、恢复项目等。
按照实施内容划分	单位基础设施建设项目、公用设施建设项目、大型设备安装项目、大型修缮项目等。
按照资金来源划分	国家拨款建设项目、自筹资金建设项目等。
按照实施主体划分	自行建造项目、委托建造项目。
按隶属关系划分	中央项目、地方项目、共建项目等。
按计划管理要求划分	基本建设项目、更新改造项目、房屋建设项目、其他固定资产投资项目等。

三、建设项目控制法律依据

《中华人民共和国建筑法》是我国颁布主要对建筑许可、建筑工程发包与承包、建筑工程监理、建筑安全生产管理、建筑工程质量管理等方面做出规定的相关法律，是保障建筑行业健康发展的基础性法律。除此之外有关建设项目控制方面的法律法规还包括如下：

《建设工程勘察设计管理条例》(国务院令第 293 号，2000 年颁布；国务院令第 662 号，2015 年第一次修订；国务院令第 687 号，2017 年第二次修订)

《建设工程质量管理条例》(国务院令第 279 号，2000 年颁布；国务院令第 687 号，2017 年第一次修订；国务院令第 714 号，2019 年第二次修订)

《建设工程安全生产管理条例》(国务院令第 393 号，2003 年颁布)

《对外承包工程管理条例》(国务院令第 527 号，2008 年颁布；国务院令第 676

号,2017 年第一次修订)

《中华人民共和国招标投标法实施条例》(国务院令第 613 号,2011 年颁布;国务院令第 676 号,2017 年第一次修订;国务院令第 698 号,2018 年第二次修订;国务院令第 709 号,2019 年第三次修订)

《工程建设国家标准管理办法》(建设部令第 24 号,1992 年颁布)

《国务院关于优化建设工程防雷许可的决定》(国发〔2016〕39 号)

《国务院办公厅关于清理规范工程建设领域保证金的通知》(国办发〔2016〕49 号)

《工程建设项目招标范围和规模标准规定》(国家发展计划委员会令第 3 号,2000 年颁布)

《关于统一实行建设用地规划许可证和建设工程规划许可证的通知》(建规字 66 号,1990 年颁布)

《工程建设行业标准管理办法》(建设部令第 25 号,1992 年颁布)

《房屋建筑工程和市政基础设施工程竣工验收备案管理暂行办法》(建设部令第 78 号,2000 年颁布,2009 年修改)

《建设工程监理范围和规模标准规定》(建设部令第 86 号,2001 年颁布)

《房屋建筑和市政基础设施工程施工招标投标管理办法》(建设部令第 89 号,2001 年颁布,2018 年修改)

《建设工程勘察质量管理办法》(建设部令第 115 号,2002 年颁布,2021 年修改)

《房屋建筑和市政基础设施工程施工分包管理办法》(建设部令第 124 号,2004 年颁布,2019 年修改)

《建筑施工企业安全生产许可证管理规定》(建设部令第 128 号,2004 年颁布)

《工程造价咨询企业管理办法》(建设部令第 149 号,2006 年颁布,2020 年修改)

《工程监理企业资质管理规定》(建设部令第 158 号,2007 年颁布)

《建设工程勘察设计资质管理规定》(建设部令第 160 号,2007 年颁布)

《房屋建筑和市政基础设施工程施工图设计文件审查管理办法》(建设部令第 13 号,2013 年颁布,2018 年修改)

《建筑工程施工发包与承包计价管理办法》(建设部令第 16 号,2013 年颁布)

《建筑与市政工程施工现场专业人员职业标准》(建设部公告第 1059 号,2011 年颁布)

《建设用地审查报批管理办法》(国土资源部令第 69 号,2016 年颁布)

《工程建设项目施工招标投标办法》(发改委令第 30 号,2003 年颁布,2013 年

修改）

《建设工程项目管理规范》(GB/T 50326—2017,2013 年修改)

《建设工程监理规范》(GB/T 50319—2013)

《建设工程造价咨询规范》(GB/T 51095—2015)

《城市轨道交通建设工程验收管理暂行办法》(建质〔2014〕42 号)

《工程建设工法管理办法》(建质〔2014〕103 号)

《建筑施工项目经理质量安全责任十项规定(试行)》(建质〔2014〕123)

《房屋建筑和市政基础设施工程施工安全监督规定》(建质〔2014〕153)

《房屋建筑和市政基础设施工程施工安全监督工作规程》(建质〔2014〕154 号)

《房屋建筑和市政基础设施工程竣工验收规定》(建质〔2013〕171 号)

《关于加快城市道路桥梁建设改造的通知》(建城〔2014〕90 号)

《建设工程监理合同(示范文本)》(建市〔2012〕46 号)

《工程勘察资质标准实施办法》(建市〔2013〕86 号)

《建筑工程施工发包与承包违法行为认定查处管理办法》(建市规〔2019〕1 号)

《关于加强城市轨道交通工程施工图设计文件审查管理工作的通知》(建办质〔2012〕25 号)

《绿色建材评价标识管理办法实施细则》《绿色建材评价技术导则(试行)》建科〔2015〕162 号)

《城市轨道交通工程概算定额》(建标〔2011〕99 号)

《工程建设标准体系(建材工程部分)》(建标〔2012〕68 号)

《工程建设标准强制性条文》(工业建筑部分)(建标〔2013〕32 号)

《建筑安装工程费用项目组成》(建标〔2013〕44 号)

《工程建设标准解释管理办法》(建标〔2014〕65 号)

《关于进一步推进工程造价管理改革的指导意见》(建标〔2014〕142 号)

《城市轨道交通建设项目后评价导则》(建标〔2015〕52 号)

《科研建筑设计标准》(JGJ 91—2019)

《基本建设财务规则》(财政部令第 81 号)

第二节　建设项目管理控制目标

项目的启动(起点)到归档(终点)组成了项目的一个完整的体系流程,为了提高管理的效率,会把整个流程划分为若干个子流程或阶段,每个子流程的结束都以实现实施成果作为标志,子流程的名称和数量取决于项目组织者的实际控制需要,把这些流程总称为全生命周期。建设项目因其周期长、环节多等特点,在内部控制方面更适用于全生命周期模式管理。建设项目全生命周期理论主要按基本建设程序来定义，在项目管理理论中一般将项目大致可分为“立项阶段、设计与概算阶段、招标阶段、建设施工阶段(包含项目变更调整)、竣工交付阶段”。

一、建设项目管理组织控制目标

科学构建工程项目内部控制管理体系，科学定位决策、管理、执行、审计监督等各个部门的职责，重点使各部门明确自身在内部控制建设和实施方面的责任，实现条理清晰、环节完整且相互制衡的岗位分工，确保不相容岗位相分离；建立健全严格的规章制度，提供科学、合理的内部控制和风险管理体制，同时制度应根据科学事业单位实际情况不断调整优化，形成良性循环，使科学事业单位建设项目管理更加合法合规。在准确全面的建设内部控制体制基础上，基于内部控制工作的实际需求来制定富有针对性的风险防范措施。加强资金控制管理，减少资金使用风险，保证单位整体效益。

二、建设项目立项控制目标

项目立项应经过严格周密论证，确保项目符合国家相关法律法规及单位内部相关规章制度，符合单位发展目标，经过充分可行性论证，决策、审批程序完整合规，满足单位预期的社会效益及经济效益。

三、建设项目设计与概算控制目标

工程项目设计和概算是工程项目立项后的重要开端，对该部分控制目标如下：

(1)科学事业单位应审慎选择勘察与设计单位，遴选程序应符合国家及单位规范与标准，针对建设项目的规模及性质选择具相应资质等级的单位，确保符合单位建设要求。

(2)对于勘察设计单位出具的图纸文件等进行严格审查。做好图纸交底和会审，确保建设项目设计质量，为后续的建设项目实施打下坚实基础。

(3)加强概预算编、审控制，确保概预算科学合理，准确的概预算能够为后续实际的工程建造提供约束与参考。

四、建设项目招标控制目标

按照法律法规确定招标方式及招标事项，确保招标、开标、评标等程序符合相关法律法规要求，符合政府采购要求的应按照政府采购流程执行。遴选出的中标人应符合资质要求和工程建设要求。

招标文件编制完整准确，评标人员选择适当合理，招标全环节应遵循公平、公正、公开原则，严格防范招标过程中舞弊和腐败现象发生。

五、建设项目实施控制目标

项目实施具备开工条件并取得施工许可。

按照国家相关法律法规实施项目监理制度，筛选具有资质的监理单位保障建设项目工作有序开展。

加强项目实施过程监控，确保工程项目实施严格按照工期进度开展，建设工程安全生产。

明确单位、施工方、监理方、设计方在工程管理、工程进度、工程质量、生产安全、投资控制等方面的职责，确保建设工程顺利进行并保质保量完成。

六、建设项目变更调整控制目标

确保工程变更程序符合合同条款及国家规定，建设项目变更是为了更有利于建设项目目标的实现。

保证工程变更事项经过严格审批，合理有据，符合工程总体要求和成本控制要求。

七、建设项目资金结算控制目标

要按照合同规定在达到履约付款条件时及时进行价款结算，保证项目资金拨付规范合理、审批严格，符合国家及单位制度要求，不拖欠施工单位工程进度款。

八、建设项目竣工结算及竣工决算控制目标

(1)项目竣工后在规定期限内及时办理竣工验收，确保当发现建设项目存在缺陷的情况时及时得到整改，保证建设项目质量合格，符合单位需求。

(2)保证工程竣工结算工作规范、合理，确保竣工结算经第三方审计单位审计，结算价款真实合理。

(3)竣工决算是竣工验收报告的重要组成部分，建设单位应及时、规范地编制竣工决算，内容完备、准确，保证竣工决算的真实性、合法性和完整性。

(4)单位财务部门按照国家统一的会计制度规定对建设项目进行会计核算，真实、准确地反映建设项目成本归集、资金来源趋向、工程物资的增减变动情况，并妥善保管相关记录、文件和凭证，对于已达到预定可使用状态但尚未办理完成竣工验收的建设项目应按暂估价值入账并计提折旧，待手续完成后进行调整。

(5)做好完工项目移交工作，保证工程建设项目移交工作规范、合理，手续齐全，并及时进行资产登记。

(6)做好建设项目档案文件、材料的收集整理、归档保管等工作,确保建设项目档案管理合理有效、安全完整。

第三节　建设项目管理流程

一、项目立项阶段

项目立项业务流程见图 9-1。

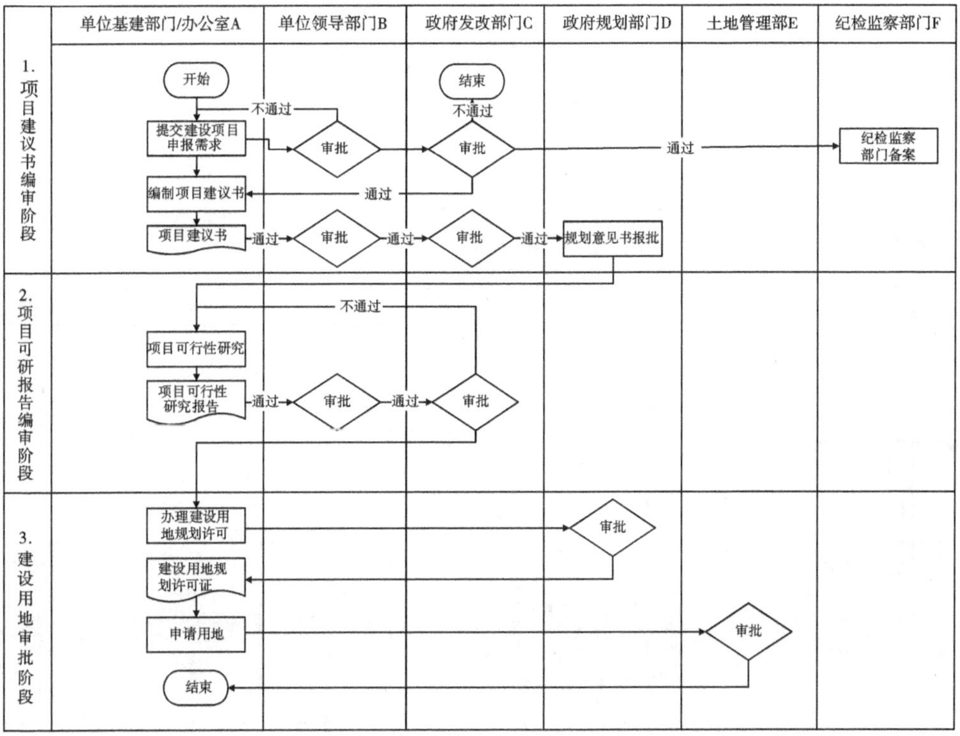

图 9-1　项目立项业务流程

A1 单位基建部门根据单位的实际情况,提出初步基建工程意向,提交建设项目申报需求,并根据单位决策机构提出的意见进行修改。

B1 单位决策机构根据单位整体资金状况和发展规划等因素对建设项目申报需求进行审批,提出修改意见反馈基建部门进行修改后上报,一般对于重大项目需报经政府发改部门审批或备案。

C1 政府发改部门依据相关法律法规对项目立项申请进行审批或备案。

F1 经审批立项的项目报纪检监察部门进行备案。

A1、B1、C1 基建部门编写《项目建议书》并报经单位领导部门、政府发改部门审批。

D1 规划报政府规划部门审批。

A2 单位基建部门依据经审批的《项目建议书》编制《项目可行性研究报告》报单位决策机构审批，并根据单位决策机构提出的意见进行修改。

B2 决策机构对《项目可行性研究报告》进行审批并提出修改意见。

C2 政府发改部门依据相关法律法规对《项目可行性研究报告》进行审批。

A3 单位基建部门收到发改部门批复后如有建设项目用地还需向政府相关部门进行建设用地申请。

D3 向政府规划部门申请办理《建设用地许可证》。

E3 向土地管理部门申请征用或划拨土地。

二、工程设计与概预算阶段

工程设计与概预算业务流程见图 9-2。

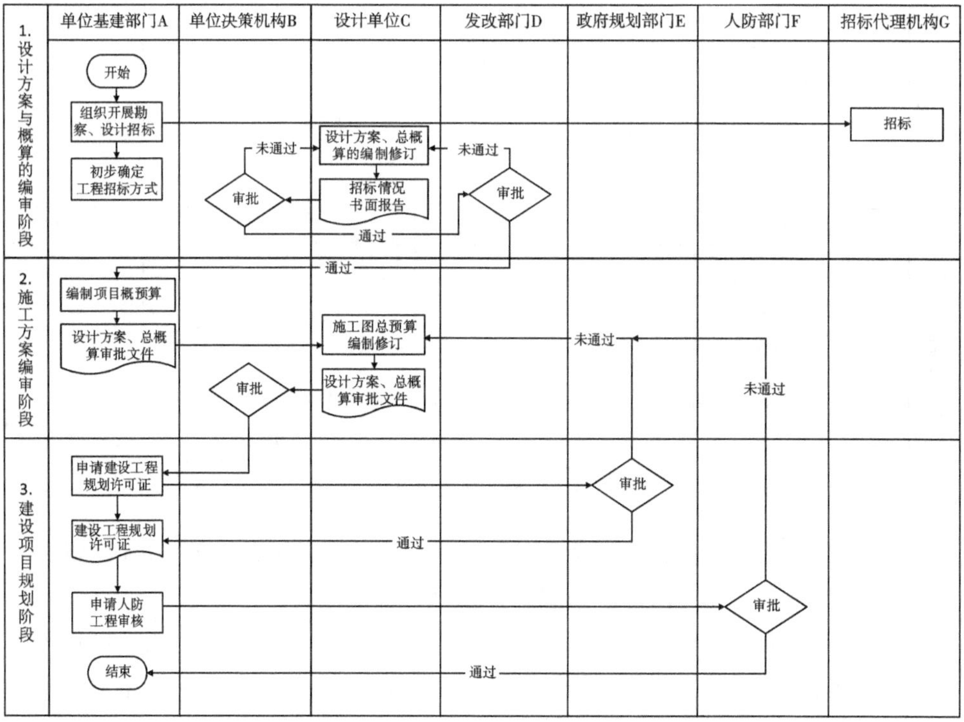

图 9-2 工程设计与概预算业务流程

A1 单位基建部门开始筹备建设项目设计前的准备工作，确定设计单位，同设计单位一起了解情况，确定主要技术方案、标准及建设的功能需求等内容。设计单位需要通过招标选拔的见“工程招标”部分。

G1 单位组织工程设计招标。

C1 中标设计单位进行初步方案设计，基本确定大致概预算，报单位决策机构进行评审，依据评审意见修改再上报。

B1 单位决策机构依据单位实际情况对设计方案和概预算进行评审，并提出意见，必要时上报上级管理部门。

D1 政府发改部门对单位提交的设计方案与概预算进行审批。

A2 单位基建部门取得发改部门审批意见，同设计单位进行施工图和总预算编制。

C2 设计单位编制施工图及总预算报单位决策机构审批，并依据意见修订形成最终方案。

A3 施工方案通过后单位基建部门办理《建设工程规划许可证》等相关手续。

E3 政府规划部门对单位工程规划进行审批。

F3 政府人防部门对单位人防工程初步设计审核进行审批。

三、工程招标阶段

工程招标业务流程见图 9-3。

A1 单位基建部门准备招标工作，编写招标申请书，提交单位决策机构进行审批，招标项目按国家相关规定需履行审批手续的，建设单位应先向主管部门提交《招标申请书》取得相关批准。

C1 单位决策机构审批招标申请书，通过后委托具有相应资质的招标代理机构进行招标。

B1 决策机构审批后报纪检监察部门审批。

D1 招标代理机构接受招标委托后编制招标文件，经建设单位审核后公开发布。

E2 施工单位根据招标要求及本单位情况向招标代理机构提交投标文件。

D3 代理机构开标。

F4 招标期限结束后代理机构组建评标委员会公开底标，选择中标人。

D5 招标代理机构发布中标结果。

A5 建设单位与中标施工单位签订合同。

B5 合同提交纪检监察部门进行备案。

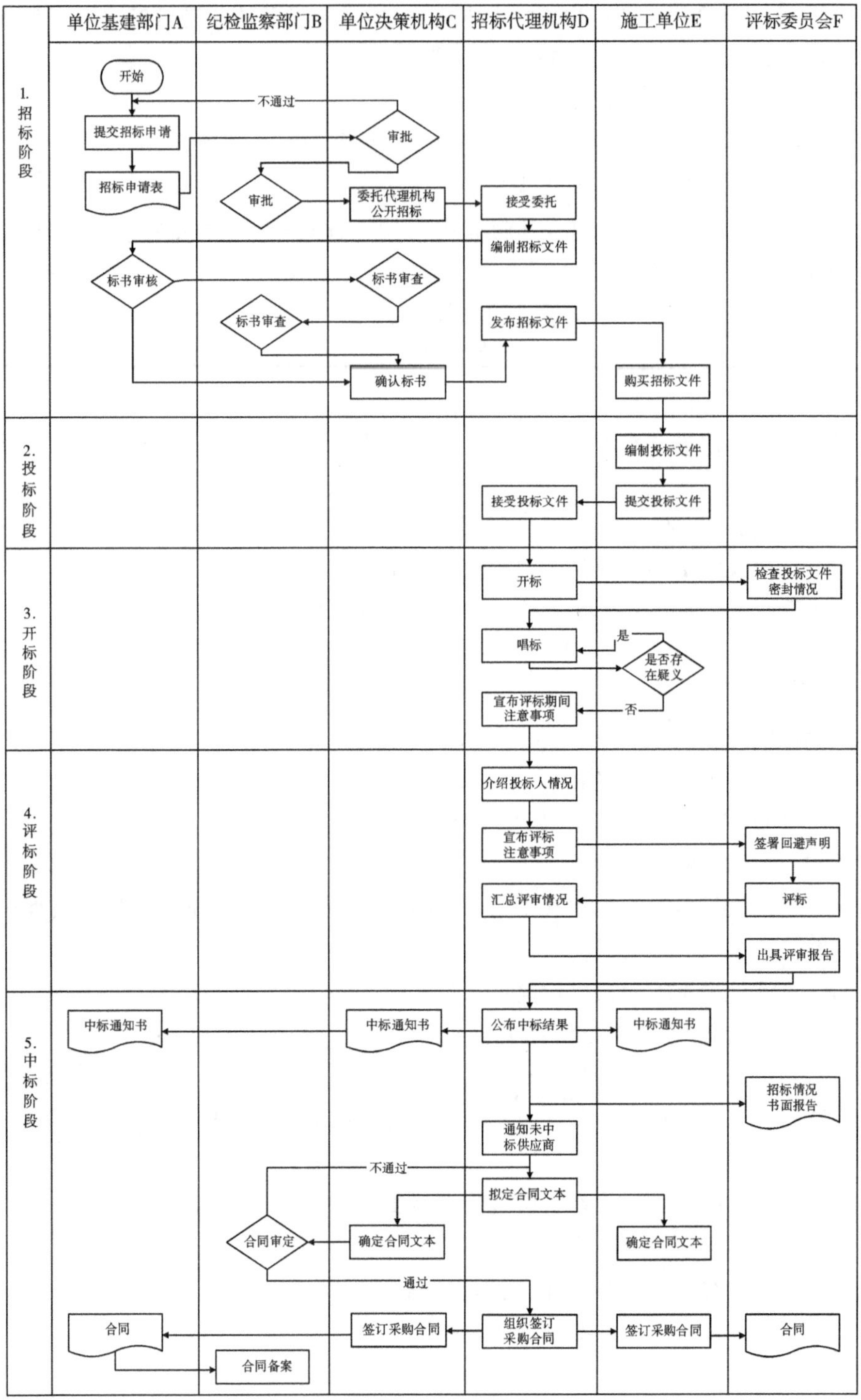

图 9-3　工程招标业务流程

四、工程施工与资金结算阶段

工程施工与资金结算业务流程见图 9-4。

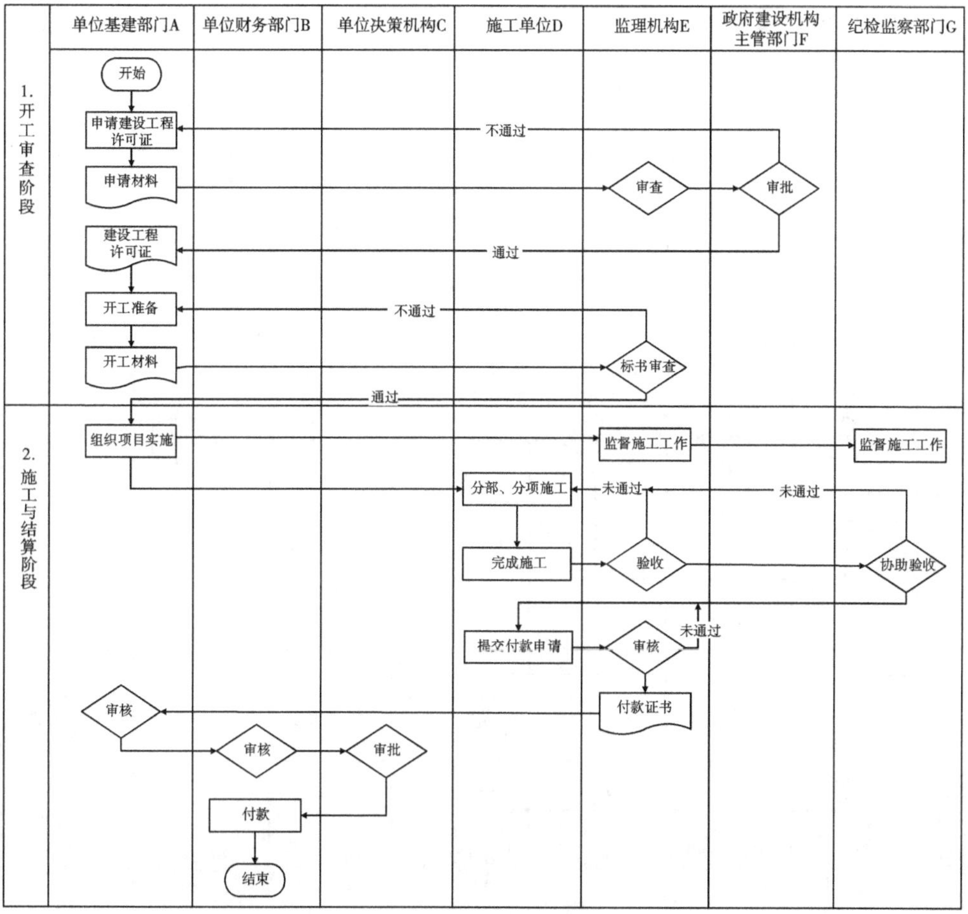

图 9-4　工程施工与资金结算业务流程

A1 单位准备开工申请材料，向政府建设行政主管部门申请《建设工程施工许可证》连同相关材料提交监理机构审查。

F1 政府建设行政主管部门对单位提交的施工申请材料进行审批，发布许可证。

E1 单位基建部门组织开工，将开工材料提交监理机构审查。

A2 单位基建部门组织施工工作开展，协调施工单位与监理机构开展工作，并对监理机构提交的付款证书进行审核。

D2 施工单位开展施工，完工后提交付款申请。

E2、G2 监理机构及纪检监察部门对施工过程开展监督工作，并在完工后双方进行验收，监理机构对施工单位提交的付款申请进行审核，通过后填写付款证书。

B2、C2 付款证书经基建部门审核后提交财务部门审核，单位决策机构审批，通过后财务部门支付款项。

五、工程变更阶段

工程变更业务流程见图 9-5。

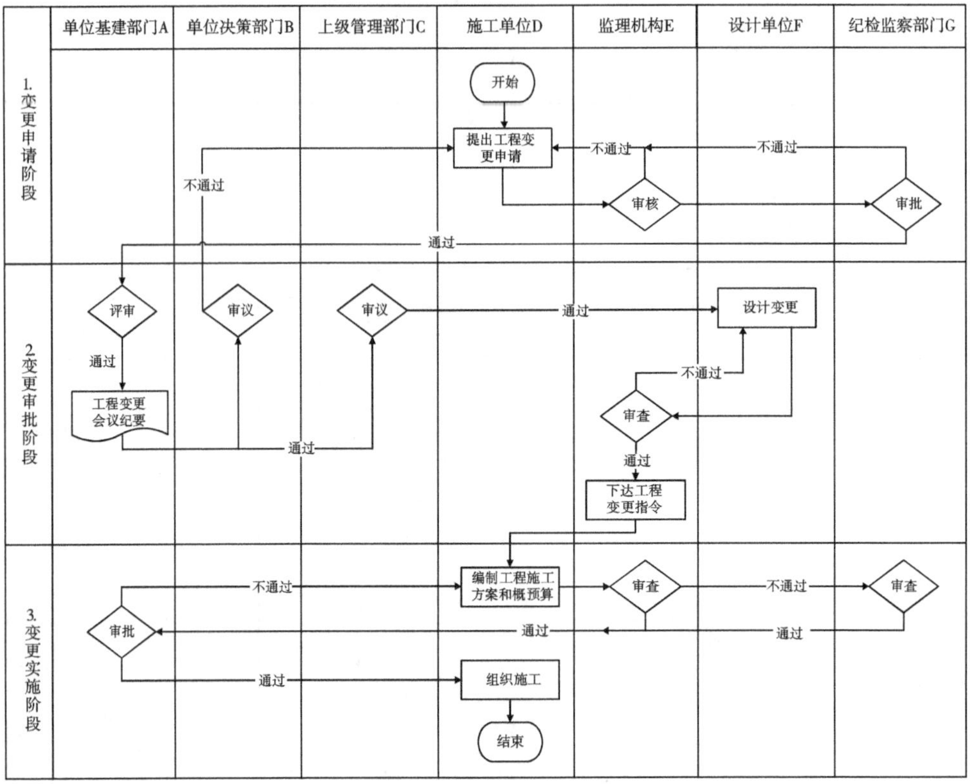

图 9-5　工程变更业务流程

D1 施工单位填写工程变更申请表，说明需要变更的工程内容及理由，连同变更草案、估算工程量及变更造价报监理机构审核。

E1 监理机构初步审核后报纪检监察部门审核，审核完成后反馈单位基建部门进行评审。

A2 单位基建部门根据需要同承包人、监理机构、设计单位等对变更设计进行评审，形成变更会议纪要，提交单位决策机构进行审议。

B2 单位决策机构进行集体审议。

C2 经审核的变更方案报经上级管理部门审批。

F2 设计单位根据工程变更会议纪要要求进行变更设计，将变更设计图提交监理机构审查。

E2 监理机构审核通过后向施工单位下达指令。

D3 施工单位编制施工技术方案及变更概预算书，提交监理机构和纪检监察部门审查。

E3 监理机构审查，通过后提交单位基建部门审批。

A3 单位基建部门审批通过后下达指令给施工单位组织施工。

D3 施工单位依据工程变更指令组织工程施工。

六、工程竣工结算阶段

工程竣工决算业务流程见图 9-6。

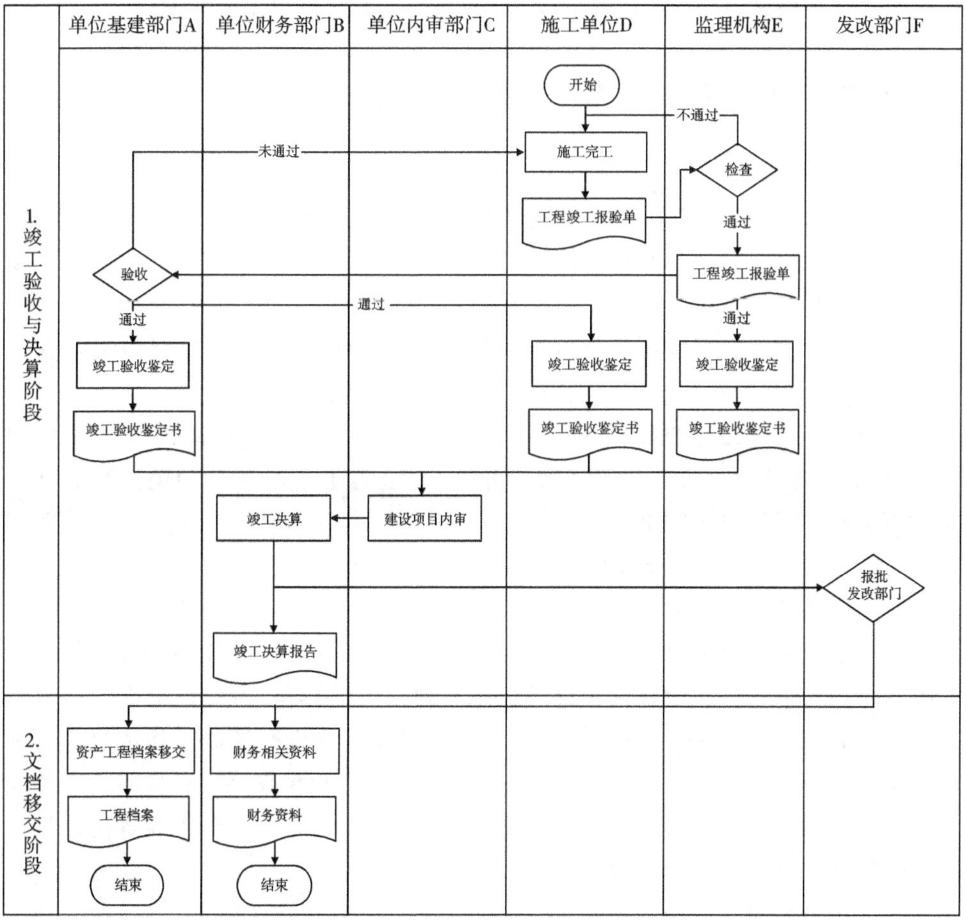

图 9-6　工程竣工决算业务流程

D1 施工单位完成工程建设,向监理机构提交《工程竣工报验单》,并向监理机构提出工程完工申请。

E1 监理机构检查工程完工情况并签署竣工报验单,提交单位基建部门。

A1 基建部门通过组织相关单位对工程进行验收,通过后由本单位、施工方、监理方共同签署《竣工验收鉴定书》。

C1 单位审计部门对建设工程开展审计工作。

B1 单位财务部门进行竣工结算,同基建部门编制竣工决算报告,提交审计部门进行审计。

A2、B2 建设单位将建设完成的资产、档案移交单位基建部门及财务部门进行归档。

第四节　建设项目管理控制风险点及控制措施

一、建设项目立项控制风险点及控制措施

(一)建设项目立项控制风险点

建设管理部门未聘请专业合适的机构进行勘察调研,未科学准确地编制项目建议书,导致立项建议可能与单位的实际发展需要、单位目标不吻合,致使建设项目无法达到预期目标。

未对项目进行可行性研究或可行性研究缺乏专业性及科学性,导致可行性研究流于形式,无法为项目决策提供充分、可靠的依据。

科学事业单位在对项目的建议书、可行性研究报告的决策审查、审核过程中缺乏仔细论证,导致项目决策评审结果不科学。以上项目立项中的风险点均会导致后续项目执行过程出现困难。

(二)建设项目立项控制措施

1. 项目建议书编审的控制

项目建议书是论证项目建设的必要文件,是项目可行性研究的必要依据。单位需根据建设需求和实际建设条件编制项目建议书,编写项目建议书需明确编审职责分工,科学事业单位可自行编制也可委托专业机构进行编制。如选取具有专业资质的人员编审项目建议书,可减少后续风险,对于规模较小的科学事业单位能够节省建设时间,提高建设效率。单位如果选择自行编写,应确认不相容岗位相分离,项目建议书的编写人与审核人不能为同一人。

2. 可行性研究报告编审控制

科学事业单位根据项目建议书开展可行性研究,编制可行性研究报告。可行

性研究是对于基建项目在技术、工程、财务、经济、组织、外部协作条件上是否合理和可行进行的全面分析论证，为决策立项提供主要依据。科学事业单位建设项目可行性研究报告内容应包括项目概况、项目建设必要性和社会效益预测、项目建设选址及建设条件论证、建设规模和建设内容、项目外部配套建设，总投资金额及资金来源，项目建设周期和进度安排及其他规定内容。可行性研究可以由单位自行进行，也可以委托专业机构进行。如聘请外部中介机构应选取具有相应专业资质及经验的机构，以确保报告的准确性。如自行编制应确保编制人与审核人相分离。

科学事业单位需开展可行性研究报告的审核或评审，并提出评审意见。单位可以组建专业项目评审组或委托专业评审机构对可行性研究报告进行评审。为保持评审的专业性和独立性，参与可行性研究的成员或专业机构不得进行项目评审。单位在选择项目评审专家成员时应当优先考虑熟悉工程业务、具有专业资质及相关经验的人员。

3.项目决策审核控制

在项目评审基础上进行项目决策，确保决策的科学合理性，决策过程需进行完整书面记录。个人不得单独决策或擅自更改重大基建项目决策意见，应当按照重要性报单位领导小组进行集体决策或上报上级机关批准。

二、建设项目设计与概算控制风险点及控制措施

(一)建设项目设计与概算控制风险点

1.勘察、设计单位选择风险

勘察、设计单位遴选方式不合规，金额重大的未通过招标方式遴选或故意规避招标，从而导致管理风险。

与勘察、设计单位签订的合同内容不详尽，双方权利义务规定不明确，建设方无法依照合同追究对方责任，从而给单位造成不必要损失。

选择的勘察、设计单位不具有相关资质等级，或参与项目的专业技术人员不具有相应的职业资质，缺乏相应经验，导致编制内容与实际情况不符，出具了不符合单位需求的设计图纸等文件，或本应通过前期勘探发现不适合建造或建造工程量远超预期的情况未能及时发现，影响勘察、设计质量与生产安全，从而影响后续建设进度与质量。

2.勘察、初步设计文件审查风险

勘察、设计单位出具的编制文件与实际情况不符、不满足单位建造需求等情况而审查过程中未能及时发现并纠正，导致无法为后续项目建设提供可靠技术支持。

图纸交底与会审过程不严谨，相关单位未能够就图纸问题与修改建议进行充分沟通，会导致有关疑难未能及时发现解决，给施工建设带来不确定性。

3. 概预算控制的风险

概预算编制不准确、与施工项目内容不符、与实际情况相脱离，导致概预算编制缺乏科学性和合理性，无法发挥约束和规范作用。

缺乏概预算审核，重点审核内容不明确，不能及时发现问题。

4. 工程建设规划审批风险

单位未与相关审批部门做好及时有效沟通，会导致项目审批不通过，或反复整改审批结果与预期存在偏差，影响项目建设周期。

(二)工程项目设计与概算控制措施

1. 择优选择勘察、设计单位

科学事业单位应通过公开招标等竞争方式遴选勘察设计单位，并与勘察设计单位签订规范合同。科研单位针对勘察设计单位的筛选应制定严格的程序和标准，择优选择具有相应资质的勘察设计单位，签订勘察设计合同，明确双方权利义务。遴选时应注意勘察、设计单位的资质等级和专业技术人员的职业资格证书，保证建设工程勘察、设计单位能够最大限度满足建设工程设计需求。

2. 加强勘察、设计文件审核

科学事业单位应加强对项目勘察、设计文件的审核，可以建立专家评议机制。施工设计图纸等重要文件未经审核应不得使用。单位如通过委托方式进行项目设计与概预算，应与勘察设计单位建立及时、有效且充分的沟通机制。

3. 加强对建设项目概预算控制

科学事业单位应严格控制概预算编制与审核。概预算的编制要完整反映工程项目的内容，严格执行国家相关政策和制度，保证科学合理性。科学事业单位也应组织单位工程、技术、财务等部门会同相关专业人员对概预算的真实性、完整性和准确性进行审核，必要时可以引入具有相关资质的第三方中介机构协助进行概预算审核。

经审定的概预算是工程项目投资的最高限额，未经批准不得随意突破。单位应该加强投资规模控制，杜绝超规模、超概算现象的发生。发现施工预算超过初步设计批复的投资概算规模，单位应核实超概算的原因及合理性，如属于合理原因，应履行恰当的审核和审批程序，对概预算进行审批并调整。如非合理原因导致，则应适当压减施工预算。

4. 严格工程建设规划审批控制

建设项目设计方案与概预算审批通过后，单位需持有关批准文件向行政主管部门提交建设申请，并由工程所在地人民政府或政府主管部门核发建设工程规划许可证。

建设项目取得建设工程规划许可证后，单位应将工程材料提交各审核部门完成审核后再进行施工。

三、建设项目招标控制风险点及控制措施

(一)建设项目招标控制风险点

根据审计署发布的2017年至2021年中央部门单位年度预算执行审计公告,各年均在工程项目招标方面存在违规,如未按要求进行公开招标、设定不合理招标条件、拆分规避公开招标等违规情况。招标风险是工程项目风险关注的重点之一。工程项目公开招标需根据设定条件在指定平台中发布公开信息,组建评审专家团从符合条件的投标人中遴选出合格中标人并签订合同,一方面需要面临大量社会公众企业,一方面主观性较强,因此科学事业单位在建设项目招标环节中的主要风险为项目招标的舞弊风险。

首先是规避招标。单位借助少计工程量等方式压低工程造价或拆分、隐瞒部分工程等方式将项目化整为零,或用指定、邀请等方式取代公开招标。

其次是未在指定平台中发布招标信息或设置不合理的招标条件。通过以上方式削弱招标广告度,或者通过为意向中标人定制特定的招标条件及排斥性内容把潜在竞争者拒之门外,致使单位不能择优选择中标人,增加工程成本。

再次是标底编制不合理,不能反映项目实际需要,招标保密性不强导致标底泄露,致使招标缺乏公平性。

最后是评标小组成员组建不合理。评标人员缺乏专业性,经验不足;或是评标缺乏独立性与客观性,关联人员未回避;或者评标人员存在舞弊风险导致评标结果不具有说服力,中标候选人选择不合理。

以上可导致废标、重新招标、延迟项目周期等情况,致使单位无法遴选出合适的供应商,影响项目的实施、建设质量和实施效果。

(二)建设项目招标控制措施

《单位内控规范》第四十九条规定:“单位应当依据国家有关规定组织建设项目招标工作,并接受有关部门的监督。单位应当采取签订保密协议、限制接触等必要措施,确保标底编制、评标等工作在严格保密的情况下进行。”科学事业单位在建设项目招标控制环节应从如下几方面进行控制。

1.对招标程序的控制

科学事业单位应建立健全建设项目招投标管理制度,明确招标的范围和要求,规范招标程序,确保遵循公平、公正、公开的原则进行招投标。

单位应建立招标过程控制机制,明确招标准备、招标公告和投标邀请书、招标文件、标底和招标控制价的编制、审核和发布要求并严格执行。招标过程要严格遵守国家招投标法律依据及相关规定,采用恰当的发包方式,严格执行《中华人民共

和国招标投标法》《建筑工程设计招标投标管理办法》等相关法律并经单位管理部门审批，严禁拆包、分包规避招标，严禁直接指定、分派建设项目至其他单位实施。

2. 对招标条件及标底的控制

科学事业单位要合理设定投标的资质条件，在指定的公开平台发布招标信息，不得制定特定的招标内容或排斥性条件，确保优质企业均能入围；不得限制投标人之间的竞争，单位作为招标人不得与投标人串标；不得排挤其他投标人之间的公平竞争，损害国家利益、社会利益和他人利益。

《招标投标法实施条例》第二十七条规定："招标人可以自行决定是否编制标底。一个招标项目只能有一个标底。标底必须保密。"标底是确定工程合同价格的参考依据，科学事业单位需要编制标底的可自行或委托中介机构编制。建设项目标底应设置得科学合理，标底一经审定需严格保密，开标前所有接触标底人员均负有保密责任，一旦泄露将严格追责。

3. 对评标程序的控制

评标组委会评委要具有相关专业资质，落实回避制度，确保评标专家客观公正地履行职责；严格按照保密规定，对标底、评委成员构成等进行封存保密；对招投标过程进行监督，特别是对专家抽取及评标的全过程进行监督。

4. 对中标结果的控制

科学事业单位按规定确定中标人后应及时向中标人发布中标公告，签订书面合同，明确各方权利和义务。选用公开招标方式的还应在指定平台公开中标结果。

四、建设项目变更调整控制风险点及控制措施

（一）建设项目变更调整控制风险点

合同内容风险：在实施过程中发现合同歧义条款、施工方案缺陷、工程标准变更等问题导致工程项目产生变更风险，影响工程进度。

政策法规风险：工程实施期间出现新的法规政策调整，如环保标准的更新等。

工程管理风险：变更未经严格审核审批，变更金额未经单位把控，变更管理随意性强，没有规范的变更流程，导致工程存在频繁变更、预算超支、工程延误的风险。

（二）建设项目变更调整控制措施

（1）重视和加强合同管理。科学事业单位应加强对建设合同内容条款的审核，在建设合同中明确建设单位与施工单位双方权利与义务以避免出现不必要的纠纷。在合同实施过程中，要建立健全合同履约跟踪检查制度，加强对合同履行的监督力度，提高合同履约率。严禁出现合同任意变更、私自变更等情况，严禁私下签订价款结算办法及施工工期等行为，如遇到类似问题应及时发现并纠正。如出现

确需变更情况应及时签订补充协议，重新约定合同条款。

(2)及时、定期了解建设项目相关法律法规。因建设项目周期长，可能出现在建设过程中政策更新调整的情况，单位要及时针对相关政策结合自身情况进行调整，以免后续出现更大的偏差。

(3)提高对建设单位项目变更的预防和控制能力。加大对建设项目管理力度，前期加强建设项目可行性研究的科学性、合理性；提高设计方案的严谨性，尽量减少后期变更情况的发生概率。

(4)建立科学的建设项目变更管理办法。单位应建立健全建设项目变更管理的办法，制定相应的规章制度，明确责任，严格项目变更的审批审查，确保变更建设项目的工程量及工程造价的合理性。适当条件下单位可以引入项目变更评审制，进一步保证建设项目变更的准确性。

(5)建立健全严格的工程监理制度。科学事业单位应通过招标的方式遴选符合资质条件的监理单位，并签署建设工程委托监理书面合同，确保对建设工程质量、进度、造价的有效控制。

五、建设项目资金结算控制风险点及控制措施

(一)建设项目资金结算控制风险点

项目资金管理不严格，未达到付款条件即支付进度款项，发生超额支付现象；或价款结算不及时不足额，造成拖欠款项发生；国库建设项目未专款专用，导致工程建设单位不能按期施工，工程进度延迟或中断，造成资金损失等风险。

(二)建设项目资金结算控制措施

《单位内控规范》规定，单位应当按照审批单位下达的投资计划和预算对建设项目资金实行专款专用，严禁截留、挪用和超批复内容使用资金。科学事业单位基建部门应加强与建设项目承建单位的沟通，准确掌握项目进度，严格按合同规定、按项目执行进度支付款项，财务部门应加强对价款支付的审核审批，按规定办理价款结算。实行国库集中支付的建设项目，单位应当按照财政国库管理制度相关规定支付资金。

六、建设项目竣工结算及竣工决算控制风险点及控制措施

(一)建设项目竣工结算及竣工决算控制风险点

1. 竣工验收风险

竣工验收条件不明确、验收不规范，质量检验把关不严格，验收方案缺乏专业性及科学性，资料不完整，竣工验收时权责不明、验收不及时，可能导致竣工验收缺乏依据，工程交付使用后存在质量安全隐患。

2.竣工结算风险

竣工结算编制不准确，建设单位对竣工结算书审核不仔细，导致结算价格不合理，超出合同约定价格。竣工结算未审计或审计不明晰，导致单位经济利益受损。

3.竣工决算风险

虚报项目投资完成额，虚列建设成本与相关支出或者隐匿结余资金，提高决算额度，导致竣工决算失真，项目投资金额流失，工程存在重大安全隐患。

4.会计核算风险

资产达到使用状态但仍未进行竣工决算，未及时入账，造成账面价值不能准确反映资产状况，存在资产流失风险。

(二)建设项目竣工结算及竣工决算控制措施

1.建立项目竣工验收控制机制

施工单位完成工程建设后向监理机构提交竣工验收单。监理机构对工程完工情况审核完毕后提交科学事业单位管理部门验收。科学事业单位可会同施工、监理三方进行竣工预验收，待确认符合验收条件后会同有关部门或上级单位组织进行全面的项目终验。建设项目验收程序需严格按国家相关法律法规要求执行，保证工程实际满足单位需要。

对于验收不合格项目承包方应及时提交方案进行整改，对于验收合格项目应在规定日期内向工程所在地建设主管部门备案相关材料。

2.建立竣工结算控制机制

工程竣工结算是指施工单位按照合同规定的内容完成全部承包的工程，经验收质量合格并符合建设方要求后与建设单位进行最终工程价款结算。

科学事业单位应从如下几方面加强竣工结算控制：

(1)工程竣工结算的编审　单位竣工结算由承包人编制，发包人审查，科学事业单位应对承包人编制的竣工结算内容进行详细审查，必要时可委托具有相应资质的工程造价咨询机构进行审查，以确保结算材料的合理合规性。

(2)工程竣工价款的结算　单位收到承包人提交的竣工结算报告及相关资料后，按合同约定期限进行审核，审核无误后按合同约定方式进行款项支付。

3.加强项目竣工决算编制与审核

项目竣工决算的编制依据主要包括：国家有关法律法规；经批准的可行性研究报告、初步设计、概算及概算调整文件；招标文件及招标投标书，施工、代建、勘察设计、监理及设备采购等合同，政府采购审批文件、采购合同；历年下达的项目年度财政资金投资计划、预算；工程结算资料；有关的会计及财务管理资料；其他有关资料。项目竣工财务决算的内容主要包括：项目竣工财务决算报表、竣工财务决算说明书、竣工财务决(结)算审核情况及相关资料。

编制项目竣工财务决算前，科学事业单位应当完成各项账务处理及财产物资的盘点核实，做到账账、账证、账实、账表相符。单位应当逐项盘点核实、填列各种材料、设备、工具、器具等清单并妥善保管，应变价处理的库存设备、材料以及应处理的自用固定资产要公开变价处理，不得侵占、挪用。

不同资金来源项目，决算要求流程不同，科学事业单位建设项目属于中央项目的，竣工财务决算应按财政部制定统一的审核批复管理制度和操作规程执行。中央项目主管部门本级以及不向财政部报送年度部门决算的中央单位的项目竣工财务决算，由财政部批复；其他中央项目竣工财务决算，由中央项目主管部门负责批复，报财政部备案。国家另有规定的，从其规定。建设项目属于地方项目的竣工财务决算审核批复管理职责和程序要求由同级财政部门确定。

经营性项目的项目资本中，财政资金所占比例未超过50%的，项目竣工财务决算可以不报财政部门或者项目主管部门审核批复。项目建设单位应当按照国家有关规定加强工程价款结算和项目竣工财务决算管理。

决算编制人员要认真执行有关财务会计制度的规定，严肃财经法规，实事求是地编制工程项目的竣工决算，报告及时、数据准确、内容完整。编制竣工决算之前的准备工作需要组成竣工决算报告编制小组，指定专业人员负责相关资料的收集整理，单位财务部门及资产管理部门要做好会计账户的设置和设备管理工作，建立健全有关资产台账，建立各种费用和移交资产登记簿，记录好财务收支情况，及时清理债权债务等。大型的工程项目建设期长、涉及内容多，当其中单项工程竣工，具备交付使用条件时，可以申请单项竣工决算，待工程项目全部竣工后应编制总竣工决算。竣工决算说明书主要包括以下内容：

(1)会计账务处理、财产物资清理及债权债务的清偿情况。

(2)项目建设资金计划及到位情况，财政资金支出预算、投资计划及到位情况。

(3)项目建设资金使用、项目结余资金分配情况。

(4)项目概(预)算执行情况及分析，竣工实际完成投资与概算差异及原因分析。

(5)尾工工程情况。

(6)历次审计、检查、审核、稽查意见及整改落实情况。

(7)主要技术经济指标的分析、计算情况。

(8)项目管理经验、主要问题和建议。

(9)预备费动用情况。

(10)项目建设管理制度执行情况、政府采购情况、合同履行情况。

(11)征地拆迁补偿情况、移民安置情况。

(12)需说明的其他事项。

单位项目管理人员要核对竣工决算报表中各项数据和相关会计科目余额是否

一致;检查竣工工程决算一览表,将各项投资支出与概算金额比较,分析工程项目建设资金的节约或者超支情况,分析超支原因。检查移交使用资产明细表,其资产的入账价值要准确,资产名称和固定资产目录一致,严禁存在虚交资产和资产缺失现象。工程项目的建设信息应该详细,为保证建设项目竣工后编制的竣工决算报告符合财政部和行业规定,从项目建设前期,科学事业单位的项目管理人员就要高度重视工程项目管理信息的详细度和准确度,越详细越有利于对工程项目的进度控制,保证财务账目和工程投资进度吻合。

科学事业单位进行项目决算前,应注意自查以下内容:

(1)工程价款结算是否准确,是否按照合同约定和国家有关规定进行,有无多算和重复计算工程量、高估冒算建筑材料价格现象。

(2)待摊费用支出及其分摊是否合理、正确。

(3)项目是否按照批准的概算(预)算内容实施,有无超标准、超规模、超概(预)算建设现象。

(4)项目资金是否全部到位,核算是否规范,资金使用是否合理,有无挤占、挪用现象。

(5)项目形成资产是否全面反映,计价是否准确,资产接受单位是否落实。

(6)项目在建设过程中历次检查和审计所提的重大问题是否已经整改落实。

(7)待核销基建支出和转出投资有无依据,是否合理。

(8)竣工财务决算报表所填列的数据是否完整,表间钩稽关系是否清晰、正确。

(9)尾工工程及预留费用是否控制在概算确定的范围内,预留的金额和比例是否合理。

(10)项目建设是否履行基本建设程序,是否符合国家有关建设管理制度要求等。

(11)决算的内容和格式是否符合国家有关规定。

(12)决算资料报送是否完整、决算数据间是否存在错误。

(13)相关主管部门或者第三方专业机构是否出具审核意见。

4.建立项目会计核算控制机制

科学事业单位财务部门应按照国家统一的会计制度规定对建设项目进行会计核算,真实、完整地反映建设项目资金来源、成本归集、支付记录、资产入账及工程物资增减变动情况,妥善保管相关记录与档案。

对于未办理完成竣工验收的建设项目,固定资产达到预定可使用状态即可及时办理资产入账,单位财务部门应及时根据工程项目进度核对固定资产暂估入账记录,确保账面价值的真实与准确。如后续竣工决算完成后应及时调整资产入账价值。

第十章
合同管理控制

科学事业单位发生的众多经济活动往来事项主要是通过合同形式进行的，如政府采购业务、工程建设项目、取得财政拨款以外的其他收入等。随着科学事业单位的发展，合同业务已成为科学事业单位经济活动的重要组成部分，合同控制也成为单位内部控制的重要组成部分。合同管理不应当是只管合同文本，也绝不仅仅是单位法律顾问或外聘律师对合同文本的审查修改，而应当是对合同进行全过程、全岗位的管理，这样才能实现单位的科研合同目的，防范与控制法律和业务风险，保证单位的合法权益。实践已经反复证明，合同管理中任何一个阶段有缺失，任何一个环节发生问题，都有可能无法实现合同目的，甚至给单位带来巨大的经济损失。

第一节　合同管理概述

一、合同管理概述

合同是民事主体之间设立、变更、终止民事法律关系的协议。根据《中华人民共和国民法典》，合同类型包括买卖合同，供用电、水、气、热力合同，赠予合同，借款合同，保证合同，租赁合同，融资租赁合同，保理合同，承揽合同，建设工程合同，运输合同，技术合同，保管合同，仓储合同，委托合同，物业服务合同，中介合同以及合伙合同。合同根据订立形式可分为书面形式、口头形式和其他形式。书面形式是合同书、信件、电报、电传、传真等可以有形地表现所载内容的形式。科学事业单位涉及合同形式多以书面合同为主，即以文字表述形式按一定格式记载当事人之间的协议的合同。

单位内部往往容易把合同与合同书混为一谈，但二者是完全不同的概念，合同书是记载合同内容的书面文件，是一个固化的、静态的东西；而合同是合同书记载的内容从发生到发展最后再到完结的过程，是动态的、完整的交易过程。

二、合同管理控制法律依据

合同作为重要的法律依据，也是单位记录收支的主要凭证，是确认纳税义务的基本依据。有效的合同管理还可以更好地辅助财务核算，减少单位涉税风险。科学事业单位经济业务合同控制的主要法律依据为《中华人民共和国民法典》《中华人民共和国招投标法》和《中华人民共和国政府采购法》等法律中关于合同管理的相关规定。

三、合同管理控制框架

合同管理，是对合同进行管理的相关活动，主要是为了保证单位合同顺利进行，从合同的签订到执行完结的整个流程中，有组织地进行计划、审核、控制。只有对合同的全部交易过程进行有效管理，才能对合同进行有效的管理，才能保证单位的合同利益。

合同管理作为单位管理中一个体系，运行过程中应遵循三个原则，一是要明确合同管理的事项，即将合同管理中所需要处理的合同对象以及方式等固定于单位的规章制度中，明确合同类型、合同管控权限、合同管理流程和合同管理支持性文件；二是明确合同管理的参与者，建立科学的合同管理组织架构，从专业的角度确定合同管理组织的管理幅度和层次，从而提高合同管理的效率；三是明确合同管理的手段，确定合同管理所依托的工具，结合单位特点及基础设施建设情况，合理选择使用纸质档案管理、线上线下结合的合同管理模块或专业的合同管理系统。

（一）合同业务组织管理体系控制

科学事业单位合同业务涉及范围较广，建立健全合同业务组织管理系统是合同管理体系的关键。因此科学事业单位既要建立良好的合同管理制度，又要设立合同管理部门确保制度的良好执行。

按照合同的重要程度及金额不同，单位应根据相关规定结合实际，建立健全单位内部合同业务管理制度，通过制度对合同进行分级管理，明确不同级别合同的审批权限、合同管理的归口部门、合同章的保管和使用、合同订立的条件和范围等内容。严禁签订投资、借贷或担保类合同。

好的制度要有好的管理体系作为支撑才能贯彻执行。一般单位应该设置专人专岗负责合同及相关印鉴管理，对于规模较大、经济业务较复杂的单位，可以建立合同管理领导小组或独立的合同管理部门。同时单位应聘请专业法律顾问或设置专门法务岗位，对金额较大及单位重要事项的合同进行事前审查，保证合同文本的合法性、完备性、严谨性；在合同履行中指导相关变更事宜；及时发现合同履约风险并妥善给出处理建议或方案等。合同业务组织管理体系的良好运转，可有效规避合同管理中的法律风险，维护单位的合法利益。

(二)合同业务全流程控制框架

一般来说合同业务全流程包括合同前期准备阶段、合同订立阶段、合同执行阶段及合同后续管理阶段。其中合同前期准备阶段包括合同调查、合同谈判等流程；合同订立阶段包括合同文本拟定、合同审核、合同签署等流程；合同执行阶段包括合同履行、合同结算、合同解除、合同纠纷处理、合同补充、合同变更、合同转让和合同终止等流程；合同后续管理阶段包括合同登记与保管、合同归档、合同调阅、合同评估等流程。具体如图 10-1 所示。

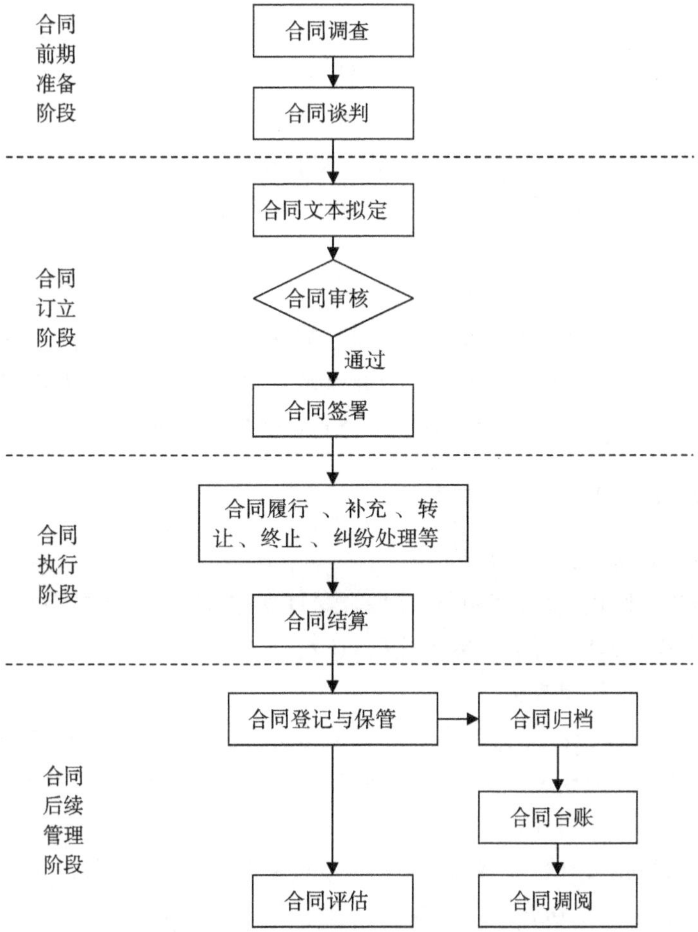

图 10-1　合同业务全流程控制框架

第二节 合同管理控制目标

一、合同业务管理体系控制目标

(一)建立健全合同业务内部管理相关制度

单位应建立健全合同管理制度,明确合同订立的条件和范围等内容,确保合同管理有据可依,把握好合同管理的事前、事中、事后控制。

(二)合理设置合同管理岗位

健全的合同风险管理组织是实现单位合同管理目标的有力保证。单位要对合同业务实施统一规范管理,明确各层级合同的授权审批与签署权限,有效规避无审批或越权审批;明确合同管理的归口部门职责,防止合同业务出现多头管理、互相推诿的情形。妥善保管和使用合同专用章,严禁未经授权擅自以单位名义对外签订合同,严禁违规签订担保、投资或借贷合同。建立财会部门与合同归口管理部门的沟通协调机制,实现合同管理与预算管理、收支管理相结合,确保单位更加科学、合理地配置资源。

(三)加强合同管理人员素养

强化单位全体人员的风险意识,增强合同管理人员在合同管理各个环节的业务培训,提高合同管理业务人员的风险管理能力与遇到风险时应对风险的能力,适当引入法务部门或岗位为科学事业单位合同管理提供保障。

二、合同业务全流程控制目标

(一)合同前期准备控制目标

前期准备工作扎实,考察充分,确保合同订立方具有主体资格且信誉和经营状况良好,具有良好的履约能力,减少违约风险。

(二)合同订立控制目标

合同订立的内容科学、真实、合理,订立双方按照公平、自愿的原则进行磋商,合同文本明确双方的权利及义务,确保业务目标的实现,维护双方权益。

(三)合同执行控制目标

(1)合同履约过程中,加强监控,确保合同全面履行;及时防范化解各项纠纷,维护单位合法权益;如遇合同履约条件发生变化,及时通过补充条款、合同变更、转让、终止等方式进行调整,避免造成单位损失。

(2)合同结算须按照合同约定方式进行,确保款项的支付过程审批完备,有序进行;如有异常情况,在款项支付之前向单位有关负责人报告。

（四）合同后续管理控制目标

(1)建立合同管理的台账制度，对合同的订立、履约、变更、纠纷等情况进行统计及分类归档；确保合同及相关文件的安全和封闭管理；加强合同信息保密工作，保障单位利益。

(2)发生合同纠纷时，应在规定时间内通过协商的方式予以解决；协商解决不行的情况下，依据合同订立时约定的纠纷处理方式或法定方式予以解决。

(3)建立健全合同保密机制，加强合同信息安全保密工作，防止项目信息的泄露，保障单位合法权益。

第三节　合同管理流程

一、合同前期准备阶段流程

合同前期准备业务流程见图10-2。

A1 业务部门或课题初步筛选合同调查对象，要求对方出具具有法律效力的证明文件，并且证明文件中应加盖公章，合同经办人对收到的材料进行整理与检查后，报合同归口管理部门进行审核。

B1、C1 合同归口管理部门对调查对象资料及信息进行进一步审核，需要通过网络查询、电话访问等手段进行核实后提出审核意见，同时对合同重要性进行认定，对于重大或重要合同，还需要报单位分管领导审核。合同拟签约对象确定后，需及时通知对方签约。

A2、B2、C2 业务部门确认合同谈判小组成员，合同归口管理部门人员与合同相关技术人员，各需至少一名参与谈判，谈判小组成员确定可提交业务部门负责人审核，同时提交分管业务领导审核。谈判小组名单确定后，业务部门组织谈判。谈判记录整理完成后需要小组人员签字确认后归档。

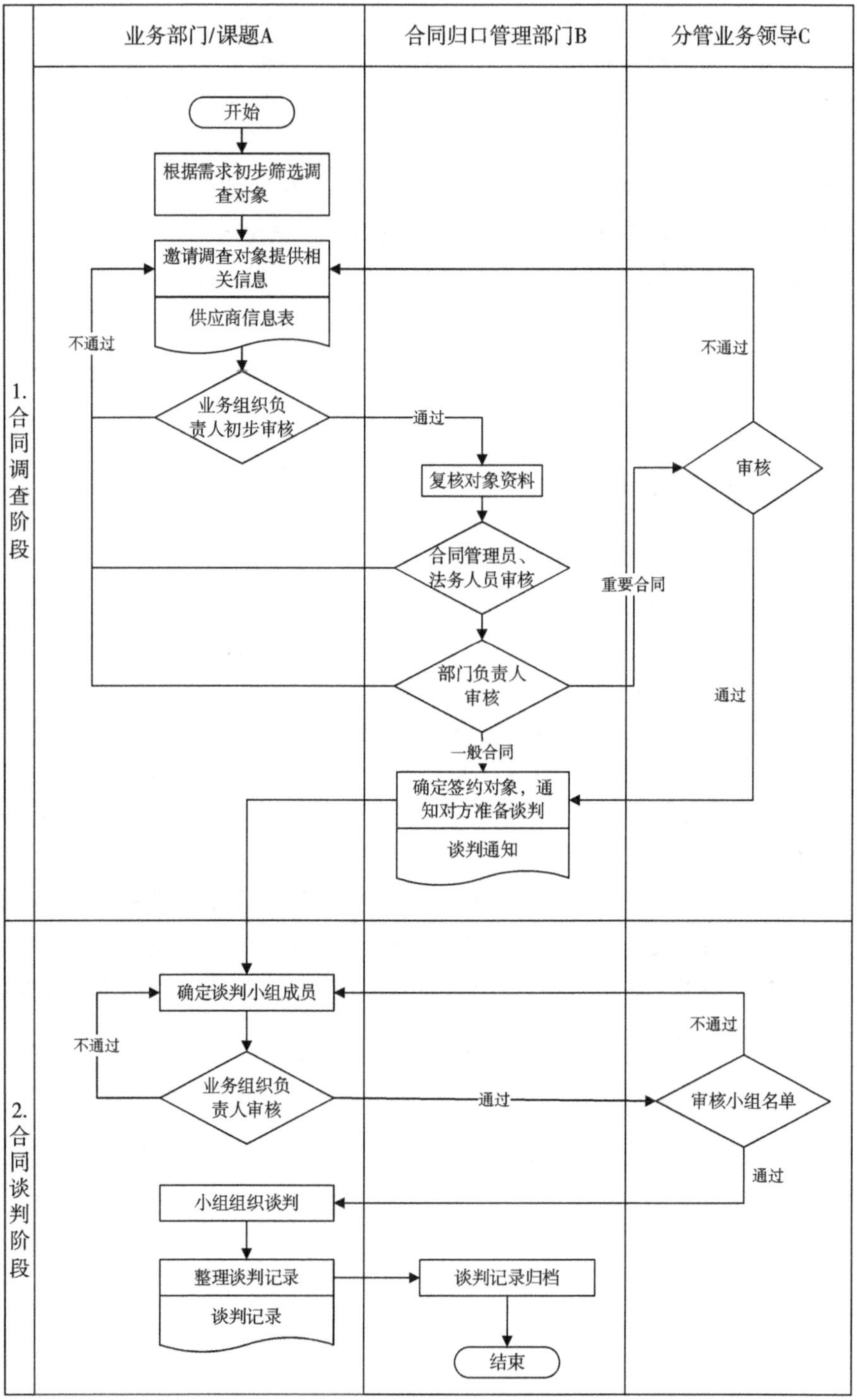

图 10-2　合同前期准备业务流程

二、合同订立阶段流程

合同订立业务流程见图 10-3。

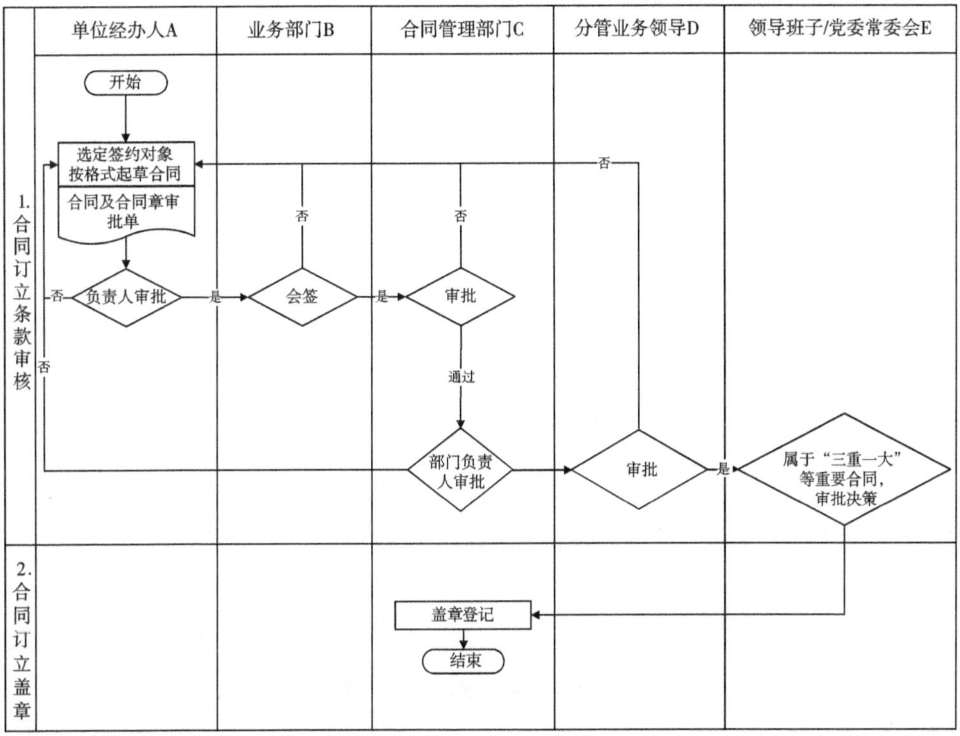

图 10-3　合同订立业务流程

A1、B1 拟选定签约对象起草业务合同，负责人审批后，业务部门对合同合规性进行初步审核并会签。

C1～E1 合同归口管理部门负责分析合同执行风险与法律相关内容，包括但不限于：变更、违约、索赔、不可抗力、解除、诉讼纠纷等条款。单位需设立专门的重大决策机构对重大合同进行审议，决议结果以会议纪要形式对合同提出审议意见。

C2 合同归口管理部门需要对合同章进行严格管理，保证签批手续齐全才可以使用单位合同专用章。印章管理人员根据合同审批单在合同落款处加盖合同专用章，多页合同应加盖骑缝章，盖章完成后需要对合同章使用进行登记备案，同时合同章使用审批单需要装订归档。

三、合同执行阶段流程

(一)合同履行阶段流程

合同履行业务流程见图10-4。

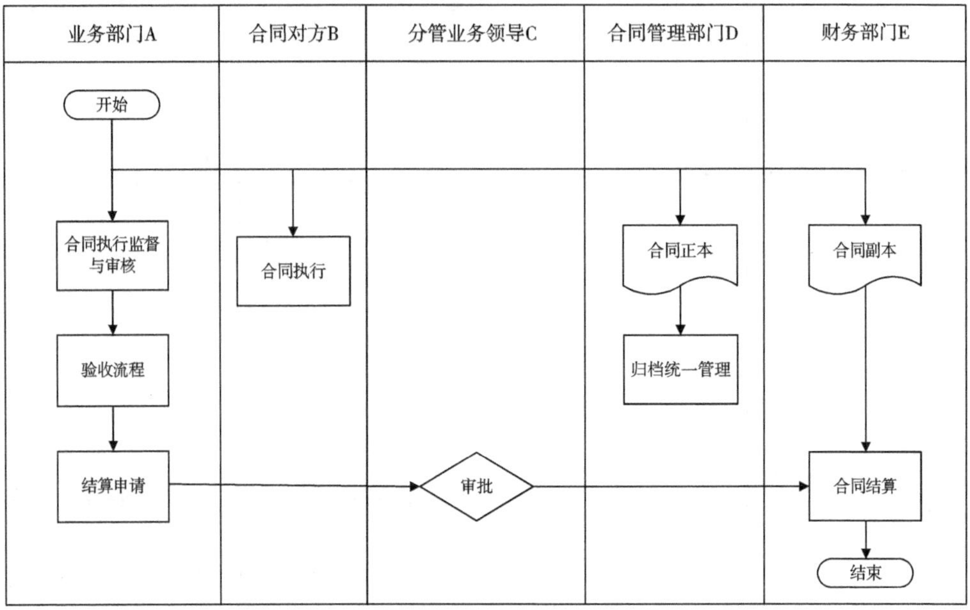

图10-4 合同履行业务流程

D单位合同正本需要合同管理部门归档并统一管理。

E合同副本应作为资金结算依据之一，提交单位财务部门。财务部门对合同支付资金项目应审核合同完整性，同时按照合同约定条款办理财务手续，收付款项或履行赔偿责任。对于合同对方未按约完成合同条款的，财务部门有权拒绝进行财务处理。

A业务部门根据合同签署内容履行合同条款，同时对对方履行情况进行监督，保证合同执行效果。合同工作履行结束后，业务部门应对合同结果进行验收，对于重大合同或重要合同需要向单位分管业务领导汇报执行结果。

(二)合同解除阶段流程

合同解除业务流程见图10-5。

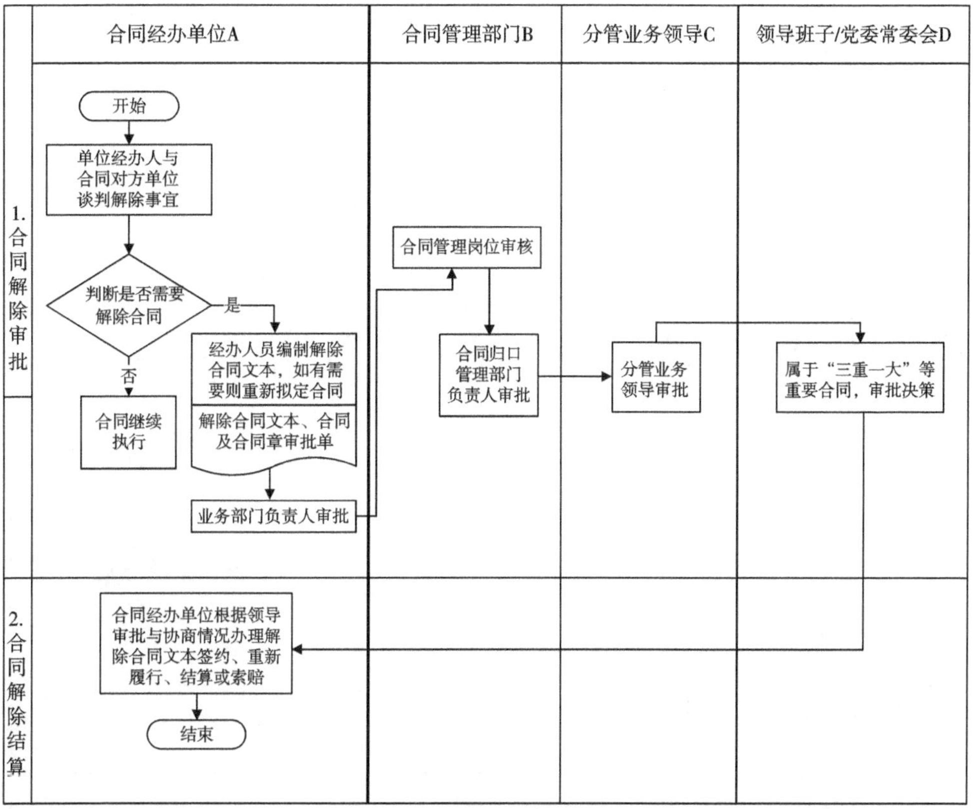

图 10-5 合同解除业务流程

A1 单位依法生效的合同，不得擅自解除。在合同履行过程中，确需解除合同的，应经双方协商后，签订解除合同文本，有需要可签订新合同，并按流程报送审批后签订。变更或解除合同的文本与原合同具有同等的法律效力。

（三）合同纠纷阶段流程

合同纠纷业务流程见图 10-6。

A1～D1 对于合同执行过程中有纠纷的情况，经办人需提交书面的《合同纠纷情况说明书》，经部门或团队负责人、合同管理部门审批、审核后，共同商讨纠纷解决方案，重要或重大合同需要按照单位重大事项决议政策进行决议。

A2、C2 经办人将商议结果与合同对方单位进行协商，协商未果的，协商无法达成一致，通过仲裁或其他法律程序解决，需要经办人提交相关材料至合同管理部门，由单位负责人代表单位提出起诉或应诉。

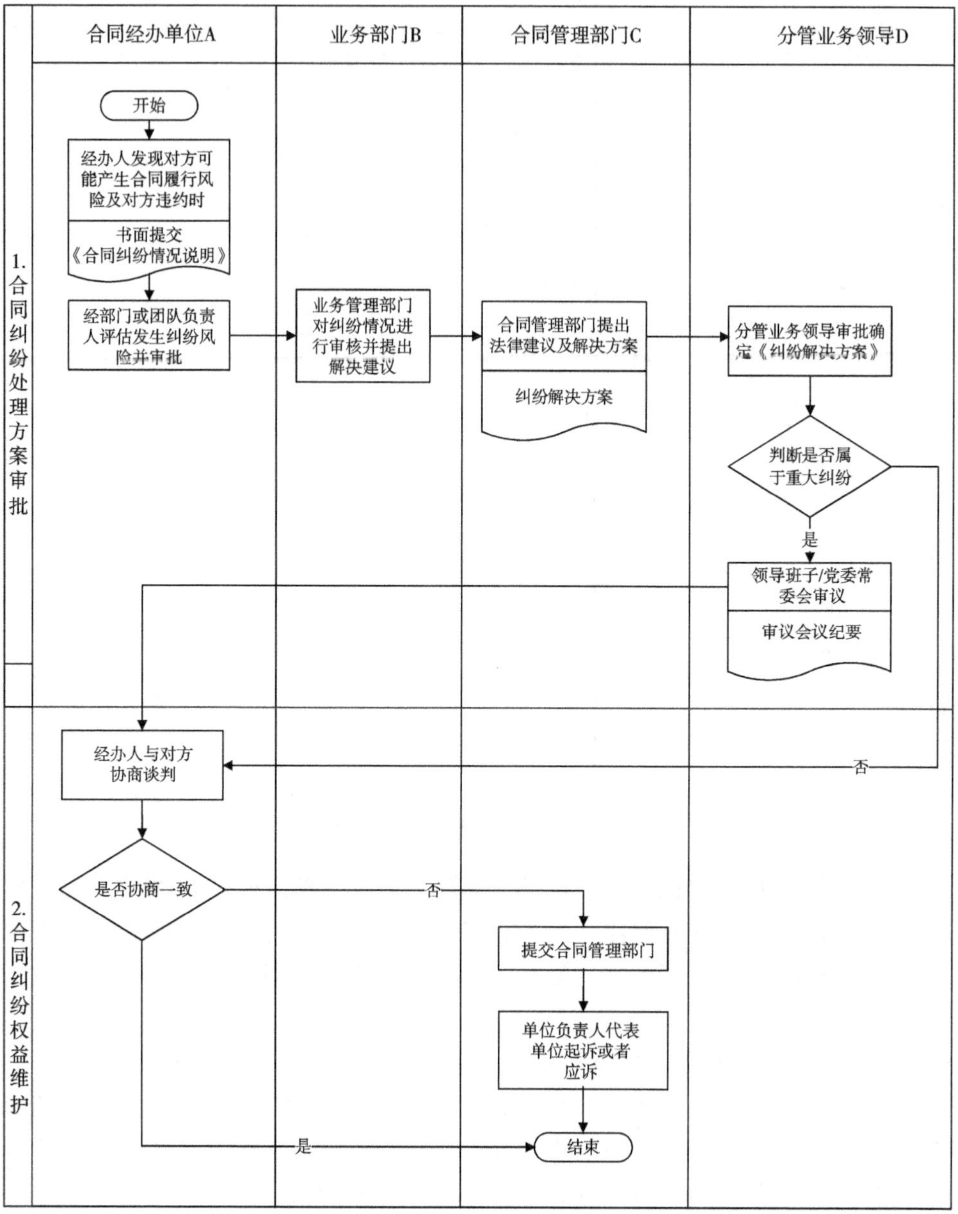

图 10-6　合同纠纷业务流程

（四）合同变更阶段流程

合同变更业务流程见图 10-7。

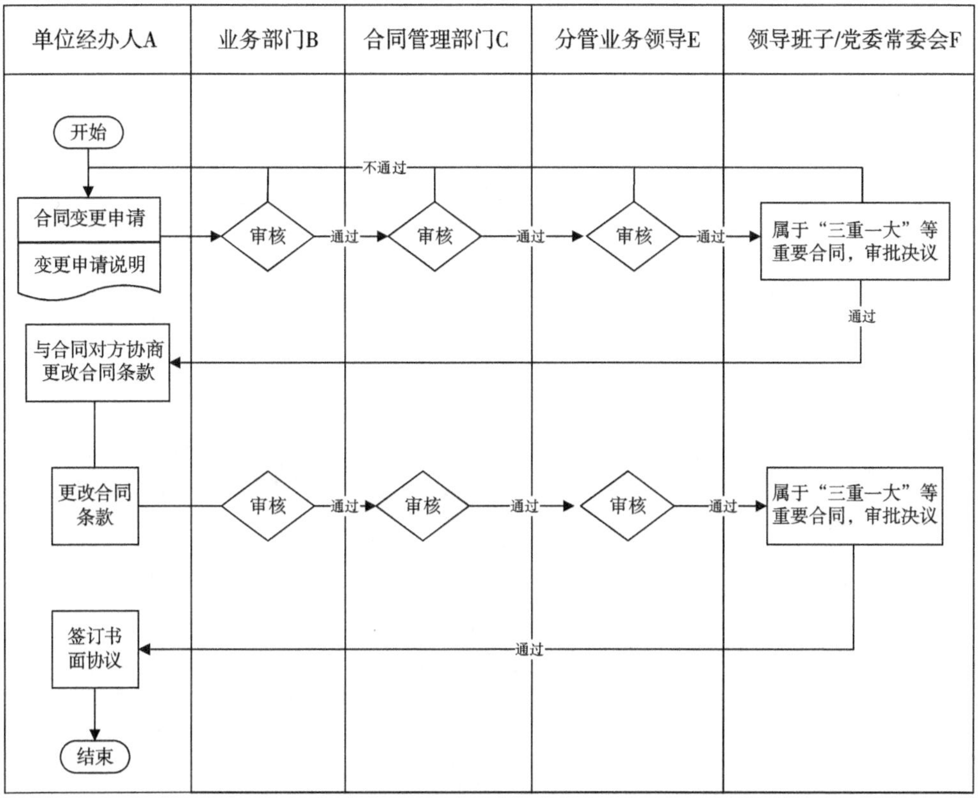

图 10-7 合同变更业务流程

A～F 合同履行过程中，若出现无法继续履行需解除合同的、合同需要变更的情况，业务部门需要向合同管理部门提交解除或更正合同申请，重要或重大合同需要按照单位重大事项决议政策进行决议。

C 合同管理部门中负责法律审核业务的人员需要审核合同解除/更正申请书，确认合同变更事项成立的，办理合同变更事宜，并对合同及相关说明进行归档。解除履行合同应定期进行归纳评价，以指导今后的合同业务办理。

四、合同后续管理阶段流程

合同后续管理业务流程见图 10-8。

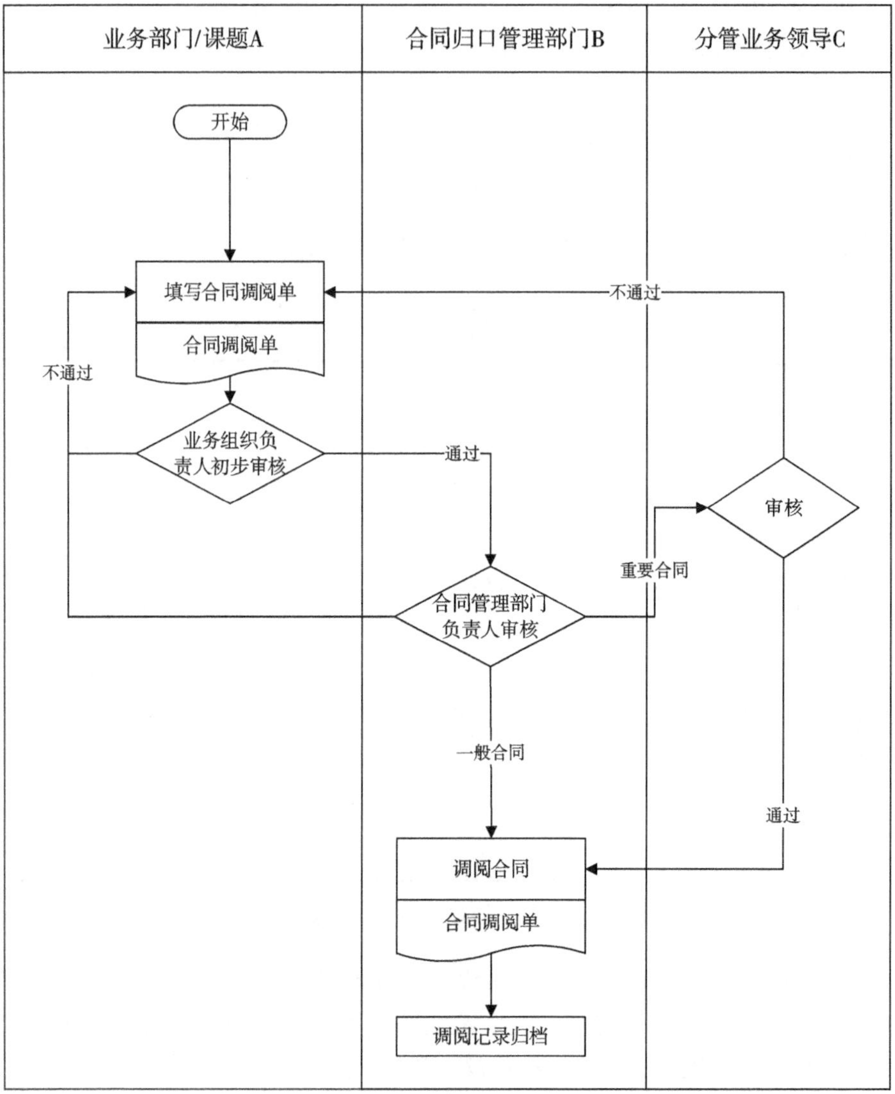

图 10-8　合同后续管理业务流程

A～B 业务部门合同查阅需要提交合同查阅申请表，并由合同管理人员进行登记。合同副本需提交合同管理部门统一归档管理，同时登记合同台账。合同履行情况需要业务部门进行评估，并指导下一次合同单位筛选。

第四节 合同管理控制风险点及控制措施

一、合同业务管理体系控制风险点及控制措施

(一)合同业务管理体系控制风险点

1.组织机构方面

科学事业单位未建立专门的合同管理部门,未设立全面合理的合同管理岗位,导致单位签署合同中缺少专业方面人员的指导,岗位职责分工不明确,合同管理混乱。

2.管理机制方面

合同管理制度不健全,未建立合理的授权审批、合同签署、合同监督、合同印章等的管理制度,导致单位签署合同存在经济隐患与其他风险。

(二)合同业务管理体系控制措施

(1)设置合理的合同管理组织机构,建立专门的合同管理部门,合理设置部门岗位职责,做到职责分工明确,不相容岗位相分离。

(2)建立健全的合同管理制度,科学管理合同业务每个环节,做到各个环节都有规可依,有效防范合同管理风险。

二、合同前期准备控制风险点及控制措施

(一)合同前期准备控制风险点

(1)与不具有完成合同能力的对象签订合同,导致合同无法完成,合同无效。

(2)与不具备代理权的对象签订合同,导致合同无效。

(3)与信用状况不良的对象签订合同,导致对方无法支付资金,单位产生损失。

(4)谈判小组中缺少法律领域人员,导致合同签署形式、内容与国家法律法规相冲突,导致合同无效或产生纠纷;对方提供合同中合同条文不完整,表述不严谨,存在重大欺诈与疏忽行为,可能导致单位蒙受损失。

(5)单位签订合同前未对对方履约能力等信息进行充分背调,导致没能选择最佳的合同对方,带来损失。

(6)合同主体不明确、不确定,导致合同的效力履行出现问题;合同对方借用他人营业执照、税务登记证或资质证书与单位签订合同,给单位造成经济损失。

(7)忽略对合同对方身份的审核,合同对方冒用他人名义与单位订立合同;单位内部由谁核定合同对方的资质职责不明确,产生推诿、扯皮或漏审。

(8)忽视对合同对方履约能力的考评,与不具有履约能力者订立合同,使业务

部门在合同履行过程中陷入被动，甚至遭受合同损失。

(9)在选择合同对方时偏重合同对方接受的优惠交易条件，轻视合同对方的履约能力，导致合同标的物质量等存在欠缺，造成单位利益受损。

(二)合同前期准备控制措施

在合同前期准备阶段，单位应严格履行合同审核制度，从源头上对合同的合法性及其他单位运行风险进行控制，对合同立项的标的产品或服务进行审核，审核其是否符合法律法规的要求以及同单位经济利益是否一致。该控制内容需要归口专门的合同风险管理部门来执行，建立合同立项审核标准，可以有效地避免合同立项的无效和单位权益的损失。具体列举控制内容有：

(1)对供应商选择环节进行标准化处理，要求业务部门在合同供应商调查时严格审查准合同相对方的履约能力、提交对方的身份证件、法人登记证书、资质证明等证明原件或文件。文件能清楚地反映供应商的市场信誉、资信情况、资质情况便于进行综合分析论证，评估对方民事能力，并构建动态的合作伙伴管理库，从而有效保证合理地选择合同相对方。

(2)审查代理人是否得到法人代表的书面授权(包括授权范围、授权期限、法人代表的亲笔签名、单位公章等)，关注授权代理人的行为是否在其被授权范围内。

(3)审查签约方的生产、经营和财务状况，分析其盈利能力、营运能力和偿债能力。

(4)进一步加强与和单位有合作的律师事务所的业务关系或聘请长期法律顾问，丰富其标准合同范本库，并在合同草拟后由合同风险管理部门对合同的条款、权利、义务分别进行审核。

(5)组建专业能力强、结构合理的谈判团队，团队中应包含有丰富业务能力的财会、法律、技术、质量、审计等相关人员，必要时可以聘请外部专家或顾问参与。同时制定合理、科学的谈判策略，充分发挥团队智慧，保障单位的利益。

(6)加强合同审核、审批人员专业素质培训，进一步强化对合同的经济性、可行性、严密性、合法性分别进行详细的审核。在培训效果不达标情况下，还可以考虑招聘业务能力人员来保证合同管理的顺利开展。

(7)建立合同文本退改重审制度。对合同文本审核中发现的纰漏和缺项，审核人员需要提出修改意见，并对合同经办人修改后的合同进行二次审核，以确保修改意见落实到位。

三、合同订立控制风险点及控制措施

(一)合同订立控制风险点

(1)合同审核阶段各部门审核流于形式，审核部门把关不严格，导致合同付款方式、付款时间、付款金额约定模糊，引发诉讼或经济索赔。

(2)未建立合同会审制度，对于重要或者重大合同未能组织法律、财务及涉及的专业领域人员参与合同审核，导致合同中不当内容未被发现，为单位带来经济损失。

(3)合同最终内容未按照各环节审核人员意见进行修正，导致合同内容与审核意见不符，影响合同执行效果，产生经济纠纷。

(4)合同签署后被故意篡改而蒙受经济损失。

(5)合同印章使用、保管等管理不当，为不符合印章使用流程的合同加盖了合同章，使单位蒙受经济损失。

(6)签订合同未合理预计合同支出，导致合同金额无法按时缴纳，无法完成合同的履行。

(7)盲目订立合同，在重大经济合同中，没有三方比价环节，使单位没有获得公允以上的合同利益，甚至遭受合同损失。

(8)为了订立合同盲目答应合同对方的苛刻交易条件，合同生效后单位无法全面履行合同遭受承担违约责任风险。

(9)单位合同业务人员在商定合同条件时缺少把关人员，故意放水，使单位遭受合同损失。

(10)单位合同业务人员故意选择交易条件不佳的合同对方订立合同，导致单位遭受合同损失甚至国有资产流失。

(11)交易条件不明确或含糊不清给合同的履行及追责带来困难。

(12)由于合同形式不当，使履行标准不明确，单位无法实现合同利益导致合同损失。

(13)由于合同形式不当，面对合同对方的不诚信与违约，单位无法依法进行有效的追责。

(14)在合同成立之前接受合同对方的履行，合同被动生效，使单位不想订立的合同对单位产生法律效力。

(15)业务部门大量使用口头合同，导致单位对合同的订立过程难以进行有效监管。

(16)单位有关制度缺少对各种交易使用的合同形式做出规定。

(17)重大经济合同订立时，由于起草合同文本的法律顾问或者外聘律师没有参加合同谈判，对交易双方议定的交易程序和权利义务了解不够，合同条款不足以支持交易的顺利进行。

(18)合同中存在应约未约或者约而不明的情形，使合同的履行和责任的追究遇到困难。

(19)单位公章管理制度不够健全,加盖公章或单位合同章缺少必要的审批流程,因用印失管失控给单位造成合同风险或其他风险。如单位公章无专人保管,误盖公章后无法追查责任人。

(20)在合同对方委托代理人签订合同时没有要求提供授权委托书,或者没有留存合同对方的授权委托书,使得合同的效力处于不确定状态。签订过程中也未能认真审核合同对方的授权委托书,接受了代理人越权签署的合同。

(21)对单位员工法制教育不够,单位规章制度不健全,单位员工职务代理行为不规范。

(二)合同订立控制措施

(1)明确合同审核阶段各个岗位与部门的职责与权限,并制定相应审核不当的惩罚措施。

合同文本需要经合同管理部门负责人审查。一般情况下需要审查合同文本的如下内容:合同文本所载交易内容是否符合项目内容或国家法律法规及单位的有关制度的内容,如有不符则合同不可订立;要关注合同对方的资格能力和履约能力;关注合同文本内容的完整性、付款方式的合理及明确性;对于固定资产类合同还需要重点关注履行期限、交付地点、包装方法及运输等的规定是否明确、合理;合同文本是否存在应约未约或约而不明的事项;对合同文本的其他内容进行审查,发现问题及时修改。这些内容都直接关系到单位能否顺利实现自己的合同目的。

财务负责人作为合同管理中的重要岗位,是单位财务和税务业务的直接负责人,需要运用自身掌握的财务和税务知识,重点审核合同文本载明的价款结算期限和方式是否合适,包括购买类合同付款和服务类合同的收款。

单位的法务部门或者外聘律师应对合同文本进行审查,审查内容包括合同签订形式的审查,对合同生效条件和终止条件的约定进行审查,单位是否存在超越合同范围的权利或义务的审查,关于违约责任或违约金的约定,对于争议的解决方式的审查,对合同风险是否有防范措施进行审查,对合同条款是否有应约未约、约而不明或前后不一致现象进行审查,对合同文本的合法性进行审查,确保合同合法有效等。

(2)建立合同会签制度,规定合同审核小组中必须有专业领域人员参与合同审核。

(3)合同业务部门对合同相对人是否是法定代表人或法定代表人授权的代理人进行确认,如为法人代理人的还需关注在合同签订过程中代理人是否存在越权代理行为。若合同相对人提供不了相应的文件证明,则需要考虑放弃合同的签订,以规避风险。

(4)合同签订原则上应该是双方当事人当面签订,不能当面签订的,可以通过一方先签，然后邮寄给对方进行签订，但是需要严格执行骑缝章等用印规定。

(5)建立合同流程底稿归档制度，确保合同会签全流程留痕，合同部门负责人需要对合同进行复核。

(6)建立印章使用制度，规定专人管理单位公章及合同专用章，确保合同用印为合同章而非其他业务章、公章等，同时需要盖骑缝章，并对其规定唯一的合同分类编号，确保合同的唯一性。

(7)合同印章保管人员在加盖合同章前需仔细检查对方单位合同章是否正确，合同是否有涂改，确认合同骑缝章没有缺失。

(8)合同章盖章必须制定相应制度，符合制度要求的合同才可以加盖合同章。

(9)合同签订时，需要关注对质量标准和验收标准相关条款的审核，确保合同中明确地规定了合同标的产品其质量标准及验收标准，对产品或服务质量不能满足使用要求的，要建立一票否决制度，从而保障单位经济利益不受侵犯。

(10)由财务部门对合同所需的资金和资源进行合理预算，做到资金和资源的专门使用，避免挪作他用。

(11)对单位员工进行法制教育，规范单位员工职务代理行为。

四、合同执行控制风险点及控制措施

(一)合同执行控制风险点

(1)对方单位未能及时履行合同义务，或我方单位未能及时履行合同条款，导致纠纷。

(2)合同表述不清晰，导致合同履行出现困难。

(3)未按照合同规定期间付款，导致单位违约，产生经济隐患。

(4)未能制定催收账款制度，不能在规定账期内收回应收款项，导致单位有发生坏账的风险。

(5)未建立有效的合同纠纷处理机制与流程，导致合同纠纷不能及时合理地处理，纠纷范围扩大，造成对单位的不当经济损失。

(6)变更、解除合同生效后，未能履行相应变更程序，及时通知相关部门，导致合同变更或解除行为未完成或无效，造成单位经济损失。

(7)合同变更或解除手续未按规定条款执行相应程序，导致合同变更或解除行为不当或无效；重大变更谈判没有法律顾问或外聘律师参加或者提供支持，导致无法实现单位变更的目的。

(8)补充合同条款欠缺时产生风险：对应该补充的内容未进行补充，使合同的履行遇到无法按约定履行，使单位利益遭受损失；应当补充的合同条款未进行及时补充或者不能公平协商进行补充，使单位有利条件变为不利条件，遭受损失；对合同的补充条款没有经过单位的法律顾问或外聘律师审查，虽然对合同条款进行了补充，但仍然无法实现单位的合同目的或者使单位丧失既得的合同利益；业务人员擅自对合同条款进行补充或者以补充协议的方式损害单位利益；补充的形式不合理遭遇对方的抗辩，使补充丧失法律效力，无法达成单位的合同目的；补充没有固定证据，使单位无法举证遭受不利后果。

（二）合同执行控制措施

（1）应明确规定合同履行情况由业务部门监督督促，保证合同按时完成，保质保量。可以在合同中要求对方提供履约担保或签订合同保险协议，从而将合同履约风险转移到合同相对人或者第三方。

（2）应在合同签署阶段仔细斟酌合同条款，合同签署后出现合同需要变更或修改等情况应及时执行合同变更或申请补充协议流程，保护单位合法权益。

（3）合同签署业务部门应在合同规定期限内及时办理合同付款的相关手续，避免由单位承担资金支付不及时所带来的风险。

（4）制定严格的催收条款，由业务部门为主，财务部门为辅，催促对方单位支付资金。

（5）建立合同纠纷处理制度与流程，保证合同纠纷产生第一时间，存在有效通道进行纠纷处理，将单位损失降到最小化。

（6）变更、解除合同生效后，合同管理部门与业务部门及时做好信息沟通，保证合同按照最新条款执行。

（7）合同变更或解除手续需要严格按照合同管理规定执行，需要建立严格的变更、解除流程，对于不符合流程规定的合同，不予加盖合同印章。

（8）为合同标的产品或服务建立独立的验收环节及有效的验收手段，确保验收工作能够独立开展，不受其他部门的影响，能够公正地进行验收。

（9）制定合同变更制度，同时与合同相对方积极沟通，确保合同变更不会使单位权益受到侵害或受到的损害是在单位可接受范围内，将合同变更程序做到有法可依，能够顺利履行变更后的合同。

（10）建立合同纠纷处理制度，明确合同纠纷的类型、纠纷处置的办法、相关人员的责任。在处理合同纠纷的时候，任何部门或个人不得在未经授权的情况下向合同纠纷的相对方做出与纠纷有关的答复或承诺。

（11）做好合同管理，保留好合同各个环节的证据，对合同签订、履行、变更等各个环节产生的业务凭证要进行归口管理，各业务负责部门要指定专人负责管理合同各种记录凭证。

五、合同后续管理控制风险点及控制措施

（一）合同后续管理控制风险点

(1)合同档案保管不当，造成档案丢失或者毁损。

(2)未建立合同查阅制度，导致合同泄密，单位存在被起诉风险。

（二）合同后续管理控制措施

(1)专人专岗进行档案保管，建立合同连续编号及保管制度，对合同的公开程度进行分类，参考相关保密规定，对合同的涉密等级进行划分，对合同进行分类管理，防止合同发生泄露的情况。

(2)合同档案查阅需持相关审批文件，明确合同借阅归还程序及借阅人和管理人职责，严格管理合同查阅流程。

(3)合同要在合同签订后就将原件进行归档，原则上合同原件禁止借出，避免合同丢失的风险。

(4)开发合同管理信息系统，对合同原件进行影印等信息化处理，以便使用和查阅，同时在合同管理信息系统中对使用人的使用进行划分授权，规定相应的合同归档、查阅、借用办法。

第十一章
薪资管理控制

第一节 薪资管理概述

一、薪资管理概念

薪资管理指制定合理的工资发放制度及系统，包括设计薪资酬劳的标准、薪资的组成部分、薪资的发放政策、发放办法和原则，也包括工资薪金的核算。本书中对薪资管理的研究内容主要为薪资业务内部控制的流程。

二、薪资管理分类

科学事业单位薪资管理主要分为编内人员薪资与外聘人员薪资两部分。编内人员薪资包括工资津贴与绩效两部分，外聘人员薪资整体称为工资薪金。薪资管理作为单位管理内容的重要组成部分，汇集了人力资源管理和财务管理等多方面内容。

第二节 薪资管理流程

一、工资津贴业务流程

工资津贴业务流程见图 11-1。

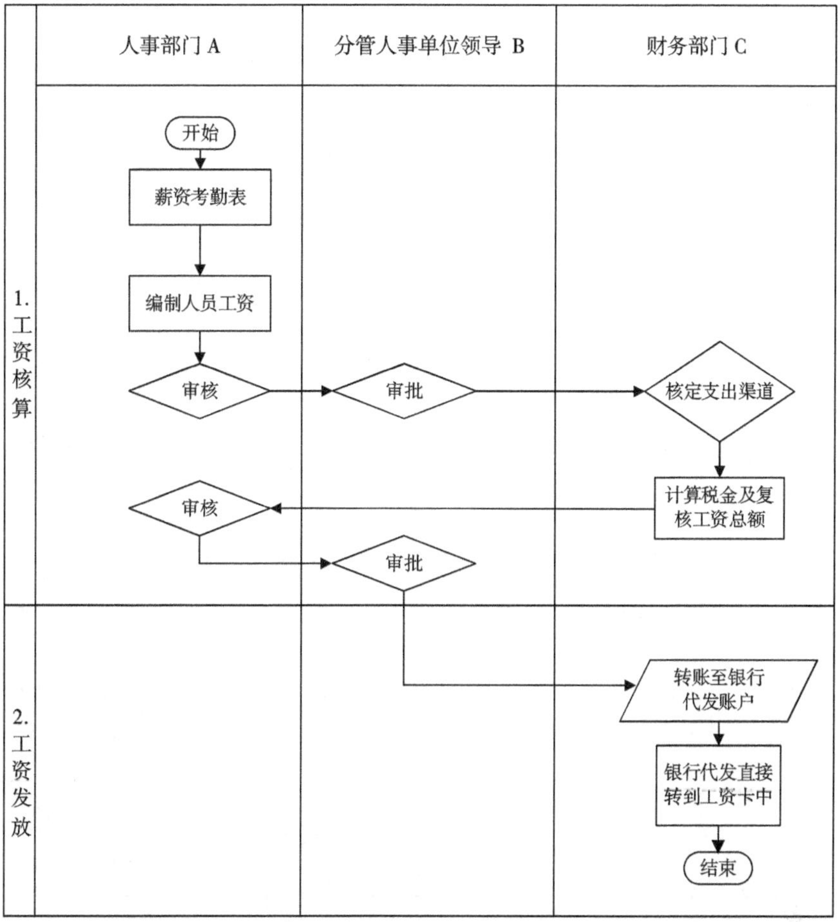

图 11-1 工资津贴业务流程

A 由人事部门相关岗位统计正式职工薪资考勤表，根据薪资考勤表编写当月人员工资，由人事部门负责人对人员工资表的明细、变动内容等进行审核。

B 分管人事单位领导审核当月人员工资。

C 财务部门核定人员工资支出渠道，复核人员计算工资税金及总额正确性，最后由出纳通过银行代发手续进行工资发放。

二、绩效业务流程

绩效业务流程见图 11-2。

B2、C2 科学事业单位职工绩效考核主要是在每年年末，科技管理部门制定发表文章书籍、专利成果、国家奖项等各项指标的评分标准，对科研人员进行绩效考评，人事部门根据考评结果确定职工绩效金额。

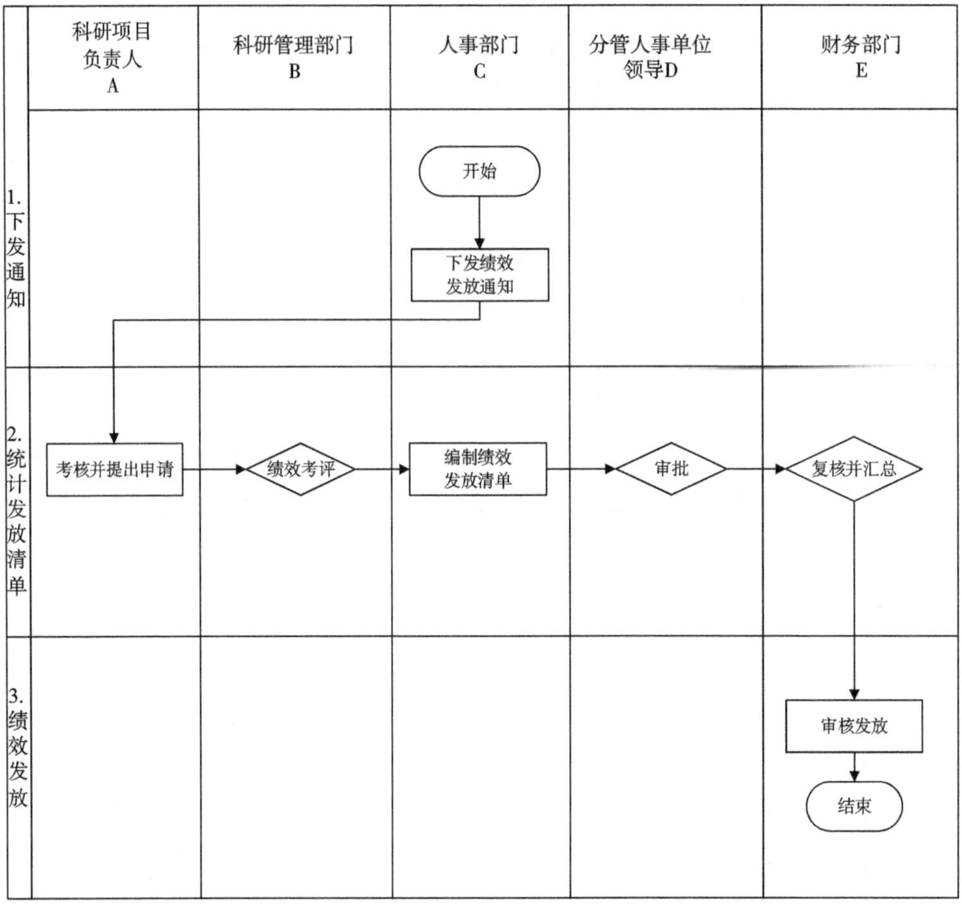

图 11-2　绩效业务流程

三、工资薪金业务流程

工资薪金业务流程见图 11-3。

B1 人事部门牵头组织单位外部聘用人员与劳务派遣单位签订合同。

B2 人事部门对外聘人员信息进行汇总备案，对签订合同进行整理归档。

A3～F3 科研项目部门提出临时工工资发放申请，经审批通过后财务部门将资金支付至劳务派遣单位，由劳务派遣单位将工资发放至相关人员。

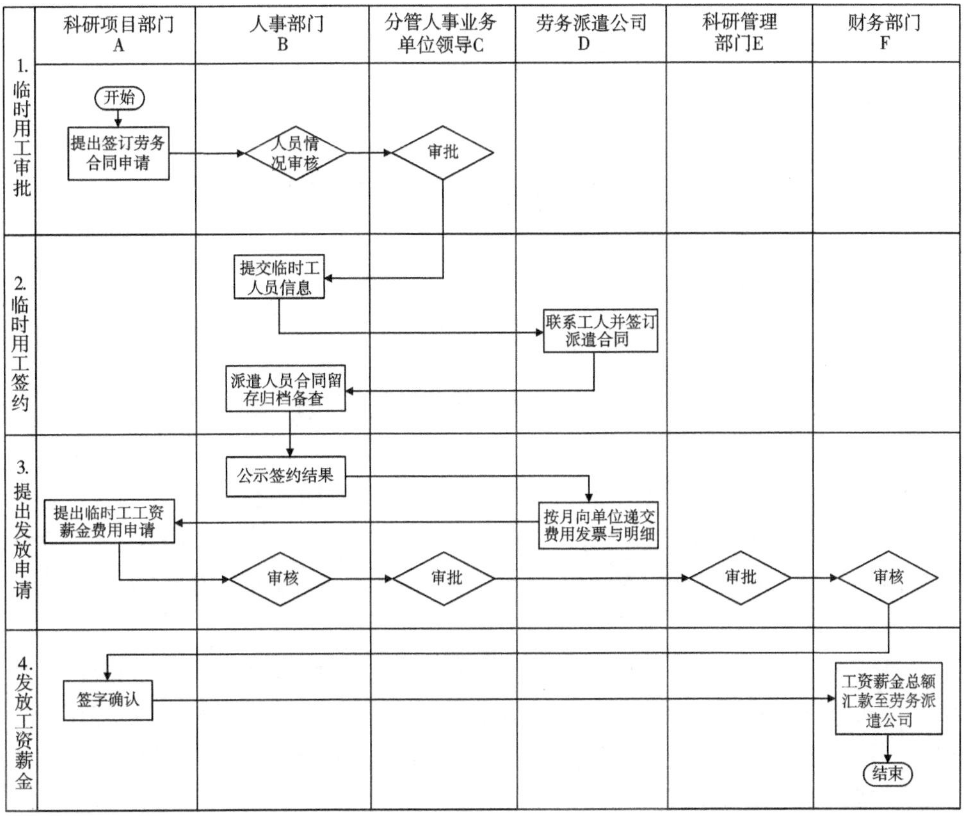

图 11-3　工资薪金业务流程

第三节　薪资管理控制目标

激励是人事管理的核心，是为了特定的目标采用手段去影响员工的内在需要、强化动机，引导员工的行为。当员工的精神或物质需求得到满足时，就会提高工作中的积极性，提高工作中的绩效水平。在科研经费管理的过程中，如果对承担项目的科研人员及科研经费管理人员采取激励的手段，如将绩效与薪资挂钩，将会最大限度地调动相关人员的潜能与积极性，是提高研发能力和管理水平的最有效的方式。但就目前我国科学事业单位薪资管理情况来看，尽管科研经费中的间接费用允许按一定比例列支绩效支出，但由于大部分科学事业单位缺少科学合理的预算绩效评价体系，难以有效评价科研经费管理的效率与效益。在奖励的分配上，仍存在着“论资排辈”的现象，在一定程度上使员工存在着消极情绪，影响工作效率，增加挪用科研经费以获取个人利益的风险。

因此，科学事业单位与企业薪资管理控制目标有所不同，科学事业单位薪资管理控制目标主要包括：设置合理绩效指标鼓励科研人员高效科学研究；各类员工工资薪金发放符合国家法规与单位制度；工资计算方法公平合理，保证员工利益。

第四节　薪资管理控制原则

科学事业单位由于自身性质及经济业务种类，薪资支出业务具有政策性强、涉及面广、各级关注度高、参与部门多等特点，薪资管理内部控制，应做到业务流程规范、预算和支出符合制度要求。

科学事业单位应按照内部控制原理遵循以下原则规范单位薪资业务。

1. 归口管理原则

科学事业单位应指定专门部门管理薪资业务，涉及薪资项目管理的各部门对本部门分管的薪资项目预算编制和工资项目编制审核负责。同时单位应做到薪资管理内部部门之间设置相互制约和相互监督的制衡制度，防范财务舞弊风险等。

2. 不相容岗位相互分离原则

单位应明确工资预算编制和发放业务各相关部门职责分工，科学设置内部控制关键岗位，合理划分职责权限，对工资编制、发放以及经办、审核、审批等不相容岗位进行有效分离，形成岗位间相互制约和相互监督的制衡机制。

3. 预算管理原则

科学事业单位薪资管理应严格按照国家规定的预算管理制度进行管理，单位应加强薪资预算管理，明确预算编制范围与标准，确保各类薪资支出人员范围、工资项目、支出标准符合国家相关法律法规、财经纪律及单位管理规定。

4. 信息化管理原则

科学事业单位应加强信息化手段在单位内部控制管理中的运用，将内部控制流程嵌入单位信息系统中，实现薪资管理业务内部控制流程化，减少和消除人为舞弊因素，进一步提高内部控制质量和效率。

第五节　薪资管理控制风险点及控制措施

一、工资津贴控制风险点及控制措施

(一)工资津贴控制风险点

(1)人事部门对职工工资薪金核算不准确，当月变更内容不能完整体现。

(2)人员工资付款单据未经审批或内容与经审批的用款审批单不符，导致资金

支出错误。

（二）工资津贴的控制措施

(1)核算职工薪资金额环节，人事部门相关岗位对工资薪资、社保的明细、变动情况进行复核，人事部门领导及分管人事工作领导对数据进行二次审批，确保数据准确性。

(2)财务部门复核岗对制单单据进行初步复核，确保凭单内容与金额的一致性，审核程序完整性。

二、绩效考核控制风险点及控制措施

（一）绩效考核控制风险点

绩效考核结果应该能反映科研人员科研状况，用来衡量、评价员工的工作特性、行为和结果，并作为奖励和惩罚依据。绩效考核的目的就是通过结果的反馈，调动科研人员的研究热情，提高工作质量和工作效率。现阶段科研绩效考核主要风险点体现在：

(1)单位尚未形成健全完善的绩效考核管理体制，整个考核过程过于形式化，相关部门领导缺乏对绩效考核流程的重视，绩效考核指标设定缺乏合理性，对职工研究内容及效果的体现过于片面，如很多事业单位的绩效考核指标全体员工都一样，没有体现出不同层级、不同岗位的关键绩效指标，无法反映真正绩效的效果。

(2)绩效考评指标设计不合理且变动频繁，导致科研人员存在一味追求绩效指标中内容的完成，而不关注科研的现象，导致科研人员科研热情不足，科研创造性大大降低。

(3)单位绩效工资非一次性发放，人事部门未能正确统计绩效工资金额，导致单位年度人均绩效工资总量超上级部门规定标准。

（二）绩效考核控制措施

(1)建立完善的绩效考核体系，包括规章制度、考核业务部门及岗位等。

(2)设置科学合理的绩效考核指标。科学事业单位应根据自身的学科特点与单位战略发展目标制定科学、适宜的考核指标和评分标准，真正实现绩效薪资考核的公平性和公正性，让每位科研人员的工作成果都能够得到应有的体现与回报。

(3)构建良好的沟通渠道与氛围。科学事业单位管理者应该加强与科研人员的沟通，充分了解科研工作的具体内容，做到以科研为落脚点，从科研人员角度出发，切实维护科研人员权益。对于绩效考核要求要及早向科研人员公布，从而督促科研工作者不断努力和进步。

(4)准确核算人均绩效工资。科学事业单位人事部门应将绩效工资作为核定工资重点内容之一，按月累计统计单位绩效工资发放数量，严格控制单位人均绩效工资总量不超过单位应遵守的金额标准。

三、工资薪金控制风险点及控制措施

(一)工资薪金控制风险点

(1)人事部门未对外部聘用劳务人员信息进行审核,对未在单位备案的外聘人员发放了工资。

(2)人事部门未对外部聘用劳务人员工资明细表、变动表进行核对,导致发放金额错误。

(3)财务部门未审核资金支出渠道,导致发放渠道有误。

(4)人员工资付款单据未经审批或内容与经审批的用款审批单不符。

(二)工资薪金控制措施

管理外聘人员信息的部门岗位,需建立劳务用工人员信息库,并及时更新,确保库内信息准确性。

核算非正式职工薪资金额环节,人事部门应建立复核岗,对薪资、社保的明细及变动情况进行复核,确保数据准确性。

财务部门建立复核岗,对单据内容进行复核,确保程序的完整性和内容的准确性。

此外,科学事业单位工资薪金发放大部分通过银行代发的手段进行,根据国家银行账户管理规定,单位银行代发账户需要有“代发”字样,因此单位在设置银行账户时需要在代发户名中体现“代发”字样。

第十二章
科研项目管理控制

改革开放以来，我国先后设立近百个科技计划（专项、基金等），支持科学研究开展，为科技发展提供了有力支撑。随着科技领域的投入逐年加大，科研资金使用效率与科研项目管理问题引起了社会越来越广泛的关注。加强科研项目自身的内部控制，对科学事业单位的高质量发展具有重要的现实意义。

第一节　科研项目管理概述

一、科研项目管理概念

科研项目，即在项目规定时间、有限资金资源和相关约束条件下，实现某项科研目的而开展的一系列科学研究活动。不同于基建、工程类项目，科研项目主要具有以下几个特点。

（1）独立性　科研项目间管理与使用都是相互独立的，是一次性完成的，任何两个科研项目的要素都不会完全相同，科研项目具有不可复制性。

（2）独特性　同一类科研项目应用在不同领域，根据其受众对象的不同会对应用条件产生独特的要求。比如，分别在船舶和飞机上应用的同一类项目的不同产品，虽然性能、用途相似，但是由于产品的应用领域和范围不同，就要按照其使用环境进行不同标准的盐雾试验和高原适应性试验等。

（3）制约性　科研项目在研制过程中会受多个条件影响，如团队人员素质，实施地点，项目总预算等，因而科研项目管理者必须学会合理利用资源，在既定的条件下实现科研项目的既定目标。

（4）科研项目团队的临时性　科研项目立项之后会组建项目团队，团队成员会跟随项目的发展不断调整，新成员不断加入，完成部分项目的成员陆续退出。

(5)成果的不可逆性　科研成果具有不可逆性，一旦出现失误将难以纠正，因此对项目生命周期的每个环节必须严密管理。

科研项目管理是一项将一般管理技术投入具体科研内容实践的全面性系统工具，它需要同时兼顾经费管理特点与科研项目推进中的特殊性，方能实现各方效益的最大化。

科研项目内部控制指运用有限资源合理保证科学研究项目质量与效益，实现科研项目管理制度化和流程化，同时有效降低科研项目经费使用中可能产生的风险。科研项目内部控制具有一些特殊性，体现为：①科研人员的管理，科研项目推进基于项目参与科研人员的科研活动，因此项目管理模式应充分考虑科研人员及科研活动的灵活性与自主性，同时又要有适度的规范性；②信息沟通的重要性，科研项目管理贯穿科学研究全过程，科学事业单位科研管理部门对于科研项目的推进与科研成果的转化等通常无法获得全部信息，这种信息不对称可能会影响科研项目的内部控制管理。科研项目内部控制管理应充分考虑科研项目的特殊性。

科研项目管理按照单位内部控制管理过程，分为立项阶段、执行阶段、绩效综合评价阶段。科研项目管理流程见图 12-1。

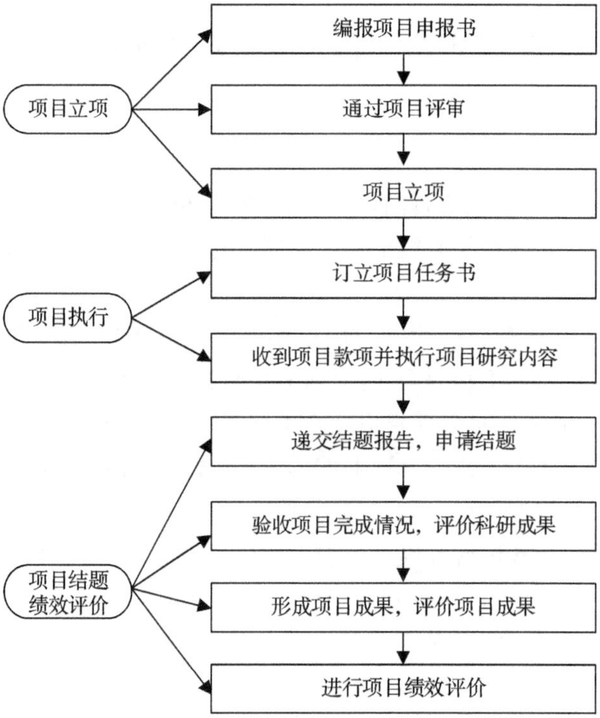

图 12-1　科研项目管理流程

二、科研项目的分类

按照资金取得渠道与方式不同，科学事业单位科研项目可分为实行公开竞争方式取得科研项目经费（以下简称竞争性经费项目）与国家稳定支持的科研任务专项（以下简称稳定性经费项目）。

竞争性经费项目是指通过科研人员申请、专家评审、差额立项这一竞争择优的方式获得科研经费的项目，包括自然科学基金、科技重大专项、重点研发计划、技术创新引导专项、基地和人才计划等。稳定性经费项目指不需要科研人员通过竞争获取，由政府通过不同的配置方式直接进行资助的科研经费项目，包括科研院所运行经费和基本科研业务费、创新工程、创新基地、社科、高端智库、科学技术普及等，这类项目主要用于支持科学事业单位开展所属行业基础性、支撑性、应急性科研工作和根据自身特点自主选题等。这两类项目在立项阶段、绩效评价阶段分别采取了不同的方式。

三、科研项目管理控制的法律法规依据

科研项目管理涉及法律法规数目较多，现列举常见的几项：

《科研失信行为调查处理规则》（国科发监〔2022〕221 号）

《科学技术活动违规行为处理暂行规定》（科学技术部令第 19 号，2020 年颁布）

《科学技术活动评审工作中请托行为处理规定（试行）》（国科发监〔2020〕360 号）

《中央财政科技计划（专项、基金等）监督工作暂行规定》（国科发政〔2015〕471 号）

《国家科技计划（专项、基金等）严重失信行为记录暂行规定》（国科发政〔2016〕97 号）

《中央财政科技计划（专项、基金等）绩效评估规范（试行）》（国科发监〔2020〕165 号）

《科技评估工作规定（试行）》（国科发政〔2016〕382 号）

《关于扩大高校和科研院所科研相关自主权的若干意见》（国科发政〔2019〕260 号）

《〈关于扩大高校和科研院所科研相关自主权的若干意见〉问答手册》（国科办政〔2022〕5 号）

《关于破除科技评价中“唯论文”不良导向的若干措施（试行）》（国科发监〔2020〕37 号）

《关于做好科研助理岗位开发和落实工作的通知》（国科发区〔2022〕185 号）

《关于开展减轻青年科研人员负担专项行动的通知》（国科发政〔2022〕214 号）

《关于进一步加强统筹国家科技计划项目立项管理工作的通知》（国科办资〔2022〕107 号）

《关于开展科技人才评价改革试点的工作方案》(国科发才〔2022〕255 号)

《科学技术部行政处罚实施办法》(科学技术部令第 20 号)

《社会力量设立科学技术奖管理办法》(国科发奖〔2023〕11 号)

《科技伦理审查办法(试行)》(国科发监〔2023〕167 号)

《国家科学技术奖提名办法》(国科发奖〔2023〕225 号)

第二节　科研项目管理控制目标

一、确保科研项目顺利完成

科研项目业务控制的最根本目标就是保证科研项目在申报、执行等各项目期间顺利完成。科研项目控制需要通过各种内部控制手段,降低科研项目业务各个阶段的管理风险,推进预算执行,保障科研人员按照科研项目合同或任务书的内容完成科学研究内容。

二、确保科研经费收支合法合规

科研经费管理是科研项目管理的核心内容,保证科研经费收支合法合规也是科研项目内部控制管理的重要目标。科学事业单位需通过制定完善的内部控制防范风险,确保各项科研经费收支符合国家法律法规和本单位规章制度的规定,避免科研项目使用来源不明的资金,签订非法违规的合同,列支不合规支出,支出审核不严格导致资金被套取、挪用、贪污,造成国家及单位的科研经费流失。

三、确保项目资产安全使用高效

科研项目管理要确保科研项目形成的资产安全,使用高效。随着国家对科研项目资金的投入不断加大,科研项目资金形成的资产也越来越多,有直接购买的科研仪器设备、试制设备、科研项目执行过程中形成的科研成果等。单位应及时明确项目资产数量、价值、管理人、使用人以及资产存放地点,避免资产闲置或重复购买,防止个人侵占国有资产。

四、确保科研项目绩效完成

科研项目最终目标是确保科研项目绩效指标的实现。单位应建立健全绩效评价体系与评价方法,充分利用已经建成的网络化信息平台,采取定量与定性相结合的方式,对科研绩效指标进行全面审查、评估。绩效评价结果可以作为对有关立项进行申请的重要参考因素,让有限的科研资源不断得到优化配置,切实提升科研项目执行效果。

五、确保科研项目财务信息真实完整

科研项目管理要保证项目财务信息真实完整，要通过内部控制流程，确保科研项目全过程的财务信息真实准确反映科研活动。

第三节 科研项目管理流程

一、科研项目立项阶段流程

(一)竞争性科研项目立项流程

竞争性科研项目立项流程见图 12-2。

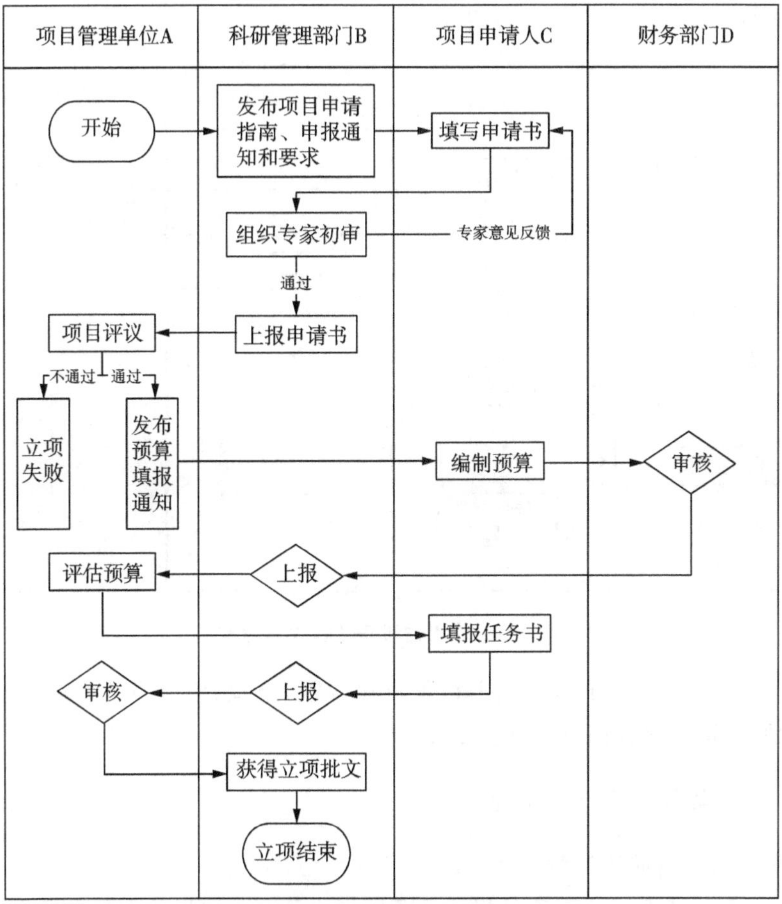

图 12-2 竞争性科研项目立项流程

A～C 科研项目组织实施单位下发立项编制指南和申报通知，提出项目申报立项的基本要求、研究方向，科学事业单位科研管理部门接到通知后，及时发布项目申请指南、申报通知和要求，将项目申报信息传达给单位内科研人员。科研管理部门组织课题申报需要强调申报书编写要求、上报时间等重点信息。项目申请人根据项目申报指南等进行项目预申请，由所在部门或团队根据项目内容、项目金额、申请难度等方面进行内部协调后提交科研管理部门初审。

B～A 科研管理部门应组织专家对材料进行初审，提高项目申报通过率。

D～A 科研项目组织实施单位审核通过的项目申请，由项目申请人编制项目预算，财务部门审核项目申报需要配套资金的真实性、合规性等。科研管理部门将收到的任务书进一步报送至科研项目组织实施单位，获得立项批文后，科研管理部门需对项目申请材料及时进行归档。

(二)稳定性科研项目立项流程

稳定性科研项目立项流程见图 12-3。

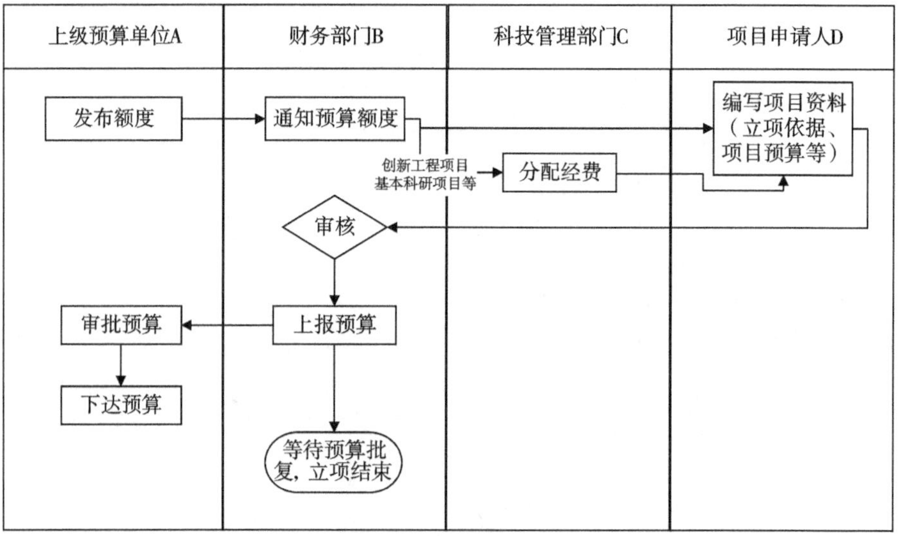

图 12-3　稳定性科研项目立项流程

A～D 稳定性科研项目按照上级预算控制数，申报、编制预算，预算审核无误后上报预算，待上级部门下达预算批复。

二、科研项目执行阶段流程

科研项目执行阶段流程见图 12-4。

B1～A1 财务部门收到项目相关经费入账信息后通知科研人员办理入账。

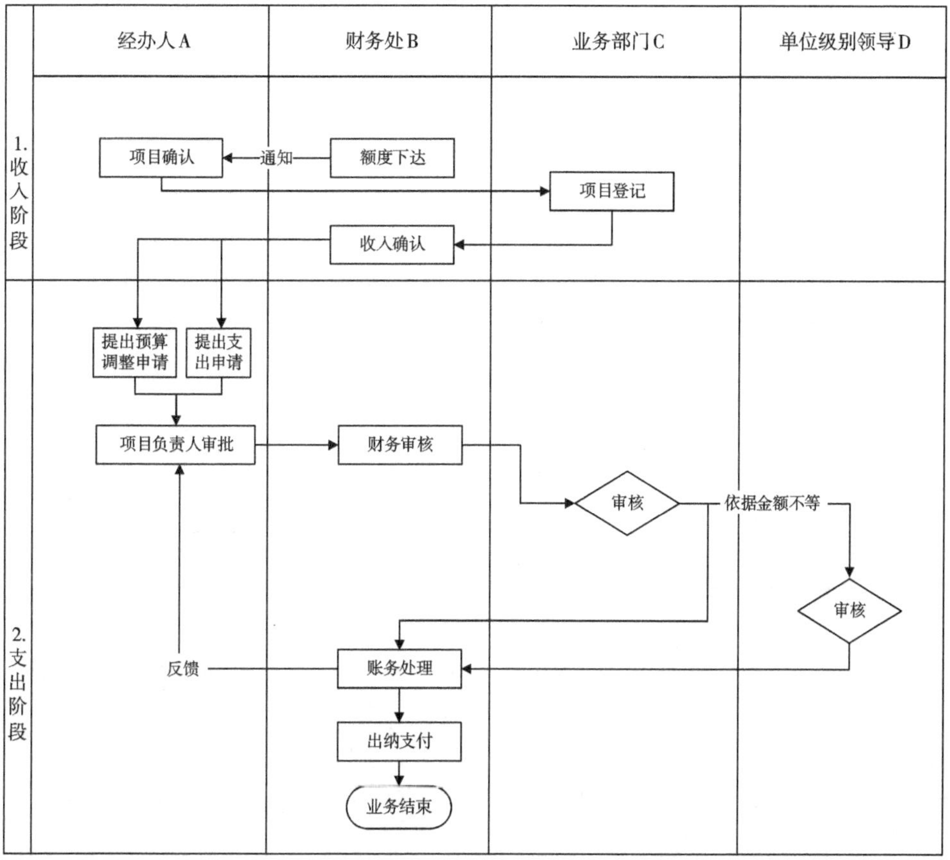

图 12-4 科研项目执行阶段流程

C1～B1 科研人员进行项目确认并在业务部门进行项目登记。业务部门根据项目合同或计划书准确确认收入金额与预算科目,保证后期财务系统对预算支出的控制准确性。财务部门根据业务部门登记单进行收入确认。

A2～B2～C2 科研人员根据项目研究业务需要提出预算调整及支出申请,经过负责人、财务、业务部门等审核后进行调整及支出。其中资金支付依据单位内部制度根据实际金额,实行分级审批流程。

B2～A2 项目执行过程中,财务部门通过信息系统将项目执行情况反馈给项目负责人,并且对于预算调整在系统内给予调整提示。

D2～B2 各级审核人员审核完成后,财务部门负责项目资金的最终支付环节,由会计进行账务处理,出纳进行资金支付。

三、科研项目绩效综合评价阶段流程

（一）竞争性经费项目绩效综合评价

1. 决算

项目验收决算阶段流程见图 12-5。

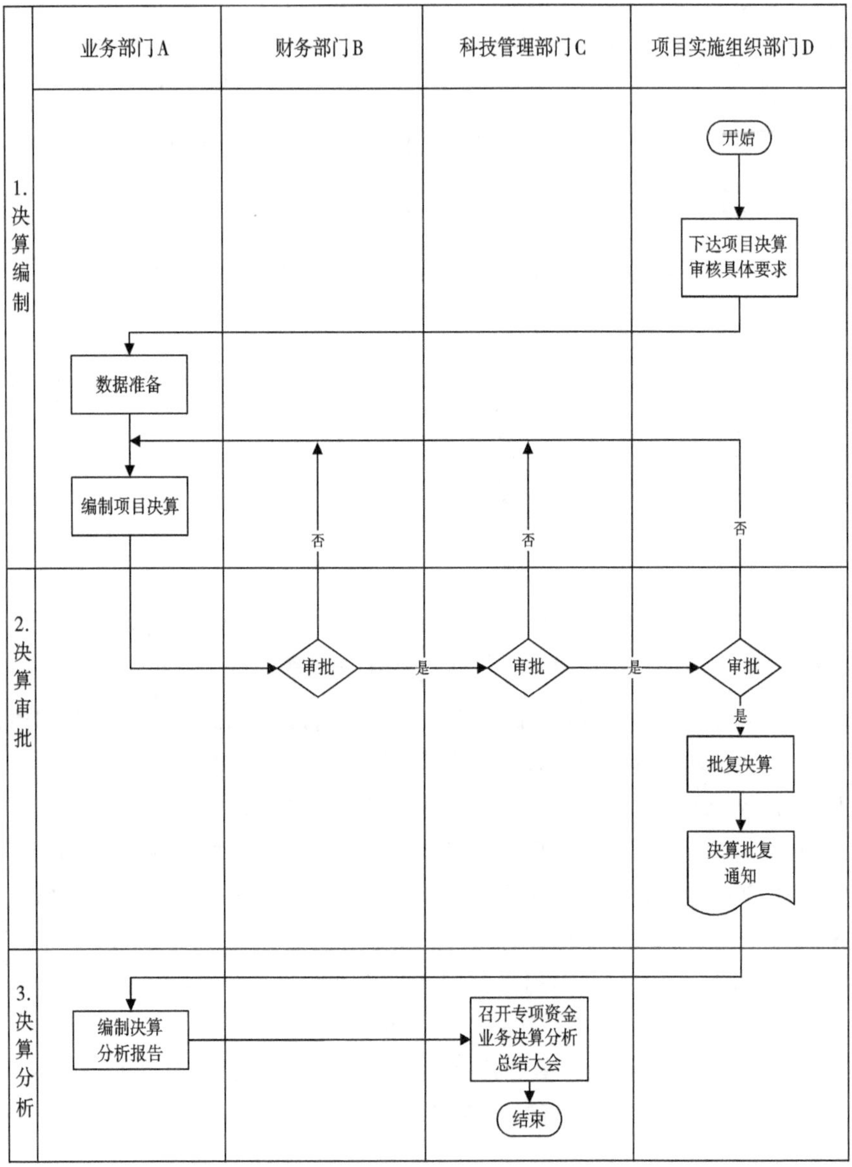

图 12-5　项目验收决算阶段流程

D1～A1 项目实施组织部门下达决算审核具体要求后，由决算业务负责部门根据要求进行项目数据准备并编制项目决算。

B2～D2 财务部门、科技管理部门对项目决算资料进行单位内审核，审核未通过的需要对决算进行修改。修改完成后报送项目实施组织部门进行审核，审核通过后获得决算批复通知。

A3～C3 业务负责部门编制决算分析报告，科研项目结束后应由科技管理部门根据决算审批意见牵头召开项目决算分析总结大会，组织各个部门及科研处室总结项目经验，不断完善科研项目管理的运行体系，提高项目资金使用效率。

2. 项目绩效评价

项目绩效评价阶段流程见图 12-6。

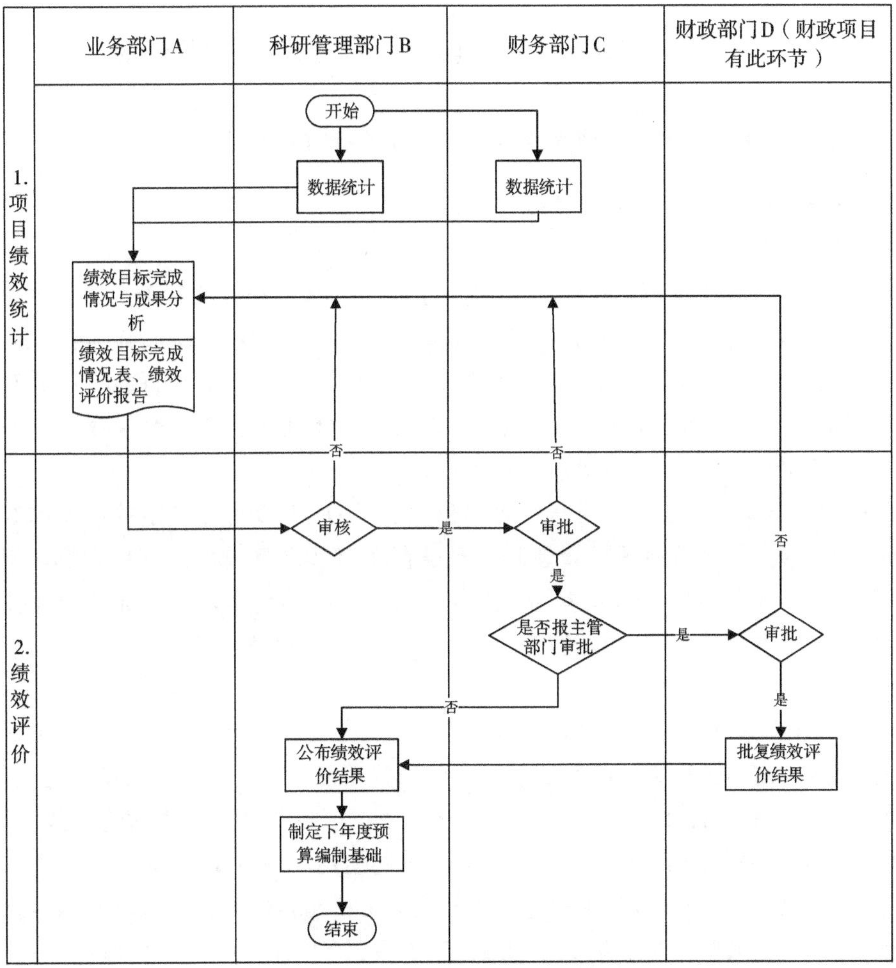

图 12-6　项目绩效评价阶段流程

B1～C1 项目绩效评价阶段应该由财务部门与科研管理部门对科研人员提交的绩效完成情况整合上报。

A1～A2～D2 绩效评价业务归口管理部门对绩效目标完成情况进行审核与评价，并形成绩效评价报告和绩效目标完成情况表，提交至财务部门，对于财政项目，还需要提交财政部门。

B2 由科技管理部门根据项目绩效完成情况制定下年预算编制基础，并将绩效评价结果公布。

（二）稳定性经费项目绩效综合评价

科学事业单位稳定性科研项目，主要由单位财务部门按照上级部署组织科研人员完成相关项目自评，上级主管单位抽评。

第四节　科研项目管理控制风险点及控制措施

一、科研项目管理组织体系控制风险点及控制措施

（一）科研项目管理组织体系控制风险点

1. 制度不健全风险

科学事业单位项目管理制度需在执行上级主管部门制度的基础上结合本单位实际进行制定。由于上级部门制度规定具有统领性、普适性原则，规定范围较为宽泛，科学事业单位如未结合单位实际情况建立健全相关制度，在实际执行时易存在依据不足、不规范、标准不全面等特点，易造成科学事业单位在政策解读上存在差异，自主裁量权过大，为科研管理带来风险。

由于科学事业单位上级科研主管单位较多，不同上级单位制定的制度内容和时间存在差异，导致科研项目管理制度建设存在交叉重复、缺失空白、时效性不强等问题，难以为科研项目管理营造良好的内部控制环境，难以形成标准化作业流程，影响国家政策落地，科研经费使用混乱，造成科研项目管理风险。

2. 监管不到位风险

科学事业单位科研项目多，涉及学科广，专业性强，致使科研项目监督工作难度大，监督力度不到位。同时科学事业单位科研项目协同监管的机制还未健全，科研项目执行过程中的使用权和处置权主要集中在项目负责人手中，在符合项目预算与会计制度的条件下，职能部门对科研资金的使用干涉较少，监督力量薄弱。

科研项目管理制度设计中普遍缺少相关问责机制，或惩处力度较轻，警戒作用不强。近年来，频频发生的科研经费腐败案件暴露了科研项目监管的漏洞。

3.岗位设置不合理风险

科研项目管理业务部门职责分工明确才能有效提升控制效率。目前科学事业单位中，仍存在岗位设置不合理的问题，岗位间的协同沟通管理机制不健全，项目执行中业务部门不具备综合判断力，导致管理缺乏科学性；科研管理部门、财务部门、资产管理部门、基建管理部门、政府采购部门等分工不明确、信息共享不及时、配合不充分、管理不能有效衔接，会造成部分关键环节缺乏管理，部分环节手续冗余，部门存在推诿扯皮、互相推卸责任的现象，导致科研项目管理效率低下。比如，科研经费发放至单位账户后，财务部门因无法与科研管理部门共享项目任务书信息而不能及时确认收入；财务部门没有取得科研项目合同任务书，因此对科研项目预算等信息掌握不清晰，导致无法对科研项目进行预算控制，易造成项目支出超预算；财务部门无法与科研团队共享项目执行信息，对科研任务是否已经执行完毕等信息掌握不及时，造成科研经费出现结题不结账的情况。

4.缺乏统一的科研管理信息平台

科学事业单位未针对科研管理建立统一的信息平台。由于科学事业单位科研项目种类众多，各类项目之间管理方式与要求不尽相同，缺乏集中管理信息平台会导致科研项目缺乏流程化与规范化的管理标准，同类项目管理方式不一致，导致科研项目管理混乱，主观性随意性强。同时各职能部门之间信息无法共享导致同一项目间形成信息孤岛，降低科研项目执行效率。

(二)科研项目管理组织体系控制措施

1.建立健全科研项目管理制度

科学事业单位科研项目管理环节较多，涉及面较广，科学事业单位要在符合国家有关规定的基础上，通过梳理科研项目业务流程，建立健全科研项目管理制度。科研项目管理制度应明确机构设置及主要职责，管理具体流程，与科研项目相关的审核岗位设置及审批权限，以及预算执行考核制度。在建立健全制度的基础上，还要保证制度的平稳运行，确保科研项目按制度应有的流程运作，发挥制度预期效果，并能够根据实践不断调整修正、优化制度，形成良性循环。

建立内部控制制度，并强化违规处罚规定，提高项目经费使用违规成本，促进科研经费从他律变自律。对违反科研经费使用规定，造成财政经费严重浪费的行为进行处罚，对故意违反相关规定的科研人员处以禁止承担科研项目或职称评审等处罚；触犯法律单位内部无法解决的，需要移交司法机关处理。

2.建立健全科研项目管理岗位职责

一般来说，科研项目管理涉及的内外相关部门的众多岗位，包括项目组织实施部门、项目负责人、财务部门、资产管理部门、政府采购部门等。单位根据不相容岗位相分离的原则科学设置机构及岗位，确保科研项目管理各岗位间相互制约、相互监督，对重点领域的关键岗位选用合适任职人员，对应建立科研项目管理责任制，明确各岗位工作职责，避免互相推诿，出现管理真空地带。

3.加强监督管理

借助专业机构加强监管。科学事业单位可以委托中介机构对科研项目的申请、使用及验收进行全流程评估和监督。

在监管环节引入独立的第三方评估机构，以解决监管力度不足问题。审计机构在科研项目前期评审可对科研经费预算进行评估，协助提高科研预算编报的合规性与合理性，从前期环节预防发生科研欺诈；项目执行中期进行中期审计可以有效提高科技经费使用的透明度，督促预算执行进度；项目决算审计阶段单位可组织第三方机构进行审计，保证项目决算顺利完成。

开展定期、不定期监督检查。单位可通过审计、财务部门不定期抽查、专项检查、内部审计等形式开展监督检查，及时发现并整改可能出现的财经违规行为。财务部门也可建立财务诚信负面清单制度，同一经办人多次出现违规行为的纳入负面清单重点监管，情节严重的同时移交单位纪检监察部门。

加大信息公示力度。开展预算、决算信息公开，定期公开经费执行情况，强化科研经费使用过程及结果监督，在确保信息安全，采取必要保密措施基础上，尽可能扩大单位内部信息公开范围与手段，吸引更多科研人员参与并关注公开信息，监管科研经费使用情况，促进经费使用透明化，监管民主化，让资金在阳光下运行。

4.建立科研项目管理信息系统

科学事业单位可根据需要结合本单位的实际情况建立科研项目管理信息系统，以信息化为抓手，优化科研项目管理。科研项目管理信息系统指将科研管理的各项内容、各个环节及阶段的独立电子数据完成数据信息标准化的科研管理信息网络系统。

建设科研项目管理信息系统，有利于实现科研项目信息与财务信息实时共享，从而提高科研项目管理的质量。信息化平台将科研部门与职能部门连接成为一个整体，整合科研项目的全过程信息，包括国家的最新政策、制度，项目研发过程技术资料、财务数据，资产信息、人员信息等，实现科研项目管理的自动化，提高科研经费管理的公开性。各部门人员可以通过信息化平台进行共享、沟通，建立动态管理监督体系。

通过信息化管理手段，可以实现单位内部科研项目全过程管理。涉及政策制度、申报、预算编制、预算执行、中期检查、审计、验收、结题等一系列过程文件及科研人员信息、资产管理信息、合同等多方面的管理，可建立多个系统模块，通过权限的配置实现录入、查询、导出、统计分析功能，具体可分为项目过程文件、预算管理、人员管理、合作单位、政策规章、系统管理等。其中较为重要的有项目过程文件、预算管理、系统管理模块。

(1)项目过程文件模块　主要用于项目申报、批复立项、变更、项目进展报告、检查验收、项目成果分析、获奖信息等文件整理、归档,加强对项目全过程资料的管理。

(2)预算管理模块　信息化系统中设立预算管理模块,录入批复的总预算金额及各科目经费分配金额,实现预算执行控制,与财务账务处理系统相关联,以独立的项目号作为匹配原则,实时反映项目经费的执行情况,科研项目负责人、科技管理部门实时掌握预算执行情况,以提高科研经费执行管理质量。同时,项目验收结题后,对结余资金继续管理,监控资金的使用情况。

(3)系统管理模块　信息平台管理员,通过系统管理模块对信息化平台进行管理。根据项目实际需求,合理设置使用人员权限,以满足实际科研开发、科研经费管理的需要。此外,系统管理员还应对系统数据、系统日志等专业数据及时进行备份和维护。

在信息化平台建设完成后,系统开发团队人员应对使用部门及人员进行专业的培训,了解系统功能、熟悉系统操作,为日后系统的顺利运行提供基础。使用部门及人员应将实际业务经验与系统操作相结合,提高对科研项目的全过程管理水平。

二、科研项目管理业务控制风险点及控制措施

(一)科研项目管理业务控制风险点

1.科研项目立项阶段风险点

(1)立项申报编报风险　一是申报信息传递不及时。单位对项目申报信息获取及传递不及时,项目申报人不能及时掌握申报信息,对申报事项的要求不清楚,理解和掌握得不准确,导致未能及时准确提交项目申报材料。二是申报内容存在偏差。项目研究方向不明确,研究内容不符合项目支持要求,项目立项缺乏可行性研究和前瞻性论证,导致项目申请立项失败。三是申报书编写格式不规范。项目申报书编写不规范,编写人员专业性不足、经验不足,导致项目申请书缺乏科学性,申报书编写流于形式。四是项目重复申报、多头申报风险。多年来,各部门设立的各类科技计划虽各有侧重,但互相之间的定位和布局存在重复交叉,增加科学事业单位多头申报、重复立项的风险,导致单位科技资源配置分散,项目布局角度不够。

(2)项目预算申报风险　一是单位或科研人员对预算编制工作重视程度不够,存在重立项、轻预算的现象,导致预算编制存在随意性和盲目性,不能真实有效反映项目实际的需求情况,与实际执行差异较大。二是预算编制程序不规范,缺乏预算编制审批机制,相关部门间缺乏有效的沟通和信息传递,预算编制时依赖项目负

责人的主观意愿，预算编审人员专业性不足、经验不足，导致不能及时发现问题，导致预算编制不科学、不合理。三是科研经费的申请额度往往大于实际需求，存在着科研经费的浪费和低效转化的风险。预算没有经过有效的可行性论证与测算，导致科研项目间的分配比例不合理，科研经费不能得到有效配置。

2.科研项目执行阶段风险点

(1)项目收款主要风险　一是项目收款信息未能及时发布，信息传递时间滞后，导致项目经费入账不及时。二是项目认款权责不清晰，岗位设置不合理，导致相互推诿扯皮。项目认款流程不规范，环节较多，影响认款效率。三是负责项目到款确认的人员缺乏专业性，掌握政策理解程度不熟练，导致账务处理不准确。

(2)项目预算调整主要风险　一是预算调整程序不规范，不符合相关规定及科研活动的实际需求，导致预算调整过于随意或者过于频繁。二是预算审批权限不明确，预算调整审核把关不严格，导致预算调整不科学、不合理。

(3)项目经费使用主要风险　一是单位经费支出制度不健全，支出范围及报销规定不明确，导致支出内容不合理、不合规，存在超标准支出、超范围支出情况。二是授权审批机制不健全，部门、科研团队和项目负责人职责划分不清楚，相互推诿，经费支出缺乏审批，可能导致经费支出不合理。岗位设置不合理，部门不相容岗位未有效分离，导致支出控制把关不严格，存在假发票、假业务报销的情况。

科研项目经费不相关支出风险见表12-1。

表12-1　科研项目经费不相关支出风险

支出科目	不相关风险
设备费	是否存在列支与项目研究内容无关的设备及大量实验必备的常规通用和办公设备(电脑、复印机、打印机等)等；列支项目无关设备维修费。
材料费/测试化验加工费	是否存在列支与项目研究内容无关的费用。
燃料动力费	是否存在列支承担与项目(课题)实施过程中非直接使用的仪器设备、科学装置等运行发生的水、电、气、燃料消耗费用等。
出版/文献/信息传播/知识产权事务费	是否存在列支项目研究任务无关出版费、专利费、资料费等费用；列支非本项目科研成果专利费及实施周期外发生的专利维护费。
劳务费	是否存在为项目组外非相关人员发放劳务费。

科研项目经费超范围支出风险见表12-2。

表12-2　科研项目经费超范围支出风险

支出科目	超范围风险
设备费	除有特殊规定外，超范围列支办公室、常规或通用仪器设备、实验室维修改造费用；重复购置专用设备。
材料费	超范围列支生产经营和基本建设材料；试制设备费中材料在材料费中重复列支。
燃料动力费	超范围列支单位日常发生的水、电、暖消耗等费用。
出版/文献/信息传播/知识产权事务费	超范围列支通用操作系统、办公软件，日常手机和办公固定电话通信费和专利维护费等。
会议费、差旅费	超范围、超标准列支会议费及差旅费，会议次数、天数、人数等超标准、超范围/差旅交通、住宿超标准。
劳务费	超范围、超标准发放劳务费。
间接经费	超预算支出间接经费。

科研项目经费违规支出风险见表12-3。

表12-3　科研项目经费违规支出风险

支出科目	支出内容不合理风险
设备费	是否存在将设备购置费列入试制设备费中；是否存在生产性设备购置、基建设施建造费用；是否存在租赁单位自有仪器设备费用情况。
材料费	是否存在错误采购、虚假采购的风险。
测试化验加工费	是否存在利益关联方作为外协方产生的虚假合作风险；项目核心任务外包。
出版/文献/信息传播/知识产权事务费	是否存在将课题研究的主要任务通过定制软件的方式外包。
劳务费	是否存在科学事业单位为在编人员发放劳务费。
专家咨询费	是否存在在本科目列支访问学者、项目聘用的研究人员费用；是否存在列支参与项目研究及其管理的相关人员费用。
其他费用	是否存在在项目列支财务咨询业务费用、应由个人负担的罚款、捐款、赞助、投资、债务偿还等支出。

(4)财务账务风险　单位未对科研项目资金进行单独核算,私自设置账外账、随意调账变动支出、随意修改记账凭证、提供虚假财务会计资料等风险。

(5)项目档案管理风险　单位未及时收集、整理科研项目管理各个环节的文件资料,导致档案管理不完整或档案遗漏、缺失,可能产生法律风险。

单位未建立科研档案统一管理系统,档案信息与相关部门未建立连接,信息传递不畅通。

3.科研项目绩效综合评价阶段风险点

科研项目绩效评价,是指科研经费管理部门和科研部门根据事先设定的目标,运用科学的方法对科研经费预算管理情况进行客观的综合评价。

(1)绩效评价风险　未建立有效的绩效评价体系和评价反馈机制,绩效评价结果与预算安排未挂钩,导致绩效评价结果不准确,绩效评价结果挖掘分析不够,“绩效好坏一个样”,结果应用效果不显著。

(2)项目结题申请书编审风险　项目/课题负责人没有按照项目/课题要求编写结题报告,需要提供的辅助证明材料缺失。

(3)项目结转结余资金管理风险　项目承担单位在财务验收完成后,没有在规定的时间内及时办理财务结账手续,存在着违规使用结余经费的风险。没有根据项目验收结果,按规定安排结余资金。随着科学事业单位承担课题数量的不断增加,资源碎片化严重,课题结余资金逐渐累积,加大了单位对结余资金的统筹难度,长此以往单位沉淀资金增加,难以消化。

(4)科研成果降维风险与科研成果造假风险　科研项目执行期间,实验困难比预期大,或者实验效果未能达到预期,最终导致科研项目完成情况未能达到项目申请时提出的预期效果,科研成果未能达到项目验收标准,导致项目无法顺利通过验收;或者科研人员为了项目可以顺利验收,伪造实验数据,粉饰科研成果,甚至侵占剽窃他人科研成果,导致更严重的科研诚信风险。

(5)项目未按期完成风险　科研团队研究成果未达到预期等导致科研项目执行期满后未完成科研预期目标,无法满足结题标准,导致无法按期完成,如未能在规定时限提出延期申请或整改后仍无法通过验收评审,则形成无法结题的风险。

(二)科研项目管理业务控制措施

1.科研项目立项阶段优化策略

(1)项目申报审批控制　单位应建立系统、定期的项目申报信息传递及培训体系;规范申报书编制、项目申报材料填写与审批流程,明确审核内容,确保申报项目研究的质量和材料的真实性和准确性。

科学事业单位应避免科研人员及团队进行多头申报,防止套取国家科研资金,严格防范违纪违规。单位应整合学科布局,构建科学合理的学科体系与发展方向,集中力量申报重点项目。

(2)项目预算管理控制　单位应完善项目预算编制制度,制定预算编制指导手册,提高预算编制的准确性和合理性;规范预算编制审批流程,形成由项目负责人申报,科研管理部门和财务部门审核的机制;加强预算编制审核岗位业务培训,提高预算编制审核的专业性和准确性。

2.科研项目执行阶段优化策略

(1)项目收入确认系统控制　单位应实现科研项目管理系统和财务部门账务管理系统的对接,建立双方数据的互通共享,从而实现科研人员在项目管理系统中实时查询经费到账信息,保障资金使用效率。

(2)科研预算调整审批控制　制定严格的科研预算调整分级审批程序,同时规定金额重大事项需要通过单位重大决策议事机制决定。

(3)科研项目经费执行控制　科学事业单位应严格执行国家针对科研项目的资金管理法律法规,并在此基础上结合单位自身情况建立健全科研经费资金管理办法,明确支出范围及报销规范,当国家资金管理办法更新时及时进行制度调整,确保科研经费支出合法合规。

单位应坚持“预算管理、分项负责、逐级审批”的资金支出原则,建立健全科研经费支出授权审批机制。厘清审批职责与权限,确保不相容岗位分离,合理把控经费支出风险,保证资金支出的真实准确,防范项目经费违规使用风险。

建立科研项目管理系统与财务项目管理系统共享的科研项目预算信息,财务部门将科研预算与会计科目建立连接后,项目负责人可以随时通过财务系统查询科研项目预算执行与经费使用情况。为科研项目整体执行、预算调整、科研项目中期检查、财务结题验收提供支撑依据。

(4)财务账务控制　科学事业单位取得的所有资金应全部纳入单位财务部门统一核算,按照科研项目资金性质实行专户核算,严禁私设账外账。财务部门应严格调账审批程序,严肃财经纪律,降低账务调整的随意性。单位财务人员要加强会计业务培训,确保科研经费活动记录真实准确。

(5)加强科研项目档案管理　科学事业单位应及时收集、整理科研项目管理各个环节的文件资料,确保档案管理完整并按法律规定年限合理保存。一是建立科研档案统一管理系统,档案信息与相关部门建立连接,确保信息传递畅通。二是建立健全档案调阅与销毁制度,档案的日常调阅与到期销毁需经严格审批。

3.科研项目绩效综合评价阶段优化策略

(1)完善科研项目绩效评价　科研项目绩效评价是一种动态的评价方式,应贯穿科研项目的全过程,帮助科学事业单位实现高效的科研项目管理。科学事业单位可以通过如下方式完善单位科研项目绩效评价。

一是构建科学合理的支出标准体系。

绩效评价指标体系是绩效评价工作的核心，通过科学、公平、可比的绩效指标，真实、客观地反映科研项目管理工作。科学事业单位对科研经费预算绩效评价指标的设置是整个绩效评价体系建立的关键环节。选择适合本单位科研项目特点的指标，是绩效评价体系能够客观、真实、有效的保障。科研项目绩效评价体系的建立应遵循发展性原则、科学性原则、激励性原则、定性与定量相结合原则。

首先是发展性原则。绩效评价工作不仅是对已完成项目的分析、考核、评估与总结，而是旨在获取项目执行过程的信息、经验、问题、策略，为未来科研项目的工作提供建议与参考，是一种面向未来的评价方式。通过绩效评价的反馈促进科研环境、科研团队、科研人员的未来发展，实现科研人员的贡献最大化，提升科研实力，从而实现科研经费的效用最大化。

其次是科学性原则。对科研经费预算绩效的评价应是系统的、科学的，要符合国家政策与制度，能够客观反映事实情况。科研机构应根据自身的专业领域与特点设计本单位绩效评价指标，有所侧重，适应自身发展的需求。目标制定合理，评价过程合规，在科研项目的不同阶段设置不同的侧重点，从而使绩效评价结果能够真正服务于科研经费管理水平的提高，科技创新能力的提升。

再次是激励性原则。绩效评价的结果为科研团队、科研人员、管理人员的考核提供客观的数据信息，应与激励制度能够有效结合，包括绩效奖励的分配、未来科研项目资源的分配等。从管理层、决策层对科研团队施加外部压力，使其不断提升自身科研能力、执行能力、协调能力，以争取更多的科研项目，获取更多的科研经费，取得更多的绩效奖励。形成良性竞争，激发科技创新动力，为科研单位的发展注入强大的生命力。

最后是定性与定量相结合原则。定性指标是指对科研项目总体进行的判断和评价，定量指标是指通过客观数据，准确衡量绩效目标完成情况的指标。定性指标主观性强，不同评估者可能出现不同的判断；定量指标客观性强，但因目前管理的局限性，不能准确地取得各个环节的数据，指标的反映具有一定的片面性。因此，在绩效评估指标的设计中，应将定性指标与定量指标相结合，先通过定性指标进行总体评估，再根据定量指标对可取得准确数据的关键环节进行检验，从而获得综合全面的评价结果。

二是加强对绩效评价结果的应用。

科学事业单位要加强对绩效评价进行跟踪和应用，健全绩效评价结果反馈制度和问题整改责任制，将绩效评价结果与预算安排、改进管理、政策调整挂钩，根据绩效评价结果，对评价结果优异的进行宣传、借鉴，优先统筹安排科研项目预算；对绩效评价结果较差的科研项目与科研团队进行问责与整改，适当削减科研项目预算。该方式旨在在项目经费管理过程中发现问题、解决问题，使科研经费预算绩效评估真正具有约束力，充分发挥激励约束作用，避免科研项目“做好做坏一个样”，做到“花钱要问效、有效多安排、低效多压减、无效要问责”。完善绩效管理考核结果通报制度，将绩效结果纳入考核体系，提高资金使用效益，将不该花的钱省下来。

科学事业单位应根据对科研项目管理相关的绩效评价结果，制定多种奖惩措施。

个人激励与团队激励相结合。科研人员组成科研团队执行科研项目，预算编制合理、预算执行进度符合要求，是团队共同努力协作的结果，对于科研项目经费绩效评价结果优秀的团队，应首先给予团队奖励。在团队中，每个人对绩效目标的贡献程度也不同，对于表现突出的个人，也应给予额外奖励，以此提高科研人员、管理人员在科研经费管理工作上的积极性，为更好完成科研项目工作提供保障。

短期激励、中期激励与长期激励相结合。科学事业单位在设计激励制度时，应将短期、中期、长期激励相结合，使科研项目管理工作的绩效及时得到反馈，也能够帮助科学事业单位留住科研人才。科学事业单位因其作为事业单位的特殊性与局限性，在绩效奖励方面往往管控较严格。总体绩效额度受上级主管部门的管控，存在发放限额，工作有突出表现的骨干员工离职率较高，造成人才的经常性流失。因此，在设计绩效管理方案时，可以将当期获得的绩效按比例计提，一部分在项目结束时发放至相关人员，一部分作为留存绩效奖励资金，按年度发放至相关人员。

职务晋升激励。对科研项目经费管理的奖励，不仅要考虑到物质奖励，也可以考虑其他奖励方式。如通过对科研项目管理工作表现优异的员工的长期考核与考察，进行职务的晋升。不但使员工得到更多的机会，在更关键的岗位施展自己的工作能力，提高科研人员的工作积极性，满足其精神需求，也可以为其他科研项目经费管理相关人员提供对职业发展的期望。科研人员的个人发展与科研项目的总体发展、单位的长期发展相结合，能提高其职业归属感与积极性，使其为单位做出更大的贡献。

三是加强绩效评价信息公开。

《中共中央、国务院关于全面实施预算绩效管理的意见》明确将公开透明作为全面实施预算绩效管理的基本原则之一，要求大力推进绩效信息公开透明，主动向人大报告、向社会公开，自觉接受人大和社会各界监督。《财政部关于贯彻落实〈中共中央、国务院关于全面实施预算绩效管理的意见〉的通知》提出如下要求：一是加大绩效信息公开力度。大力推动重大政策和项目绩效目标、绩效自评以及重点绩效评价结果随同预决算报送同级人大，并依法予以公开。二是推动社会力量有序参与。引导和规范第三方机构参与绩效管理的途径和平台，自觉接受社会各界监督，促进形成全社会“讲绩效、用绩效、比绩效”的良好氛围。

科学事业单位在科研项目管理过程中也应加强信息公开和披露，对非涉密的科研项目应积极在单位内部进行公开，提高经费管理过程的透明度，畅通单位职工参与渠道，必要时积极引入第三方中介机构协助参与绩效评价与管理，用科学有效的手段，强有力的数据支撑对科研资源进行合理的分配和使用，提高科研经费管理的科学化、精细化水平，减少在科研经费管理中存在的浪费、不合理等问题，使科研经费可以最大限度地发挥功效，为单位建立良好的科研环境提供帮助，进一步提升科技创新能力，为建立“创新型”国家发挥更大的作用。

(2)完善结题验收控制　科学事业单位应完善科研项目结题验收制度，提高评审标准，优化评审流程。单位内部可以建立专家信息库，优化验收专家小组结构，遴选单位内部主持过重大专项课题的项目负责人等具有相关经验的科研人员作为科研项目验收评审专家等。

(3)规范结转结余资金使用　科学事业单位应规范结转结余资金使用，加大对单位结转结余资金的统筹调控能力，整合各个课题组结转结余资金。上级科研主管部门的相关管理办法对科研项目结余资金管理和使用有明确规定或约定的，从其规定或约定。要求结余资金原渠道退回的(或因项目未通过验收等原因导致结余资金需要按原渠道退回)，项目负责人应根据任务下达单位或委托方的验收意见，及时、足额返还结余资金。对明确结余资金在一定期限内由单位统筹安排用于科研活动的直接支出的，可分配给科研人员用于原项目的续研工作或新项目的前期研发工作，提高沉淀资金使用效率。

(4)加强结题验收管理　科学事业单位作为项目承担单位应高度重视科研项目结题管理，认真履行项目管理主体责任，督促指导项目负责人认真准备结题材料、撰写结题成果报告，并严格按照相关管理规定的要求对结题材料进行审核，按时、完整报送结题材料，确保项目顺利通过结题验收。项目负责人需做好结题计划安排，认真撰写项目结题报告及材料，确保填报内容真实、数据准确，资金支出合法有效，遵守国家及项目管理相关法律法规。同时注意知识产权保护，防止涉密信息、敏感信息泄露。

第十三章
科技成果转化控制

第一节　科技成果转化概述

科技成果的价值在于运用。科技成果转化是实现从科学到技术，从技术到经济的关键环节。党的二十大做出了“加速实现高水平科技自立自强”的战略部署。高质量科技成果转化是实现高水平科技自立自强的重要抓手，是实现高水平科技自立自强的源头活水，是推动中国式现代化目标实现的重要一环，是赢得国际竞争主动权的主要战场。面对新形势新要求，要牢牢牵住科技成果转化这个“牛鼻子”，推进实现更高质量的科技成果转化。科学事业单位作为从事科学研究的主力军，更要在推动从“重论文”向“重应用”转变，加强单位科技成果转化机制建设，构建起与国家科技成果转化体系衔接的科技成果转化机制，畅通科技到经济转化的制度通道，固化科技成果转化的实施，确保科技创新人员合法合规地完成科技成果转化，防范科研领域违法、违纪、违规等各类风险。

一、科技成果转化概念及特点

（一）科技成果转化概念

科技成果是指通过科学研究与技术开发所产生的具有实用价值的成果。职务科技成果是指执行研究开发机构、高等院校和企业等单位的工作任务，或者主要是利用上述单位的物质技术条件所完成的科技成果。

科技成果转化概念可分为广义和狭义两种。广义的科技成果转化是指将科技成果从“创造”转移到“使用”，将“使用”的劳动效率提高，经济得到发展。狭义的科技成果转化实际上仅指技术成果的转化，即为提高生产力水平而对科技成果所进行的后续试验、开发、应用、推广直至形成新技术、新工艺、新材料、新产品，发展新产业等活动。

科研成果转化过程主要涉及的主体为政府、企业、科研院所及第三方服务机构。每个角色在成果转化过程中均发挥重要的主体作用。科学事业单位作为成果转化的重要环节，在事业单位分类改革形势下，逐步实现“技术商业化”也是发展的趋势之一。

(二)科技成果转化特点

一是科学技术的延续。科学技术是成果转化的基础，科技成果转化是科学技术的延伸，没有技术研究就没有后续的成果转化，二者之间具有较强的连续性与延续性。

二是存在较高风险性与不确定性。不是所有的科学技术都可以形成科技成果，也不是所有的科技成果都能被市场认可并顺利实现应用。同时随着科学技术的高速发展，科技成果的成熟度、技术的可替代性、市场中竞争对手的科技实力等均使得科技成果转化实现存在较大不确定性。因此科研成果转化是一项复杂而系统的工作，涉及环节众多，且每个过程都存在一定不确定性。

三是高成本高收益性。一项科技成果的取得，往往在科学研究阶段伴随着大量人力、物力投入，且可能持续一段较长的时间。一旦科技成果研发成功，因其科技壁垒特性，如果得到恰当的产权保护及维护升级，就可以在一段期间内为成果持有者持续带来较高收益。如中国农业科学院哈尔滨兽医研究所研发的禽流感疫苗成功转化并投放市场，其下属所办企业运用该科技成果生产的禽流感疫苗占据市场的 70%，在解决禽类疾控预防的同时也为科学事业单位带来了高额的收益。

二、科技成果转化方式

根据《中华人民共和国促进科技成果转化法》第十六条规定，科技成果转化方式主要包括：

(1)自行投资实施转化。

(2)向他人转让该科技成果。

(3)许可他人使用该科技成果。

(4)以该科技成果作为合作条件，与他人共同实施转化。

(5)以该科技成果作价投资，折算股份或者出资比例。

(6)其他协商确定的方式。

三、科技成果转化控制政策依据

2013 年 7 月 17 日，习近平总书记在中国科学院考察时强调：“要坚决扫除影响科技创新能力提高的体制障碍，有力打通科技和经济转移转化的通道，优化科技政策供给，完善科技评价体系。”国家先后从科技创新与成果转化、科研机构与科技人才、财政金融与税收、知识产权等方面发布实施了多项政策，构建了国家科技成果转化的“四梁八柱”，为推进科技成果高质量转化提供了制度保障。

（1）科技创新与成果转化方面　《中华人民共和国促进科技成果转化法》《中华人民共和国科学技术进步法》《中共中央、国务院关于深化体制机制改革加快实施创新驱动发展战略的若干意见》《国务院办公厅关于印发促进科技成果转移转化行动方案的通知》（国办发〔2016〕28 号）、《人力资源社会保障部 财政部 科技部关于事业单位科研人员职务科技成果转化现金奖励纳入绩效工资管理有关问题的通知》（人社部发〔2021〕14 号）等制度，初步形成了我国科技成果转化体系格局，在科技成果处置权、收益权、使用权等方面，对单位建立健全科技成果转化机制、完善科技成果转化奖励政策等方面予以规范指导。

（2）科研机构与科技人才方面　《国务院办公厅关于抓好赋予科研机构和人员更大自主权有关文件贯彻落实工作的通知》（国办发〔2018〕127 号）、《人力资源社会保障部关于支持和鼓励事业单位专业技术人员创新创业指导意见》（人社部规〔2017〕4 号）、《中共中央办公厅、国务院办公厅印发〈关于实行以增加知识坚实为导向分配政策的若干意见〉的通知》等制度，明确了科研人员评价制度，并充分体现了国家鼓励科学事业单位专业技术人员在职创业、兼职或离职创新的政策倾向。

（3）财政金融与税收方面　《关于印发促进科技和金融结合试点实施方案的通知》（国科发财〔2010〕720 号）、《关于促进科技和金融结合加快实施自主创新战略的若干意见》（国科发财〔2011〕540 号）、《财政部国家税务总局关于完善股权激励和技术入股有关所得税政策的通知》（财税〔2016〕101 号）等制度，在对支持科技创新链条与金融自办链条有机结合及积极探索支持单位和个人科技成果转化的税收政策方面做出了相关规定。

（4）知识产权方面　《中华人民共和国专利法》《中华人民共和国著作权法》《国务院关于新形势下加快知识产权强国建设的若干意见》（国发〔2015〕71 号）、《科技部关于印发〈关于技术市场发展的若干意见〉的通知》（国科发创〔2018〕48 号）等制度，建立了以知识产权为重要内容的创新驱动发展评价制度，对知识产权保护加以制度规范与引导，促进知识产权创造运用，促进高等学校、科研院所和企业之间技术交易和成果转化。

第二节　科技成果转化控制目标

科技成果转化控制总目标：保护科学事业单位科技成果，规范单位的科技成果转化管理，鼓励单位及所属企业职工发明创造和科技成果转化运用，促进科技创新能力和产业化。具体来说：一是科技成果转化对科学事业单位发展具有举足轻重的作用，通过加强科技成果转化的管理，在单位内形成将科技成果转化作为影响科学事业单位职能的发挥、影响单位核心竞争力及长期发展的战略性资产的共识。二是建立科技成果转化管理制度体系，严格科学事业单位在科技成果转化工作中的有关事项的评估要求，按照规定及时向上级部门报批报备，确保科技成果转化流程的合法合规性。三是建立和完善科技成果转化绩效考核制度和考核体系，真实反映和评价本单位从业人员科技成果转化绩效，提高科研人员科技成果转化积极性，促进高质量科技成果转化。

第三节　科技成果转化流程

科技成果转化具体流程见图 13-1。

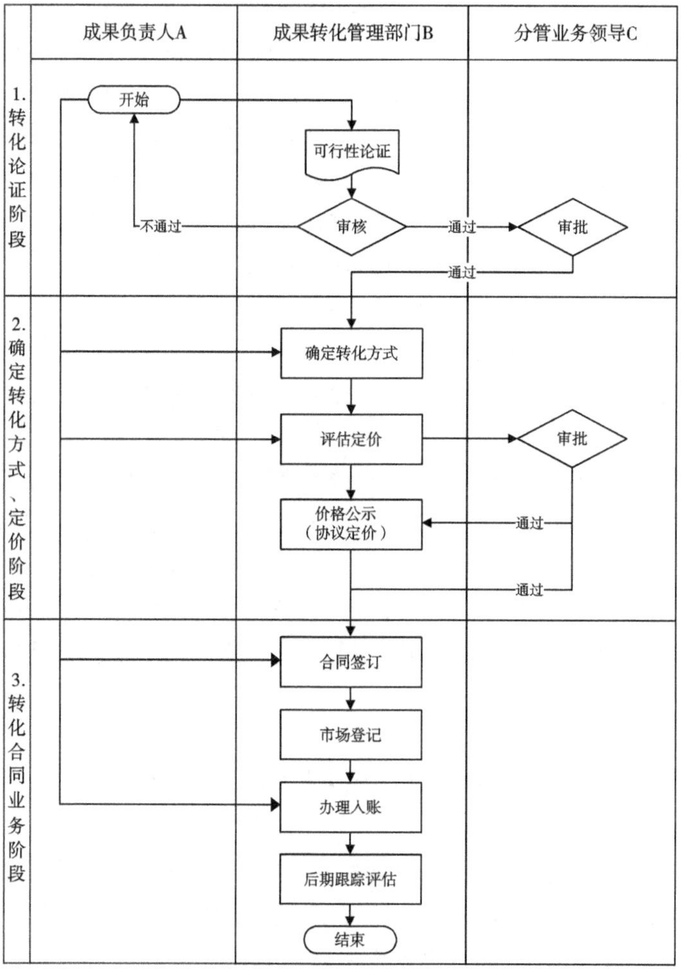

图 13-1　科技成果转化具体流程

A1～C1 由成果负责人提出成果转化申请至成果转化管理部门进行可行性论证审核，部门审核通过后报分管业务领导进行审批。

C2～A2、B2 分管业务领导审批通过后，由成果负责人及成果转化管理部门确定成果的转化方式并进行评估定价。确定好定价方式后报分管部门单位领导进行审批，其中协议定价方式确定科技成果转让或许可价格的，应当公示科技成果名称、完成人和拟交易价格等信息。

B3、A3 审批（协议定价公示）通过后由成果转化管理部门牵头拟定并与受让方签订科技成果转化合同，组织相关人员进行市场登记。合同签署完成后成果负责人在成果转化管理部门办理入账。成果转化管理部门在成果转让完成后需定期进行跟踪评估与反馈。

第四节　科技成果转化控制风险点及控制措施

一、科技成果转化控制风险点

（一）成果取得阶段

一是单位科研人员取得职务科技成果，未能全部纳入科学事业单位国有资产进行管理，发生相关人员对有关资产存在隐匿、私自转让、非法占有情形。

二是科研人员以唆使窃取、利诱胁迫等手段侵占他人的科技成果，侵犯他人合法权益。

三是科研人员故意提供虚假信息、实验结果或者评估意见等，导致科研成果造假情形。

（二）成果持有阶段

一是科学事业单位未能及时有效统计单位科技成果情况，科技成果未能及时纳入单位资产管理，存在资产流失的风险。

二是科技成果管理不当，因未及时办理知识产权登记及缴纳维护年费，导致知识产权失效，导致科学事业单位无形资产流失，影响单位科技成果转化。

三是科学事业单位科研人员擅自以个人名义使用科研成果对外投资。

四是单位的工作人员、非正式职工等离职后，未经单位同意，将在任职期间从事和接触的科技成果、资料等私自进行转让，造成单位经济损失。

（三）成果应用阶段

一是科研人员违反国家有关法规和科学事业单位规定，侵犯单位知识产权，未经单位允许，泄露本单位的技术秘密。

二是科研人员将职务科技成果擅自转让或变相转让，私自与协作方交易。

三是除单位科技成果转化合同约定条款外，科研人员私自向受让方索取财物等行为。

四是科研人员未经单位管理部门许可，向科技成果受让方提供超出合同规定的技术资料。

五是违反科学事业单位规定，在职期间私自在外设立公司或私自承接各类项目中侵犯科学事业单位知识产权的业务；科学事业单位人员离职、离休、退休后在知识产权保护期内，继续使用原单位科技成果从事相关经营活动，给原单位造成经济损失。

六是故意夸大技术成熟度和技术水平，或提供虚假技术资料，或除不可抗拒因素外未能按规定履行科技成果转化合同，造成合同纠纷，严重损害科学事业单位声誉和权益的行为。

七是科研人员取得科技成果转化收入后，未纳入单位统一账户管理。

八是科技成果转化的可行性评估、转化方式、定价、合同登记等环节，出现科技成果价值低估，导致单位国有资产损失，甚至引起法律纠纷。

九是缺乏科学合理的科技成果转化绩效考评机制，重成果轻转化，难以提升科研人员成果转化积极性，造成科技成果转化率低。

十是科技成果无法有效转化。科学事业单位定位及特征具有公益性与服务性，科研人员从事科学研究的过程中首要目标并非为科技成果的市场投放，所以凝练科技成果时通常不会具备产品思维，科技成果转化率难以有效保证。

二、科技成果转化控制措施

（一）管理组织方面

设立成果转化管理部门，或配备专职人员。一是从事科技成果记录、整理、后期跟踪评估等工作，定期对专利、专有技术等具有时效性的科技成果使用情况进行清查和规范；二是定期对合作企业进行访谈，避免或及时发现相关从业人员在科技成果转化活动中有无违反国家有关法规和单位制度的行为，切实维护单位权益。

（二）管理机制方面

一是健全转化全流程管理机制。明确科学事业单位与科研人员等科技成果转化参与主体的权利与义务，可适当聘请外单位专家或邀请第三方机构参与转化可行性评估、转化方式、价值评估等关键环节工作，确保转化全流程合规、科学，避免单位产生经济损失。

二是明确科研成果转化直接负责主管人员和其他直接责任人员，形成明晰的确权流程，制定具体合理的尽职免责制度，调动科研人员积极性。

三是建立健全科技成果转化监督机制。单位安排部门定期、不定期对科技成果转化工作开展监督检查，科技成果是否得到有效管理，是否存在相关从业人员未严格履行科技成果转化合同条款或工作失职损害单位权益和声誉，造成经济损失的情况。

四是健全单位知识产权管理制度，建立单位知识产权管理档案。科学事业单位知识产权种类繁多，单位一方面要保障知识产权价值优势，另一方面要鼓励和推动制定知识产权战略，推行知识产权报告和评审、知识产权申请与保护、知识产权维权与评议、知识产权转让与收益分配等全流程的管理，在产业发展的关键领域、关键节点形成高质量的知识产权的同时加强知识产权的资源保障。通过知识产权创造、运用和保护，达到促进成果转化和提高科研经费使用效率的双重目标。

五是建立技术秘密保护机制。制定相关制度明确职工未遵守保密条约的后果，同时与参加科技成果转化的有关人员签订在职期间或者离职、离休、退休后一定期限内保守本单位技术秘密的协议，提高有关人员违约成本，迫使有关人员不得违反协议约定、泄露本单位的技术秘密和从事与原单位相同的科技成果转化活动。

六是完善科技成果转化研究人员激励制度，建立科学的成果转化分配评价体系，明晰科研人员激励待遇，提高科研人员成果转化的积极性。

（三）合同管理方面

一是科研人员必须以科学事业单位名义对外订立成果转化合同，合同须经成果转化管理部门审核后方可签订。未经科学事业单位书面授权，单位内任何部门和个人均不得以单位名义对外签订成果转化合同。

二是科学事业单位应严格保护自身知识产权，在合同中明确知识产权归属，并规定未经单位书面允许，合同另一方当事人不得以科学事业单位名义开展科学技术交流、科技成果宣传以及成果冠名等各类活动，否则科学事业单位有权追究其法律责任。

（四）促产学研方面

加强产学研合作，加速单位成果转化。搭建科学事业单位与企业交流合作平台，加强与企业的对接，前置技术转移节点，充分发挥科学事业单位的科技优势，合理利用合作企业市场优势，解决市场信息不对称的问题。在科研技术转移的开始预先进行市场分析，保障后续转移成果满足市场需求，保证技术与市场自然对接，开展有市场竞争力的技术和产品研发，提高技术转化效率与精准度。

第十四章
科研诚信控制

第一节　科研诚信概述

一、科研诚信的概念及特征

（一）科研诚信概念

科研诚信是指从事科研活动应当恪守科学价值准则、科学精神以及科学活动的行为规范。科研诚信是科技创新的基石。2018 年，中办、国办印发了《关于进一步加强科研诚信建设的若干意见》，明确从事科研活动的各类企业、事业单位、社会组织等是科研诚信建设第一责任主体，要对加强科研诚信建设做出具体安排，将科研诚信工作纳入常态化管理，通过内部规章制度及聘用合同，对本单位员工遵守科研诚信要求及责任追究做出明确规定或约定。同时也对科研人员要恪守科学道德准则，遵守科研活动规范，践行科研诚信提出具体要求，明确科研人员不得抄袭、剽窃他人科研成果或者伪造、篡改研究数据、研究结论；不得购买、代写、代投论文，虚构同行评议专家及评议意见；不得违反论文署名规范，擅自标注或虚假标注获得科技计划（专项、基金等）资助；不得弄虚作假，骗取科技计划（专项、基金等）项目、科研经费以及奖励、荣誉等。

（二）科研失信行为情形

科研失信行为主要表现为科学事业单位或科研人员主观做出的作假、侵权等失信行为。科研失信违背科学道德和科学精神，抛弃科学真实诚信的原则，败坏学术风气，也极大损害了学术形象，为科学界及社会带来严重的负面影响。根据 2022 年科技部印发的《科研失信行为调查处理规则》（国科发监〔2022〕221 号），科研失信行为主要包括以下情形：

(1)抄袭剽窃、侵占他人研究成果或项目申请书。

(2)编造研究过程、伪造研究成果,买卖实验研究数据,伪造、篡改实验研究数据、图表、结论、检测报告或用户使用报告等。

(3)买卖、代写、代投论文或项目申报验收材料等,虚构同行评议专家及评议意见。

(4)以故意提供虚假信息等弄虚作假的方式或采取请托、贿赂、利益交换等不正当手段获得科研活动审批,获取科技计划(专项、基金等)项目、科研经费、奖励、荣誉、职务职称等。

(5)以弄虚作假方式获得科技伦理审查批准,或伪造、篡改科技伦理审查批准文件等。

(6)无实质学术贡献署名等违反论文、奖励、专利等署名规范的行为。

(7)重复发表,引用与论文内容无关的文献,要求作者非必要地引用特定文献等违反学术出版规范的行为。

(8)其他科研失信行为。

科研失信行为按照实施主体可分为科学技术活动实施单位和科学技术人员两类,具体如表 14-1 所示。

表 14-1 科学事业单位违规行为分类

实施主体	失信行为
科学技术活动实施单位	1. 在科学技术活动的申报、评审、实施、验收、监督检查和评估评价等活动中提供虚假材料,组织"打招呼""走关系"等请托行为。 2. 管理失职,组织实施科研失信行为。 3. 无正当理由不履行科学技术活动管理合同约定的主要义务。 4. 隐瞒、迁就、包庇、纵容或参与本单位人员的违法违规活动。 5. 未经批准,违规转包、分包科研任务。 6. 未按规定进行科技伦理审查并监督执行。 7. 开展危害国家安全、损害社会公共利益、危害人体健康的科学技术活动。 8. 违反国家科学技术活动保密相关规定。 9. 法律、行政法规、部门规章或规范性文件规定的其他相关违规行为。
科学技术人员	1. 在科学技术活动的申报、评审、实施、验收、监督检查和评估评价等活动中提供虚假材料,实施"打招呼""走关系"等请托行为,获取科技计划(专项、基金等)项目、科研经费、奖励、荣誉、职务职称等。 2. 故意夸大研究基础、学术价值或科技成果的技术价值、社会经济效益,隐瞒技术风险,造成负面影响或财政资金损失。 3. 故意拖延或拒不履行科学技术活动管理合同约定的主要义务。 4. 随意降低目标任务和约定要求,以项目实施周期外或不相关成果充抵交差。

续表 14-1

实施主体	失信行为
科学技术人员	5. 抄袭、剽窃、侵占、篡改他人科学技术成果，编造科学技术成果，侵犯他人知识产权等。 6. 编造研究过程，买卖实验研究数据，伪造、篡改实验研究数据、图表、结论、检测报告或用户使用报告等。 7. 买卖、代写、代投论文或项目申报验收材料等，虚构同行评议专家及评议意见。 8. 无实质学术贡献署名等违反论文、奖励、专利等署名规范的行为。 9. 重复发表，引用与论文内容无关的文献，要求作者非必要地引用特定文献等违反学术出版规范的行为。 10. 违反科技伦理规范，或以弄虚作假方式获得科技伦理审查批准，伪造、篡改科技伦理审查批准文件等。 11. 开展危害国家安全、损害社会公共利益、危害人体健康的科学技术活动。 12. 违反国家科学技术活动保密相关规定。 13. 法律、行政法规、部门规章或规范性文件规定的其他相关违规行为。

二、科研诚信控制法律依据

近年来，为了加快科研诚信机制体制建设，国内相关部门相继出台了一系列法律法规进行保障规范，具体如下：

(一)国家行政指导

《中共中央办公厅、国务院办公厅关于加强科技伦理治理的意见》

《中共中央办公厅、国务院办公厅关于进一步弘扬科学家精神加强作风和学风建设的意见》

《中共中央办公厅、国务院办公厅关于深化项目评审、人才评价、机构评估改革的意见》

《国务院关于全面加强基础科学研究的若干意见》(国发〔2018〕4 号)

《国务院关于建立完善守信联合激励和失信联合惩戒制度加快推进社会诚信建设的指导意见》(国发〔2016〕33 号)

《国务院办公厅关于优化学术环境的指导意见》(国办发〔2015〕94 号)

(二)行政法规与部门规章

《科技部等二十二部门关于印发〈科研失信行为调查处理规则〉的通知》(国科发监〔2022〕221 号)

《国家自然科学基金项目科研不端行为调查处理办法》(国科金发诚〔2020〕96 号)

《科学技术活动违规行为处理暂行规定》(科学技术部令第 19 号)

《国家科技计划实施中科研不端行为处理办法(试行)》(科学技术部令第 11 号)

《国家科技计划项目评估评审行为准则与督查办法》(科学技术部令第 7 号)

《科学技术评价办法(试行)》(国科发计字〔2003〕308 号)

《农业农村部办公厅关于印发农业科研诚信建设规范十条的通知》(农办科〔2021〕13 号)

《科技部 自然科学基金委关于进一步压实国家科技计划(专项、基金等)任务承担单位科研作风学风和科研诚信主体责任的通知》(国科发监〔2020〕203 号)

《关于对科研领域相关失信责任主体实施联合惩戒的合作备忘录》(发改财金〔2018〕1600 号)

《关于组织国家科技重大专项项目课题承担单位和参与人员签订科研诚信承诺书的通知》(国科发专〔2011〕254 号)

第二节 科研诚信控制目标及风险点

一、科研诚信控制目标

科学事业单位科研诚信控制目标:通过建立健全单位内部管理机构、完善管理规章制度、明确管理责任、加强内部监督及教育预防等方式堵塞科研项目全环节出现的管理漏洞,进而防范科研失信行为的发生,提升单位科研人员及团队对科研失信行为的判断力,增强科研诚信水平与诚信意识,营造风清气正的科研环境与学术氛围。

二、科研诚信控制风险点

(一)科研诚信控制风险点

科学事业单位科研诚信风险存在于科研项目生命周期各环节,具体如表 14-2 所示。

(二)科研诚信风险成因

(1)缺乏独立管理部门。科学事业单位科研人员多,科研项目类型复杂,各类科研项目管理的方式不尽相同,单位内部未建立单独的科研诚信管理部门或指定专人负责科研诚信工作,科研诚信控制多依靠科研人员及科研团队自律,致使科研失信问题频发。

表 14-2 科学事业单位科研诚信风险

项目阶段	科研诚信风险
项目申报阶段	科研人员及团队在项目申请阶段，夸大基础工作与科研能力、伪造前期科研成果。
	伪造申请人信息、项目申报署名不实、重复进行项目申报、抄袭项目申请书等弄虚作假行为。
项目评审阶段	评议中不应公开的信息被泄露。
	科研从业人员通过不正当手段影响评审结果、虚构同行评议及专家评审意见。
项目执行阶段	编造研究过程、伪造试验数据。
	研究过程中根据主观意向先下结论再倒推数据，取得"人为成果"。
	侵占剽窃他人科研成果。
	滥用科研经费、未按规定使用科研经费等。
项目验收阶段	抄袭剽窃他人研究成果。
	科研成果以不正当手段违规署名。
	将尚不成熟、可靠程度不高的科研成果提前发布，忽视科学的准确性。
	产出的论文一稿多投，署名有误。
	对科研成果鉴定时做出不实评价，有意拔高研究成果的学术价值与学术水平。
	结题信息不真实、不准确。
	评议过程不公开可能导致结题验收结果不公允等。

(2)缺乏制度建设。制度是单位规范管理的重要架构，良好的科研诚信管理制度是保障单位科研诚信机制体制有效运转的基础。目前科学事业单位科研诚信管理普遍存在制度不健全或制度执行不到位情形，科学事业单位科研诚信控制环境尚未建立。

(3)缺乏教育培训。良好的培训教育，有利于强化科研人员及团队科研诚信意识，有助于防范科研人员及团队科研失信行为的发生。受传统项目管理方式影响，在科学事业单位中重申报轻管理的思想意识仍普遍存在，无论是单位、科研管理者，还是科研人员，科研诚信意识淡薄。

(4)缺乏监督惩戒机制。因科学事业单位长期科研诚信意识淡薄、缺乏制度规范，科学事业单位普遍存在科研失信行为内部监督机制缺失情形。多数科学事业单位科研失信行为发现主要依赖于外部监督，对科研失信行为的防治多停留在事后处理阶段，缺乏事前预防，致使科学事业单位对科研失信案件存在发现不及时、事件负面影响程度高、影响范围广等风险。

第三节　科研诚信控制措施

一、完善机构建设

科学事业单位应设立科研管理部门或学术委员会，承担单位的科研诚信建设与监督任务，对单位的科研诚信建设起到指导作用。必要时可设立科研道德建设专员，负责建立科研失信案件举报者、被举报者与科研管理部门之间的沟通渠道，协助快速解决单位出现的轻微学术不端问题，提高部门之间沟通效率。

二、完善制度建设

（一）单位科研诚信制度建设

科学事业单位对科研诚信管理机构的设立与完善是保障科研运行的基础，机构制定的具有可操作性的制度也是推进科研道德长久运行的重要一步。科学事业单位应在国家法律法规的基础上结合单位自身情况建立健全科研诚信管理制度。

科研失信行为管理制度内容主要包含对失信行为认定与对失信行为处理两部分内容。科研失信认定制度通常规范了哪些行为应被认定为科研失信行为，也是科研失信处理的前期基础性制度；科研失信行为的处理制度是针对科研人员出现认定准则中的科研失信行为时，依照行为类别对应的报告和调查流程等处理措施。随着科技的不断发展，科研失信行为认定也在不断进行反复修改补充，科研失信行为处理流程也需不断细化。

（二）科研诚信指南建设

官方机构发布的科研诚信指南为科研人员从事该行业提供了指导性建议，这类指南通常不具有强制性，但能够产生广泛的正面影响。对于国家及行业发布的科研诚信指南，科学事业单位应作为科学教育参考读物及时对单位科研人员进行宣传，针对单位出现的科研人员自身科学道德建设问题，科研管理部门也可整理并提出指导性建议。好的科研诚信指南能够帮助科研人员提高诚信意识，提升对科研失信行为的判断力。

（三）科研负面清单制度建设

科学事业单位应设立失信行为负面清单，对违背科研诚信要求的行为列入负面清单管理。

失信行为分为科研失信行为和管理失信行为。科研失信行为即科研人员参与科技活动过程中违反科研诚信规定的行为；管理失信行为即科研团队违反科研诚信管理规定或管理不规范造成的科研失信行为。

科学事业单位可借助信息化手段，建立"信用数据库"，对相关责任主体的信用记录和信用等级进行动态管理，并根据需要进行相关责任主体信用信息查询。定期对科研团队和科研人员的失信记录内容进行汇总，依据信用评价标准，按照信用合格、一般失信、严重失信三个级别进行累计评价。根据评价结果进行守信激励和失信惩戒。对于信用违规科研人员或团队根据情节严重程度处以一定期限内取消评优评先、晋升职称职务、申报重点科研项目等资格的处罚，给予通报批评、诫勉谈话、组织处理、记录处分、解除聘用合同等处理并责令限期改正，撤销违规所得等，涉嫌违法违纪的移送监察、司法等部门处理。对于信用评级优秀的科研人员或团队将评价结果作为重大科研选题立项、重大科技任务组织、重大成果评选、先进表彰、专家推荐和职称职级晋升等工作的必要条件。

三、加强教育培训

科研失信行为也是伦理问题，法律法规只是保障科研运转的最低层级要求，无法防范所有科研失信行为的发生。加强科研人员诚信培训，强化科研人员诚信意识，从理念上深刻认识道德建设的重要意义，可以对科研失信行为起到良好的预防作用，有助于科研失信行为控制从事后干预转为事前预防，降低学术不端事件的发生概率。科学事业单位应为科研从业人员提供常态化科研诚信和职业伦理教育培训，一是在入学入职、职务晋升、参与各类科技活动等重要节点开展科研诚信教育；二是对在科研诚信方面存在失信行为倾向性、苗头性问题的人员第一时间开展提醒谈话、批评教育；三是通过讨论学习科研失信的典型案例提高科研人员对于科研失信行为的判断力，促使他们在科研工作中树立严谨的治学态度和求实的科研理念，提升科研从业人员自律意识；四是科研团队首席、项目负责人、研究生导师充分发挥言传身教带头作用，加强对团队成员、项目成员及学生的科研诚信管理教育；五是加强对论文专利等科研成果署名、研究数据真实性、实验可重复性等诚信审核和学术把关，确保突破性科技成果和重大科技进展实事求是、科学严谨，科研成果数据真实、内容规范。

四、拓宽科研失信行为的监督路径

科研失信行为不仅是个人或单位的行为，防范科研失信行为需要公众控制和监督。不同程度的科研公开有利于形成舆论监督氛围，降低科研失信行为发生的可能性，因此科学事业单位应重视公众监督的力量，拓宽公众举报监督渠道。对于非涉密科研项目可以在单位内部进行不同程度的公开，并设立举报热线或举报平台，在日常科研管理活动中或科技计划、科技奖励、科技人才管理等工作中发现的问题开展调查处理。舆论监督揭露的科研失信行为，一定程度上能够推进对科研失信行为的调查及处罚。

第十五章
内部控制的评价与监督

内部控制的评价与监督是科学事业单位内部控制得以有效实施的保障机制。对单位内部控制的建立与实施的有效性开展监督检查和评价，具有重要意义。通过自我查找发现内部控制存在的问题，提出改进建议并监督落实整改，可以从源头防范经济活动风险，及时堵塞管理漏洞，同时有利于不断改善单位内部控制体系，令内部控制在单位内部管理中发挥更大作用。

第一节　对内部控制的内部监督

内部监督是科学事业单位内部控制体系的重要组成部分，也是监督与评价内部控制的有效手段。

《单位内控规范》第六十条第一款规定："单位应当建立健全内部监督制度，明确各相关部门或岗位在内部监督中的职责权限，规定内部监督的程序和要求，对内部控制建立与实施情况进行内部监督检查和自我评价。"

一、内部监督的实施主体

《单位内控规范》第六十条第二款规定："内部监督应当与内部控制的建立和实施保持相对独立。"

为确保内部控制监督工作的客观与公正，按照相关规定，在科学事业单位内部，可以对内部控制进行监督的主体有以下三方面。

（一）内部审计部门

根据《内部审计基本准则》（中内协发〔2023〕1101 号），内部审计指的是一种独立、客观的确认和咨询活动，它通过运用系统、规范的方法，审查和评价组织的业务活动、内部控制和风险管理的适当性和有效性，以促进组织完善治理、增加价值和实现目标。

在科学事业单位内部，内部审计部门通常具有相对独立的地位。由于内部审计部门的业务内容和工作专长都和内部控制的监督检查工作有密切的联系，因此对科学事业单位来说，内部审计监督的实施主体通常应是其内部审计部门。

如果单位没有设置内部审计部门或岗位，或者内部审计部门由于缺乏足够的工作人员、工作负荷过大等原因没有办法切实有效地对内部控制履行内部监督检查职能时，单位可以设立内部监督联合工作小组来履行相应的职能。

(二)纪检监察部门

作为单位内部控制的内部审计监督的实施主体，内部审计部门侧重于从“管事”的角度进行监督，但是在科学事业单位中，任何内部控制的建立和实施都要由人做出，因此需要将纪检监察部门也作为内部审计监督的实施主体之一。

纪检监察部门是负责单位党风廉政建设和行使行政监察权力的职能部门，它能够从“管人”的角度对参与到经济活动各项业务的内部控制和内部控制的各个环节之中的相关工作人员进行监督。

内部审计部门从管理事务角度出发进行监督，纪检监察部门从管理人事角度出发进行监督，两者缺一不可，互相配合，互相支持。其中内部审计部门可以作为内部控制自我评价的牵头部门。同时科学事业单位应注意，一定要切实保证内部监督工作与内部控制的建立实施工作的相对独立。

(三)单位领导层

除了内部审计部门和纪检监察部门之外，科学事业单位内部控制的内部审计监督实施主体还应包括单位领导层。单位领导层是内部审计监督工作的领导部门，负责科学事业单位内部审计监督工作的总体规划和指导工作，对内部审计监督承担最终的责任，而内部审计部门与纪检监察部门是内部审计监督的具体实施部门，负责内部审计监督的具体组织实施工作，该部门对领导层负责。

此外，财务部门和内部各相关部门也要积极配合审计监督部门开展审计监督工作，包括按照要求提交财务报告、内部控制自我评价报告，协助审计监督人员开展必要的测试活动。

科学事业单位也可以选择设立专门的内部控制评价部门或机构，吸收配备单位内部相关部门熟悉情况的业务骨干参加，负责单位内部控制评价工作的具体组织实施。成员对本部门的内部控制评价工作应当实行回避制度。此外，也可以委托外部专业机构实施内部控制评价，但为单位提供内部控制审计服务的会计师事务所不得同时为本单位提供内部控制自我评价服务。外部机构为单位提供的内部控制评价是一种非保证服务，科学事业单位的内部控制评价报告的有效性仍然应当由本单位承担。

二、内部监督的内容

根据内部控制的全面性原则要求，对科学事业单位内部控制进行内部监督的主要内容不仅要涵盖单位经济活动和业务活动的所有环节，还应当包括单位内部管理制度和机制的建立与执行情况、内部控制关键岗位及人员的位置情况等。

从科学事业单位的经济活动出发，内部监督检查的内容具体可以包括以下几个方面。

（一）单位层面内部控制建立和执行情况

（1）单位在经济活动中是否能够做到决策、执行和监督环节之间的充分隔离；权力与责任是否做到了相应的平衡和对等；是否建立了健全的议事决策机制；是否能够坚定地执行重大经济事项的认定标准。

（2）内部管理制度是否存在不符合国家有关规定的情况，尤其是明确颁发的各类标准、范围及程序；内部管理制度是否做到充分贴合本单位实际情况。

（3）是否明确单位内部各类授权审批的审批程序、权限范围和相关责任；授权审批过程中所需要的各种手续、文件是否健全；是否出现没有得到授权审批就开展业务的情况；审批过程中是否存在越权、大意等情形发生。

（4）是否建立了完善的岗位负责机制；是否建立了关键节点岗位的轮岗机制或预案了替代措施，是否客观避免了不相容岗位之间职责不清，出现混岗的现象。

（5）是否建立了对内部控制关键岗位上工作人员的资格审查机制，确保其具备满足所负责工作岗位的资质和能力。

（6）信息化、数字化等现代办公技术的运用和管理情况等。

（二）业务层面内部控制建立和执行情况

（1）预算业务重点检查　预算业务覆盖预算编制、预算执行、资产管理、基建管理、人事管理等环节，单位内不同部门间是否建立起了有效的协调沟通渠道，该渠道是否起到了预想的作用；财务部门是否建立并执行了完善的预算执行分析机制；是否构建起合适的预决算反应机制、是否实现了预决算之间的相互促进；是否构建起合理的全过程预算绩效管理机制并将其切实地执行。

（2）收支业务重点检查　是否有效执行收支归口管理工作；各种印章、票据在使用和保管方面有没有疏漏；是否严格按照相关规定进行凭证审核；是否建立了完善的、高效的定期检查机制。

（3）政府采购业务重点检查　政府采购活动是否实施归口管理并得到有效执行；政府采购部门与财会、资产管理等部门之间是否建立沟通协调机制并得到有效执行；针对政府采购的申请能否做到严格审核、严格验收，能否做到对相应的政府采购资料进行合理归档、妥善保管等。

(4)资产管理重点检查　针对单位的各类资产，能否做到有条理的归口管理；是否实施对单位资产的控制保护措施，如资产登记、实物保管、定期盘点和账实核对等财产保护控制措施，并得到有效执行等。

(5)建设项目管理重点检查　针对建设项目，是否具有完备的议事决策与审核机制；针对项目投资是否形成有效的内部控制；在项目设计需要变更时，是否建立了合理的审批程序；若涉及支付工程款，相应流程是否符合规定；建设结束后，竣工决算、竣工决算审计是否按照规定执行；是否及时将相关资产归档入账等。

(6)合同管理重点检查　是否将合同进行归口管理；合同内各项条款对各类界定的描述是否清晰明确；在合同履约过程中有没有实时的监督监控机制；单位内是否制定了有效的合同登记制度；在合同履约过程中若发生纠纷，是否有协调机制及时介入等。

科学事业单位应当及时将监督检查的结果汇总，形成监督工作报告，以客观真实的角度剖析内部控制每个环节的具体情况与现存问题，及时发现内部控制的薄弱环节，帮助单位领导做出正确决策，并杜绝监督工作浮于表面、流于形式的现象发生。

三、内部监督的频率

内部监督的时间没有硬性要求，为了促进科学事业单位内部控制建立和实施的改进和完善，科学事业单位对内部控制的内部监督检查工作分为定期和不定期两种方式。

一是单位可以根据其内部控制建立和实施的阶段和实际情况，建立定期监督检查制度。比如在单位内部控制体系建设初期，单位的内部监督检查工作应当相对密集一些，每3～6个月进行一次全面性监督检查和自我评价，以便及时促进内部控制体制体系建立和执行的改进与完善；在单位内部控制体系建立和执行情况逐步稳定后，科学事业单位应当每年至少进行一次全面性监督检查和自我评价。

二是单位还应当结合具体情况不定期地对内部控制开展各项专项检查、抽查等监督检查工作，及时发现内部控制建设和实施中的问题。比如单位因外部环境重大变化、单位经济活动重大调整和管理要求转变等引起内部控制体系发生重大变动，应当及时进行内部监督检查和自我评价。

四、内部监督的方法

内部审计监督的方法主要包括个别访谈法、实地观察法、证据检查法、重新执行法、穿行测试法等。

（1）个别访谈法　该方法的主要作用是帮助工作人员了解当下科学事业单位内部控制的状态。检查人员可以向事业单位的相关工作人员进行询问，并对答复进行评价，以便获取与内部控制建立和执行相关的信息。例如，向负责政府采购的管理人员询问政府采购如何进行招投标管理，向资产管理人员询问资产卡片登记需要提供的凭据。检查人员可以在询问的基础上要求被检查人员提供相应的文件和凭据，同时需要关注对于同一问题不同人员的回答是否相同。

（2）实地观察法　该方法是指审计监督的工作人员现场查看相关工作人员正在从事的活动或实施的程序，适合验证一些不留下书面记录的控制措施的有效性。

（3）证据检查法　该方法是指检查工作人员对科学事业单位在日常运作过程中生成的内部或外部的记录和文档进行检查，且不限介质形式，纸质、电子档或其他介质均可被视作证据进行查验。

（4）重新执行法　该方法是指检查人员通过独立执行原本作为科学事业单位内部控制组成部分的控制措施，来判断为达成内部控制目标所需要的控制要素是否均存在并且得到合适地体现，例如，全面审核与支出相关的各类单据，检查单据上各类人员签字是否完整，同时抽取一部分支出凭证，重新执行审核控制，来判断支出单据来源是否合法，内容是否真实、完整，使用是否准确，是否符合预算，审批手续是否齐全。

（5）穿行测试法　该方法是指在内部控制流程中，任意选取一笔具体业务事项作为样本，追踪该业务事项从最初起源直到最终在财务报告或内部管理报告中反映出来的过程，即该流程从起点到终点的全过程，以此了解内部控制建立和执行的有效性。例如，检查人员可以选取一项资产管理业务，检查资产是否由归口部门统一管理，是否按规定的方式进行资产采购，是否按照合同办理价款结算，是否及时入账，记录的保管是否妥当等，通过这项业务全过程控制措施的检查，来了解资产管理控制建立和执行的有效性。

五、内部监督的流程

内部审计部门按照规定对科学事业单位内部控制的建立和执行情况进行内部监督时，通常分五步开展相关工作。

第一步，确定监督检查工作方案。

内部审计部门根据本单位实际情况及外部监管要求，结合内部控制构成要素，分析单位开展经济活动过程中的高风险领域和重要业务事项，编制监督检查工作方案，监督检查工作方案应当明确检查的依据、范围、内容、方式、实施计划、人员构成等相关内容，并报单位负责人批准。监督检查工作小组须挑选具备胜任能力、实质上存在独立性的评价人员组成，必要时可确定后聘请外部专业机构参与评价。

第二步，实施监督检查。

首先，应当获取并查阅与内部控制建立相关的文件和资料，了解内部控制在建立上是否覆盖了单位的全部经济活动，是否符合单位的实际情况，是否针对风险点选择了恰当的控制措施以及以前期间发现的问题是否及时采取措施整改等。其次，根据了解的经济活动业务流程，确定监督检查的范围和重点，开展现场检查测试。在实施监督检查的过程中，内部审计部门的工作人员应当遵循客观、公正、公平的原则，如实反映检查测试中发现的问题，并及时与相关业务部门沟通，并就存在的问题和改进建议与相关业务部门达成一致。监督检查的结果和改进建议应当经过相关工作人员复核和验证。

第三步，对内部控制开展自我评价。

《单位内控规范》第六十三条规定："单位负责人应当指定专门部门或专人负责对单位内部控制的有效性进行评价并出具单位内部控制自我评价报告。"在实践中，科学事业单位负责人通常应当指定内部审计部门在执行监督检查的基础上，负责对单位内部控制建立与执行的有效性进行评价并出具单位内部控制自我评价报告。

内部控制建立的有效性评价主要针对单位内部控制建立是否以内部控制的基本原理为前提，是否覆盖了所有经济活动、经济活动的全过程、所有内部控制关键岗位、各相关部门及工作人员和相关工作任务都具备约束力的合法性、全面性、重要性、适应性，是否重点关注了单位的重要经济活动和经济活动的重大风险，是否根据外部环境的变化、单位经济活动的调整和自身条件的变化适时地调整关键控制点和控制措施。

内部控制执行的有效性评价，主要侧重于业务层面内部控制，比如各个业务控制在监督检查期内如何运行，是否得到了持续、一致地执行，相关内部控制机制、内部管理制度、岗位责任制、内部控制措施是否得到了有效执行，执行业务控制的相关工作人员是否具备必要的权限、资格和能力等。

第四步，完成并提交内部控制自我评价报告。

在实施监督检查，分析查找出内部控制缺陷后，应当对内部控制的有效性进行评价，提出内部控制改进意见或建议，并出具单位内部控制自我评价报告。科学事业单位应当客观、公正、完整地编制内部控制自我评价报告。

内部控制自我评价报告的主要内容通常包括：内部监督检查和评价的依据、范围、程序和方法，以前期间检查中发现的内部控制缺陷及其整改情况，本次检查中发现的内部控制缺陷及改进意见或建议，内部控制建立和执行有效性的评价、结论及改进意见和建议。其中，对内部控制建立和执行有效性的评价可以从总体评价、效果评价和缺陷评价三个方面来进行。

科学事业单位完成内部控制自我评价报告后，可以征求内部纪检监察部门的意见，最后提交单位负责人，由单位负责人对拟采取的整改计划和措施做出决定，以改进单位内部控制体系。单位在依法接受对内部控制的外部监督时，还应当根据国家有关规定将经单位负责人批准的内部控制自我评价报告提交给对本单位内部控制拟开展监督检查工作的部门或机构如财政部门、审计机关、主管部门等外部相关方面，以供外部监督所用。

第五步，内部控制自我评价结果应用。

内部控制自我评价的结果应当作为行政事业单位完善内部控制的依据和考核评价相关工作人员的依据。对于执行内部控制成效显著的相关部门及工作人员提出表扬表彰，对违反内部控制的部门和人员提出处理意见；针对内部控制缺陷进行定性和定量的综合分析，按照对控制目标的影响程度判定缺陷等级；对于认定的内部控制缺陷，内部控制职能部门或牵头部门应当根据单位负责人的要求提出整改建议并跟踪整改落实情况；已经造成损失和负面影响的应追究相关人员责任。

科学事业单位作为我国科研发展主体，业务有明显的自身特点，列举科学事业单位内部控制自查表(表 15-1)，供单位参考使用。

表 15-1　科学事业单位的内部控制自查

序号	具体方面	风险隐患和问题
1	(一)内部控制机制建设	重大对外投资、资产处置、资金调度和其他重要经济业务事项的决策和执行缺乏相互监督、相互制约程序。
2		记账人员与经济业务事项和会计事项的审批人员、经办人员、财物保管人员的职责权限不明确，未实现相互分离、相互制约。
3		未建立健全内部会计管理制度，未建立会计人员岗位责任制度，未建立账务处理程序制度，未建立稽核制度，未建立财务收支审批制度。
4	(二)“三重一大”集体决策	重大决策、重要人事任免、重大项目安排和大额度资金运作事项未经领导班子集体决策。
5	(三)印章及票据管理	财务专用章未由专人保管，个人名章未由本人或其授权人员保管。
6		由一人保管支付款项所需的全部印章。
7		未明确各种票据的购买、保管、领用、背书转让、注销等环节的职责权限和程序，未专设登记簿进行记录。

续表 15-1

序号	具体方面	风险隐患和问题
8	(四)资金存放管理	未按规定将收到现金送存开户银行。
9		未按规定采取竞争性方式或集体决策方式选择新开户银行。
10		未建立资金存放内部控制办法,未明确财务、纪检、内审、人事等机构职责分工。
11		未履行本单位资金存放管理主体责任。
12		未按规定在开户银行办理定期存款,在开户银行办理的定期存款超过 1 年。
13		资金转出开户银行进行定期存款不符合相关规定,到期后在原定期存款银行续存累计超过 2 年未收回。
14		未定期和不定期抽盘库存现金,银行存款账实、账账不符。
15	(五)合同管理	未明确合同归口管理部门。
16		未有效实施合同审批、授权签署、履约监督等控制管理工作。
17		未建立固定资产实物验收、登记、定期盘点等机制,账实不符、账账不符。
18		固定资产处置未按程序履行报批手续。
19		房屋出租收入未及时收回。
20		房屋出租出借未经领导班子集体研究讨论决策、未采取公开招租方式、未进行内部公示。
21		房屋出租出借未按规定履行报批备案手续。
22	(六)收支业务管理	收入未应收尽收,未定期与合同核对,存在账外收入。
23		支出核批职责不明确、支出票据不合法、支出内容不真实、审批手续不齐全。
24		收支未纳入符合规定的单位账簿核算,违规设立“小金库”。
25		支出长期赤字挂账。
26	(七)外拨经费管理	纵向经费转拨资金未建立拨付流程,或未签订任务书;预算外转拨经费。
27		不可外拨的项目经费存在转拨外单位情形。
28		基本科研业务费外拨经费未经过单位管理咨询委员会审议。
29	(八)购买服务管理	购买服务内容与研究任务不相关;受托单位不具备与委托业务匹配的经营范围、资质或能力;受托方未按照合同规定完成任务,未出具相关结果报告(有的结果需要组织验收);虚假委托转移项目资金。

续表 15-1

序号	具体方面	风险隐患和问题
30	(九)试剂耗材管理	支出内容与任务不相关;存在超范围支出情况:如,列支用于生产经营和基本建设的材料,购买与项目(课题)研究不直接相关的办公耗材(预算编制说明中做了详细说明的除外);未建立出入库管理制度;大额材料支出未签订采购合同或附有明细清单;所购材料与供应商经营范围不相符。
31	(十)科研副产品管理	未建立科研副产品实物登记制度,未设置副产品库存台账;科研副产品收入未全部纳入单位预算管理;私分科研副产品、私自处置或者隐匿收入设立"小金库"等情况。
32	(十一)出国费开支	无出国任务批件、护照、《出国任务和预算审批意见表》、有效费用明细票据等凭证报销出国(境)费用。
33		无预算或者超预算安排出国(境)费支出。
34		擅自变更行程、增加出访国家、地区及城市,擅自延长境外停留时间。
35		报销与出访任务无关的开支,或用公款报销持因私证件出国(境)的费用。
36		接受或变相接受企业资助,摊派转嫁出国(境)费用。
37		未经审批乘坐外国航空公司航班。
38	(十二)公车运行维护费开支	超预算或者无预算安排公务用车购置及运行费。
39		超编制、超标准配备公务用车(含超标增加高档配置、豪华内饰等)。
40		借用下级单位及其他单位车辆,接受企事业单位及个人捐赠车辆。
41		报销个人车辆费用。
42		加油卡管理不到位。
43	(十三)公务接待费开支	超预算或无预算安排接待费支出。
44		接待无公函来访人员。
45		违反公务接待规定用公款相互宴请。
46		以会议、培训等名义组织会餐、宴请或大吃大喝。
47		超规格、超标准接待。
48		借公务接待名义列支其他支出。
49	(十四)会议费开支	超预算或者无预算安排会议费支出。
50		计划外召开会议。
51		召开会议超过计划天数、人数未履行报批手续。
52		在风景名胜区召开会议。

续表 15-1

序号	具体方面	风险隐患和问题
53	（十四）会议费开支	超范围、超标准开支会议费。
54		以虚报、冒领手段骗取会议费，虚报会议人数、天数等进行报销。
55		以举办会议为名列支、转移、隐匿接待费。
56		向下属机构、企事业单位、地方转嫁或摊派会议费。
57		未按规定使用所内会议室召开会议。
58		应在单位所在地召开的会议在外地召开。
59	（十五）培训费开支	超预算或者无预算安排培训费支出。
60		计划外举办培训。
61		举办培训超过计划天数、人数未履行报批手续。
62		在风景名胜区举办培训。
63		借培训名义安排公款旅游，借培训名义组织会餐或安排宴请，组织高消费娱乐健身活动，使用培训费购置电脑、打印机、复印机等固定资产以及开支与培训无关的其他费用。
64		超范围、超标准开支培训费。
65		以虚报、冒领手段骗取培训费，虚报培训人数、天数等进行报销。
66		以举办培训为名列支、转移、隐匿接待费。
67		向下属机构、企事业单位、地方转嫁或摊派培训费。
68	（十六）差旅费、劳务费、咨询费开支	超范围、超标准开支差旅费，虚报、冒领差旅费。
69		超标准、超范围发放劳务费、专家咨询费。
70		以虚假事项、虚假人员名单套取劳务费、专家咨询费。
71	（十七）对挂靠社团、所办企业监管	未按规定对挂靠社团、所办企业进行有效监管。

第二节　对内部控制的外部监督

科学事业单位运行过程中使用国家公共资源，除了应当积极发挥内部监督的作用外，还应当自觉依法接受来自外部的监督检查。目前，针对事业单位，我国对各单位内部控制实施外部监督的部门主要有各级财政部门、审计机关、纪检监察部门和主管部门。外部监督对科学事业单位内部控制的建立和实施有很重要的保障作用。

一、财政部门实施的外部监督

实践中，财政部门既可以对科学事业单位内部控制实施专项检查，也可以结合日常管理工作开展检查，如财政部驻各地专员办事处对行政事业单位实施综合财政监管，开展经费支出业务专项检查，对被检查单位内部控制情况进行检查。

以某科研单位为例，所内银行账户开立、撤销、年检工作需要去专员办报备审批，所内零余额账户资金使用实时受专员办监控，如发现异常大额或频繁支出，专员办有义务及权利来所内调研审查。

二、审计机关实施的外部监督

科学事业单位作为国家机关的重要组成部分，审计部门需要对其开展相关审计工作。审计部门应调查了解被审计单位的内部控制，并对被审计单位的内部控制依据实施控制测试，调查和了解被审计单位内部控制建立和实施的有效性，解释相关内部控制的缺陷，有针对性地提出审计处理意见和建议，并督促被审计单位进行整改，以进一步健全被审计单位的内部控制体系。

以某科研单位为例，审计部门会定期对该科研单位相关院所进行定期抽查审计，审计单位会对被审计院所出具审计报告，并定期对审计报告中反映问题的整改情况进行检查，以保证审计的监督控制质量。

三、纪检监察部门实施的外部监督

各级纪检监察部门可以对相关科学事业单位开展纪检监察，以有效防范事业单位中的舞弊和腐败现象。检查过程中，对于单位内部控制的建立和实施情况进行监督检查，并将单位内部控制的建立和实施情况作为对单位领导干部考核的内容之一，以进一步提升科学事业单位开展内部控制建设的积极性和主动性，同时通过加强内部建设，扎实推进惩治和预防腐败体系建设。

四、主管部门及其他相关部门实施的外部监督

主管部门通常是在履行业务管理职责过程中对所属科学事业单位实施日常监督。还有与单位日常业务相关的国家相关部门的监督，如税务机关等。主管部门对科学事业单位内部控制实施监督时，应当充分利用好科学事业单位出具的内部控制自我评价报告，以提高监督管理的效率和效果。

第三节　内部控制监督的建议

目前我国科学事业单位内部审计监督体系尚不完备，一方面，内部监督机构设置不合理。目前，科学事业单位广泛使用的内部监督机制仍然保持在内部控制主体内部，虽然监督机制是在同一体系的不同单位之间生效，但其本质上还是一种“既当裁判又当选手”的形式，很难说内部审计机制合理而完善，况且目前很多科学事业单位的管理层人员对内部审计重要性的认识不足，且缺乏相关知识，在这种情况下，内部审计机构的设置几乎很难达到理想状态。另一方面，内部审计缺乏权威性、独立性，检查监督工作很容易“走过场”。此外，科学事业单位内部审计人员大多由纪检部门的职员兼任，而这些职员通常都缺少内部审计的专业知识与技巧，不能充分胜任内部审计的工作，无法对单位的内部控制起到较好的监督和约束作用。同时由于科学事业单位内部控制监督处于非强制性阶段，因此内部控制监督的效果无法保证。为此本书对科学事业单位内部控制监督提出以下建议：

一是对科学事业单位形成常态化的内部控制监督机制。科学事业单位组织形式类似于高等院校，可以借鉴国外高校内部控制管理经验。以美国高校为例，通过建立联邦教育部总检察长办公室或州政府监督委员会作为高校监管机构，按年度对所辖地区高校的内部控制工作进行专项审计，形成了有效的垂直结构的外部监督。我国目前仍采取每年由科研机构向上级主管部门报送内部控制报告的监管方式。希望通过这种由下至上的方式促进我国行政事业单位内部控制不断完善。这种报告制度具有一定的积极意义，但仍不够完善，还应促进科学事业单位的监管部门开展以审计评价为主要形式的“自上而下”的外部监管机制，从而使监管部门能以更加有效地了解科学事业单位内部控制存在的问题及风险点，指导科学事业单位内部控制建设。建议上级主管部门将内部控制监督工作常态化开展，并形成相应管理制度，发挥持续监督和指导科学事业单位内部控制建设的作用。

二是科学事业单位对自身内部控制问题的整改情况进行持续追踪。上级主管部门开展的内部控制监督评价工作，会将审计中发现的问题要求整理为整改报告，并规定期限令各科学事业单位在一定时间内限时进行整改，但对于后续整改报告、整改具体实施情况未有及时的持续监管手段。科学事业单位内部控制的监督评价应当是一个持续的工作，建议科学事业单位将上一年度内部控制整改报告中提到的当年的内部控制问题作为该单位下一年度内部控制评价工作的重点，在内部控制监督工作中进行重点整改与审计，并将整改成果归入下一年度内部控制评价报告中，作为内部控制评价指标的重要组成部分，从而形成科学事业单位内部控制不断监督与改进的良性循环机制。

三是科学事业单位应定期公开披露单位内部控制监管评价结果。科学事业单位对内部控制监管评价结果进行公开披露不仅能让科学事业单位更广大的利益相关者了解到目前科学事业单位内部控制的建设情况,使科学事业单位进一步接受社会和公众的监督。同时,还可以将评价结果作为科学事业单位财政专项资金申请等工作的参考依据之一,从而增加科学事业单位内部控制监督评价的重要性及影响力,反向督促科学事业单位不断重视加强自身内部控制体系建设。

参考文献

王德敏，2010. 行政事业单位内部控制精细化管理全案［M］. 北京：中国劳动社会保障出版社.

李凤鸣，2012. 内部控制学［M］. 2版. 北京：北京大学出版社.

财政部会计司，2013. 行政事业单位内部控制规范讲座［M］. 北京：经济科学出版社.

郝建国，陈胜华，王秋红，2015. 行政事业单位内部控制规范实际操作范本［M］. 北京：中国市场出版社.

李英，2016. 行政事业单位行政行为内部控制框架体系研究［M］. 大连：东北财经大学出版社.

胡智慧，王建芳，张秋菊，等，2016. 世界主要国立科研机构管理模式研究［M］. 北京：科学出版社.

王海林，吴沁红，杜长任，2017. 会计信息系统：面向财务业务一体化［M］. 北京：电子工业出版社.

方芸，2017. 高校财务风险预警与防范策略研究：基于内部控制视角［M］. 北京：知识产权出版社.

涂远超，胡为民，徐元元，等，2017. 医院经济运营内部控制实务［M］. 北京：电子工业出版社.

邵积荣，2017. 高校经济活动内部控制研究［M］. 广州：羊城晚报出版社.

张庆龙，2017. 行政事业单位内部控制建设原理与操作实务［M］. 北京：电子工业出版社.

张俊杰，李满威，2018. 行政事业单位内部控制建设概论与范例［M］. 北京：经济科学出版社.

刘罡，2018. 高校财务内部控制实务［M］. 北京：中国农业大学出版社.

张庆龙，2018. 高校内部控制建设实施操作指南［M］. 北京：经济科学出版社.

许太谊，2019. 行政事业单位审计常见问题 200 案例［M］. 北京：中国市场出版社.

朱云欢，2020. 科研项目管理方略研究［M］. 北京：北京大学出版社.

农业农村部计划财务司，农业农村部财会服务中心，2021. 农业行政事业单位建设项目财务管理实用手册［M］. 北京：中国农业出版社.

郑涌，郭灵康，2021. 全面实施预算绩效管理［M］. 北京：中国财经出版传媒集团.

王双双，2022. 科研事业单位内部控制体系建设研究与实务［M］. 北京：化学工业出版社.

闫宝琴，2022. 科研事业单位内部控制建设与实施指南［M］. 北京：中国经济出版社.

张莹，2002. 我国招标投标的理论与实践研究［D］. 杭州：浙江大学.

潘晴燕，2008. 论科研不端行为及其防范路径探究［D］. 上海：复旦大学.

唐娟娟，2017. 事业单位内部控制体系设计研究［D］. 济南：山东财经大学.

杨晴，2018. 事业单位业务层面的内部控制问题研究［D］. 北京：首都经济贸易大学.

解昭，2019. 科学事业单位内部控制建设研究［D］. 北京：对外经济贸易大学.

郑皓，2019. HG 公司合同管理风险控制研究［D］. 西安：西北大学.

王语甜，2019. 完善科学事业单位科研经费管理内部控制体系的研究［D］. 南京：东南大学.

张力元，2019. 高校内部控制审计评价关键指标研究［D］. 西安：西安外国语大学.

郝斯佳，陆崴，2016. 基于 COSO 新框架下的科学事业单位经费管理内部控制建设研究［J］. 中国农业会计（11）：56-59.

李真真，2017. 中国科研诚信面临的突出问题及解决路径［J］. 科学与社会，7（3）：107-120.

马永宣，2018. 我国事业单位内部控制研究文献综述［J］. 当代会计（2）：53-55.

朱邦芬，2019. 我国学术诚信问题的现状分析与应对策略［J］. 科学与社会，9（1）：34-40.

李少鹏，2020. 科研院所科技成果转化模式分析［J］. 建材世界，41（6）：94-97.

卢冰，王博，2021. 事业单位科技成果转化内部管理机制优化研究［J］. 科技与创新，(7)：119-121.

刘群彦，王玲，朱明轩，等，2021. “双一流”维度下高校科技成果转化治理体系探讨：以上海交通大学为例［J］. 中国高校科技（Z1)：116-119.

俞立平，周朦朦，苏光耀，2022. 中国科研诚信政策的演化特征研究：基于1981—2020年的政策文本分析［J］. 情报科学，40（53)：51-58，64.

李晓华，李纪珍，杨若鑫，2023. 科技成果转化：研究评述与展望［J］. 外国经济与管理，45（4)：119-136.